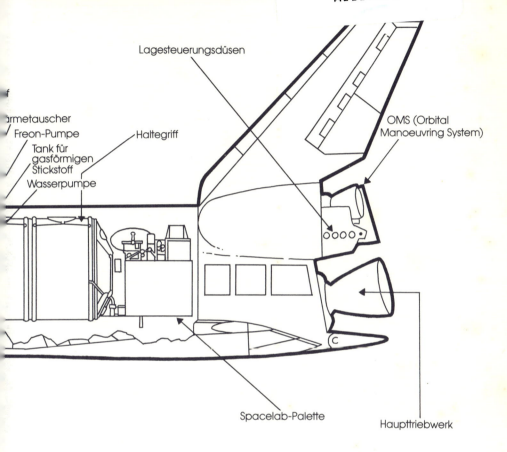

Ulf Merbold
Flug ins All

Ulf Merbold

Flug ins All

Von Spacelab 1
bis zur D1-Mission.

Der persönliche
Bericht des ersten Astronauten
der Bundesrepublik.

Gustav Lübbe Verlag

Bildnachweis

Umschlagvorderseite: Kennedy Space Center, Cape Canaveral; ESTEC (Porträt Ulf Merbold)
Umschlagrückseite: ESA (oben); ESTEC (unten)
Tafelteile: ESA (Nr. 7); ESTEC (Nr. 2, 3, 4, 6, 8, 9, 10, 11, 12, 13, 14, 15, 16, 17, 18, 19, 20, 21, 22, 23, 24, 25, 26, 27 unten, 28, 29, 31, 32, 33, 34, 35, 36, 37, 38, 39); Ulf Merbold (Nr. 1, 27 links oben, 30); NASA (Nr. 27 rechts oben); Rodney Wood (Nr. 5).

Der Verlag dankt Herrn Simon Vermeer und Frau Anneke van der Geest (beide ESTEC/Noordwijk) für die überaus freundliche Hilfe bei der Bildauswahl und -beschaffung.

© 1986 by Gustav Lübbe Verlag GmbH, Bergisch Gladbach
Umschlagentwurf: Friedrich Förder, Bergisch Gladbach
Satz: ICS Communikations-Service GmbH, Bergisch Gladbach
Druck und Einband: May & Co., Darmstadt
Alle Rechte, auch die der fotomechanischen Wiedergabe, vorbehalten.
Printed in West Germany
ISBN 3-7857-0399-6

Inhalt

Der Start 7
Spacelab 31
Nachtgedanken 43
Die erste Schicht 67
Charles Darwin hatte doch recht 119
Der Wasserstoff im Kaffee 139
Harakiri und die japanische Strahlenkanone 157
Wie ich Astronaut wurde 167
Flüssige Säulen 197
Der himmlische Ausblick 207
Das Blaue vom Himmel 219
Die große Tour 229
Blasen an den Fingern 277
Ein geschenkter Tag 285
Die Rückkehr 305
Die Arbeit geht weiter 325
Nachwort 343
Register 345

Für Birgit, Susanne und Hannes

Der Start

Wir waren an Bord gegangen, lagen in unseren Sitzen, das Gesicht zum Himmel, den Rücken zum Boden, mehr als dreißig Meter über der Erde. Ich wußte, jetzt stand der Höhepunkt meines Lebens bevor.

Man hatte uns den Raumtransporter Columbia anvertraut. In seinem Laderaum war das in Europa gebaute Spacelab untergebracht. Es war vollgestopft mit anspruchsvollsten wissenschaftlichen Instrumenten. Unsere Aufgabe war, die komplizierteste und teuerste Flugmaschine, die jemals gebaut worden war, in eine Umlaufbahn um die Erde zu steuern. Dort sollten wir Spacelab unter den lebensfeindlichen Bedingungen des Weltraums erproben. Zusätzlich hatten wir den Auftrag, aus den zweiundsiebzig Experimenten an Bord so viele wissenschaftliche Ergebnisse wie möglich herauszuholen.

Zum ersten Mal überhaupt sollte ein Raumtransporter — ein Space Shuttle oder einfach Shuttle, wie sie sagten — mit sechs Mann Besatzung starten. Das Kommando führte der erfahrenste Astronaut des gesamten amerikanischen Raumflugprogramms, John Young. Als Commander lag er im linken Sitz des Oberdecks. Zur Rechten hatte er seinen Piloten Brewster Shaw. Zwischen den beiden lag, etwas zurückversetzt, Bob Parker. Zu ihren Füßen im Mitteldeck harrten Owen Garriott, Byron Lichtenberg und ich in unseren Sitzen auf den Start. Es war der Morgen des 28. November 1983, kurz nach neun Uhr

Ortszeit. Um elf Uhr Eastern Standard Time, also in etwas weniger als zwei Stunden, sollte unsere Reise beginnen. Geweckt hatten sie uns schon um Mitternacht. Uns – das war das sogenannte Rote Team, also John Young als Kommandant, Bob Parker als Missions-Spezialist und mich als den Nutzlast-Spezialisten. Zwölf-Stunden-Schichten waren im Weltraum vorgesehen. Und wir sollten uns mit dem Blauen Team – Brewster Shaw als Pilot, Owen Garriott als Missions-Spezialist und Byron Lichtenberg als Nutzlast-Spezialist – ablösen. Wir, die Roten Tiger, sollten nur etwa zwei Stunden im Weltraum arbeiten und uns dann, gegen Mittag, also etwa zwölf Stunden nach dem Wecken, hinlegen. Das Blaue Team würde dagegen sofort seine Zwölf-Stunden-Schicht beginnen und sich erst danach hinlegen können. Dementsprechend später war es geweckt worden.

Das traditionelle Frühstück vor dem Start hatten wir alle gemeinsam eingenommen. Steak mit Eiern, Toast, Marmelade – alles was wir wollten. Danach hatten wir unsere Ausrüstung angelegt. Sie bestand aus normaler baumwollener Unterwäsche und dem unbrennbaren blauen Fliegeroverall. Die einzige Besonderheit war das »Urin Collection Kit«, ein unter der Wäsche um die Hüfte getragener Gummibeutel. Als erfahrener Segelflieger wußte ich, welche Pein es bedeutet hätte, eine immer mögliche Startverschiebung mit gefüllter Harnblase durchstehen zu müssen. Ich war deswegen froh, daß die NASA selbst für diesen Fall vorgesorgt hatte.

Zur offiziellen Ausrüstung gehörten noch viele Kleinigkeiten wie Kugelschreiber, Bleistifte, ein Taschenmesser, eine Schere und eine Taschenlampe, die ich alle sorgfältig in meinen zahlreichen Taschen verstaute.

Der Start

Nebenbei packte ich die wunderschöne alte Taschenuhr meines Großvaters in die Brusttasche meiner Fliegerkombination. Mein Großvater hatte mir oft erzählt, wie er als Sohn eines armen, vogtländischen Leinewebers aufgewachsen war und was es ihm bedeutete, von seinem Paten eine Uhr erhalten zu haben. Sein Leben lang hatte er sie stolz getragen, und bis zu seinem Tode pflegte er ihr Werk einmal täglich mit Andacht aufzuziehen. Dazu benützte er einen kleinen Schlüssel, den er mit der Uhr an derselben Kette trug. Seiner Sorgfalt war es zu verdanken, daß das gute Stück, das er mir vererbt hatte, noch immer minutengenau lief.

Meinem Großvater verdanke ich jedoch viel mehr als nur die Uhr. Er hatte in den schweren Jahren nach dem Zweiten Weltkrieg meinen Vater ersetzen müssen. Und da er am 27. November, dem Vorabend unseres Fluges, den hundertzweiten Geburtstag gehabt hätte, hoffte ich, ihm auf diese Weise einen stillen Dank abzustatten.

Das letzte »irdische« Frühstück hatten wir, je nach Gemütslage, mit mehr oder weniger großem Appetit hinter uns gebracht.

Als wir gegen sieben Uhr morgens mit dem Aufzug aus den Mannschaftsquartieren herunterfuhren, erwartete mich eine Überraschung. Ich hatte nicht damit gerechnet, daß auf dem Hof Hunderte von Journalisten auf uns warten würden. Es war allerdings nicht die schreibende Presse, sondern es waren Fotografen, Film- und Fernsehleute. Fragen wurden nicht mehr gestellt; man winkte nur, fotografierte und filmte, während wir in den Bus einstiegen, der uns zur Startrampe 39 A hinausfahren sollte.

Es dauerte dann noch fast eine halbe Stunde, bis wir dort waren.

Im Bus klebte mir Jim Schlosser Elektroden an die Brust, um für ein britisches Experiment beim Aufstieg meine Herztätigkeit in Form des Elektrokardiogramms auf Magnetband aufzuzeichnen. Zusätzliche Elektroden um die Augen sollten deren Bewegung als Elektrooculogramm (EOG) registrieren.

Die letzten Meter zum Aufzug des Startturms legten wir zu Fuß zurück. Wieder war ich überwältigt von der Größe unseres Raumschiffes. Wie ein mächtiger Turm stand der Raumtransporter mit den zwei Feststoffraketen und dem gewaltigen externen Tank vor uns da. Wir begegneten zwei Feuerwehrleuten, die in ihrer feuerfesten Spezialausrüstung wie die Ritter vergangener Tage aussahen. Sie erinnerten uns mehr als alle Ermahnungen daran, daß wir bald auf mehr als tausend Tonnen hochexplosiven Treibstoffs Platz nehmen würden. Sie gaben uns aber auch die Gewißheit, daß die NASA alles unternommen hatte, unser Leben zu schützen.

Seit dem 27. Januar 1967, an dem bei einem Test am Boden die Astronauten Virgil Grissom, Edward White und Roger Chaffee durch Feuer in der Apollo-1-Kapsel umkamen, waren die Sicherheitsvorkehrungen enorm verstärkt worden. Zum Beispiel war die reine Sauerstoffatmosphäre der Apollo-1-Kapsel längst durch normale Luft ersetzt worden. Alle brennbaren Materialien mußten unbrennbaren weichen. Zudem waren die Luken umkonstruiert worden. Heute können sie sekundenschnell von innen geöffnet werden. Natürlich wußten wir, daß ein Restrisiko blieb, aber wir wußten auch, daß es klein war. Waren die Pioniere der Luftfahrt nicht viel größere Wagnisse eingegangen? Otto Lilienthal, dem wir Piloten unendlich viel verdanken, hatte das Beispiel gegeben. Am 9. August 1896 war er bei einem Flugversuch abgestürzt und hatte sterbend gesagt: »Opfer müssen gebracht werden«, und uns damit alle in die Pflicht genommen.

Aus den offenen, ehrlichen Gesichtern der Feuerwehrmänner am Fuß der Startrampe leuchteten auf anstekkende Weise Tatkraft und Zuversicht. Entschlossen stiegen wir in den Aufzug, der uns zum modernsten Fahrzeug der Welt hinaufführen sollte. Er rüttelte und ächzte wie eine Straßenbahn aus der Nachkriegszeit. Es war ein merkwürdiger Widerspruch. Oben angekommen wurden wir über einen Schwenkarm zur Einstiegsluke des Shuttle geleitet. Der Arm, der mit einem Geländer versehen war, wirkte wie eine kleine Fußgängerbrücke. Am Ende erweiterte er sich zu einem kleinen geschlossenen Raum, dem sogenannten Whiteroom. Hier legten wir die letzten Teile unserer Ausrüstung an. Erst einmal kam das Gurtzeug. Es handelte sich dabei um ein westenähnliches Gebilde, unter dem eine Art von Schwimmweste steckte. Sie war für den unliebsamen Fall gedacht, daß unsere Raumfähre vielleicht doch bei einer Notlandung auf den Atlantik niedergehen müßte.

Dann gab es an diesem Gurtzeug auch einen Karabinerhaken, um sich im Falle einer Bruchlandung abseilen zu können. Sechs Seile waren im Cockpit verankert, für jeden Astronauten eines. Und damit einem dabei nicht die Hände verbrannten, gab es am Seil eine Vorrichtung zum Regulieren der Abseilgeschwindigkeit. Ein zweiter Haken am Gurtzeug hatte eine andere Aufgabe. Dort sollte eine kleine Reserveflasche mit Luft für sechs Minuten eingeklinkt werden. Sie war normalerweise im Raumtransporter neben dem Sitz untergebracht. Aber für den Fall, daß die Besatzung den Shuttle verlassen mußte, sollten wir sie dort herausnehmen und mit dem Karabinerhaken an den Gurt hängen. Auch dies diente dem Überleben im Notfall. Aus Sicherheitsgründen atmeten wir während des Starts und der Landung nicht die Luft aus dem Raumtransporter, sondern Sauerstoff aus einem gesonderten Sauerstoff-Reservoir. Dazu wurde uns jetzt im Whiteroom sorgfältig ein Helm angepaßt, der um das Gesicht herum eine Gummidichtung hatte. Über einen Schlauch war der Helm mit dem Sauerstofftank verbunden. Unmittelbar vor dem Start wurde das Visier des Helmes geschlossen und damit automatisch die Sauerstoffversorgung aus dem Tank aktiviert. Auf diese Weise waren die Atemorgane gegen eventuell sich entwickelnden Rauch geschützt.

Wenn es nun während des Starts oder während der Landung notwendig geworden wäre, das Raumschiff zu verlassen, sollte die Sauerstoffversorgung auch mit Hilfe jener kleinen Reserveflasche ermöglicht werden. Wir hätten dann nur noch ein Ventil öffnen müssen. Den Shuttle-Planern machten vor allem die Antriebsgase der Lagesteuerdüsen, Hydrazin und Stickstofftetroxid, Sorgen. Die Dämpfe beider Substanzen sind extrem giftig, und man mußte damit rechnen, daß sie bei einer Panne freigesetzt würden.

Aus demselben Grund gaben sie uns im Whiteroom auch noch Handschuhe mit. Im Ernstfall sollten die Treibgase nicht einmal mit der Haut in Berührung kommen. Beim Betrieb der Lagesteuerdüsen des Raumtransporters werden Hydrazin, eine energiereiche Verbindung von

Der Start

Stickstoff und Wasserstoff, und Stickstofftetroxid zusammengeführt. Dabei entzünden sich beide Stoffe sofort, ohne daß Fremdzündung nötig wäre (sogenannte hypergole Treibstoffe).

Als wir schließlich alle mit Gurtzeug, Helmen und Handschuhen versehen waren, kam der Abschied. Jim Schlosser und die anderen Techniker, die uns bestens bekannt waren, schüttelten uns die Hände, klopften uns auf die Schultern und wünschten gute Reise. Wir dankten mit hochgestrecktem Daumen und kletterten in den Shuttle, als erster der Pilot Brewster Shaw, dann Captain John Young und schließlich die anderen.

Im Raumtransporter wartete Astronaut Woody Springs auf uns, um beim Anschnallen und beim Anschluß an die Sauerstoffversorgung zu helfen. Er achtete auch darauf, daß wir uns mit dem internen Kommunikationssystem verbanden, so daß wir uns untereinander unterhalten konnten. Als einziger mußte ich noch an den kleinen Recorder angeschlossen werden, der während des Starts die Signale der an meinem Körper klebenden Elektroden als Elektrokardiogramm (EKG) und als Elektrooculogramm (EOG) aufzeichnen sollte. Außerdem hatten sie mir einen kleinen Spiegel gegeben, den ich an Brewster Shaw weiterreichen sollte. Ich tat das nicht gleich, weil der Shuttlepilot mit dem Anschnallen und anderen Dingen alle Hände voll zu tun hatte.

Erst viel später begriff ich, daß ich einen Fehler gemacht hatte. Denn Brewster Shaw sollte von seinem rechten Sitz aus mit dem Spiegel überprüfen, ob zwei Minuten nach dem Start die großen Feststoffraketen des Raumtransporters nach dem Ausbrennen richtig abgeworfen werden würden. Es war sehr wichtig, daß diese riesigen Zusatzraketen sofort aus der Nähe des Raumtransporters verschwanden, damit der Shuttle nicht beschädigt wurde.

Da wir die bisher größte Besatzung bildeten, brauchte Woody etwas mehr Zeit als sonst. Ich war froh darüber. Er arbeitete sorgfältig, doch schließlich war er mit allem zufrieden. Er erhob sich aus der gebückten Stellung und sagte schnell über das interne Kommunikationssystem: »Have a good flight« – »Ich wünsche euch einen angenehmen Flug.« Er ließ uns kaum Zeit, mit erhobenem Daumen zu danken, dann war er verschwunden. Ich wußte, daß er gern geblieben und mitgeflogen wäre.

Von außen wurde die Luke geschlossen. Owen, der ihr am nächsten lag, verriegelte das Schloß und meldete, daß alles in Ordnung sei. Wir hatten ihm dabei alle zusehen können. Um so mehr verblüffte mich, daß von außen ein Loch in der Größe einer Münze geöffnet und ein Rohr hereingeschoben wurde. Es entpuppte sich als kleines Periskop, mit dem der Riegel nochmals von außen überprüft wurde. Das Periskop verschwand, und das Loch wurde verschlossen. Zuerst war ich über das Mißtrauen gegenüber Owen Garriott entrüstet, doch dann erinnerte ich mich der Kosmonauten Georgy Dobrowolski, Wladislaw Wolkow und Viktor Pazajew. Sie hatten im Juni 1971 beim Wiedereintritt ihrer Sojus-Kapsel in die Atmosphäre wegen einer undichten Luke ihr Leben verloren. Sollten die NASA-Techniker meinetwegen ruhig nochmals nachschauen. Durch das kleine Fenster in der linken Seitenwand sah ich, wie es draußen heller wurde. Also mußte der Schatten spendende Whiteroom gerade abgebaut werden. Zurück blieb nur die nackte Brücke.

Im Gegensatz zu den früheren Raumkapseln der NASA

hat der Shuttle keine Rettungsraketen, die bei Gefahr gezündet werden könnten, um die Besatzung in Sicherheit zu bringen. Bei den Apollo-Flügen konnte die Crew im Notfall die Kapsel von der Saturn absprengen; die Kapsel wurde dann von einer Rettungsrakete aus dem Gefahrenbereich getragen. Erst in sicherer Entfernung öffnete sich der Fallschirm und ermöglichte eine weiche Landung. Für uns war der einzige Fluchtweg die Brücke. Um sie auch bei Feuer überschreiten zu können, hatte die NASA Dutzende von Düsen anbringen lassen, die den Fluchtweg unter dichten Sprühregen setzen würden. Auf der Rückseite des Startturms warteten fünf Rettungskörbe auf uns. Sie waren wie Seilbahnen an Tragseilen aufgehängt. Dort sprang man allein oder zu zweit hinein, schlug auf einen Auslösehebel, und ab ging die Post. Die Nylonschnur, die den Korb festhielt, wurde einfach durchschnitten, so daß Mann und Gerät in die Tiefe und gleichzeitig vom Turm wegrauschten. Zum Stillstand wurden die Körbe durch Fangnetze gebracht, die mittels einer im Sand schleifenden schweren Eisenkette eine unsanfte Bremsung herbeiführten.

Neben diesen Netzen stand ein kleiner Panzer mit laufendem Motor und offener Hecktür. Man sollte hineinspringen, durch Knopfdruck die Hecktür schließen und so schnell wie möglich davonfahren. Der erste, der ankam, sollte sich auf den Fahrersitz setzen. Wir hatten das alles mehrfach trainiert. Und dann fuhr man einfach querfeldein.

Als zusätzliche Sicherheitsmaßnahme gab es dort, wo die Rettungskörbe zum Stehen kamen, auch noch einen Bunker. In ihn konnte man notfalls hineinlaufen, die Tür schließen, und war auf diese Weise ebenfalls geschützt.

Außerdem standen noch gepanzerte Feuerwehrfahrzeuge im Gelände, in denen mit Spezialkleidung versehene Feuerwehrmänner zum Brandherd vorrücken und das Feuer bekämpfen sollten.

Der Countdown stand noch auf mehr als minus einer Stunde. Die harten Rückenlehnen der Sitze begannen bereits zu drücken. Doch es war unmöglich, sich zu drehen. Zu gut hatte Woody uns angeschnallt. Mir kam in den Sinn, welche Aufgabe vor uns lag. Ich hatte sechs Jahre Zeit gehabt, mich vorzubereiten, viel mehr als ich anfänglich dafür aufwenden wollte. Doch jetzt fühlte ich so etwas wie gelindes Unbehagen. Die Verantwortung, die wir übernommen hatten, war groß.

Allein die Entwicklung des Shuttle hatte rund zehn Milliarden Dollar gekostet. Der Stückpreis – ohne Berücksichtigung der Entwicklungskosten – betrug nochmals etwa 1,5 Milliarden. Mehr als zwei Milliarden Deutsche Mark hatten die Europäer ihrerseits für das bemannte Raumlabor Spacelab ausgegeben, das jetzt unter uns im Laderaum der Columbia verankert war und auf seine Feuertaufe wartete.

Es war das Meisterstück der europäischen Raumfahrt, die Krönung vieljähriger Bemühungen von Tausenden von Ingenieuren, Technikern und Spezialisten aller Art. Die 72 Experimente waren von Wissenschaftlern vorgeschlagen und erdacht worden, die zu den Besten ihres jeweiligen Faches zählten. In fast allen Fällen waren erhebliche finanzielle Mittel eingesetzt worden, um Instrumente höchsten Leistungsvermögens zu schaffen.

Die Experimente waren aus nicht weniger als acht Disziplinen ausgewählt und zusammengestellt worden: Astronomie, Atmosphärenphysik, Erdbeobachtung, Bio-

Der Start

logie und Medizin, Materialforschung, Sonnenphysik, Plasmaphysik und Technologie. Unsere Aufgabe wurde dadurch höchst interessant und farbig, aber auch in geradezu belastender Weise anspruchsvoll. Genau wie ich hatten die beteiligten Wissenschaftler nicht nur Geld, sondern auch viele Jahre investiert, um den Flug vorzubereiten. Nun setzten sie die größten Erwartungen in uns.

Wir, das waren Owen, Byron, Bob und ich, sollten in einem einzigen Flug von nur neun Tagen Dauer die wissenschaftliche Ernte aus siebenjähriger Arbeit einfahren. Im Moment konnten wir nur hoffen, daß es uns gelingen würde.

Wir alle hatten die Uhren auf die Sekunde genau gestellt. Immer wieder blickte ich auf die sich regelmäßig ändernde Digitalzahl. Trotzdem wollte die Zeit sich nicht mit dem normalen Tempo der Elf-Uhr-Marke nähern. Unser »Startfenster«, der mögliche Startzeitraum, war klein. Wir wußten, kämen wir nicht innerhalb von Minuten von der Startplattform, müßten wir mindestens vierundzwanzig Stunden auf die nächste Chance warten.

Die Größe des Startfensters wurde vor allem von Sicherheitsforderungen diktiert. Wenn zum Beispiel eines der drei Haupttriebwerke des Shuttle versagen sollte, hing alles weitere vom Zeitpunkt des Ausfalles ab. Im Falle eines frühen Versagens war geplant, zum Cape Canaveral zurückzukehren und dort zu landen. Bei späterem Ausfall wäre das nicht mehr möglich gewesen, weil der verbleibende Treibstoff nicht mehr ausgereicht hätte, umzukehren. Dann bestand nur noch die Möglichkeit, mit der erreichten Geschwindigkeit und dem Treibstoffrest den Atlantik zu überqueren und in Europa zu landen.

Bei noch späterem Ausfall war vorgesehen, in eine

niedrige Umlaufbahn zu gehen und in Kalifornien herunterzukommen oder erst einmal in der niedrigen Bahn abzuwarten. Mit Rücksicht auf die Sicherheit sollte die Landung auf jeden Fall bei Tageslicht erfolgen. Daraus leitete sich die Forderung ab, daß es in Saragossa, unserem europäischen Ausweichhafen, nach der Atlantiküberquerung noch ausreichend hell und daß nach der ersten Erdumrundung auch über der Mojave-Wüste die Sonne aufgegangen sein müsse. Dort sollten wir im Falle eines Falles auf dem ausgetrockneten Rogers-See landen. Es war November. Die Forderung, in Spanien das letzte, in Kalifornien aber das erste Tageslicht zu haben, war zu dieser Jahreszeit nur für wenige Minuten am Tag zu erfüllen. Würden wir diesen Zeitraum versäumen, müßten vierundzwanzig Stunden abgewartet werden.

Eine weitere Forderung kam von den Astronomen. Sie wollten ihre Beobachtungen nur bei Neumond machen. Der von zahllosen Dichtern besungene Silberschein des Mondes hätte nämlich als Streulicht in die optischen Instrumente fallen und stören können. Es mußte also Ende November gestartet werden, um in der Zeit des Neumondes, der ersten Dezemberwoche, im Weltraum zu sein. Für den Fall, daß der Start nicht mehr im November erfolgen konnte, hatten wir uns selbst auferlegt, auf den nächsten Neumond, das heißt bis Ende Dezember, zu warten.

Doch es gab keinen Grund, eine Verschiebung zu befürchten. Der Countdown schritt zwar langsam, aber stetig und wie geplant voran. In uns begann die Spannung zu steigen. Bei T-51 Minuten wurden die drei Inertial Measurement Units genauestens ausgerichtet. Dabei handelt es sich um Plattformen, die auf Grund der Erhal-

Der Start

tung des Drehimpulses von schnellaufenden Kreiseln ihre Lage im inertialen Raum, das heißt im Hinblick auf die Sterne, stabil halten. Die Plattformen trugen auch Beschleunigungsmesser, aus deren Meßdaten unsere Computer durch zweimalige Integration unseren Standort bestimmen konnten: Aus Beschleunigung und abgelaufener Zeit läßt sich die Geschwindigkeit berechnen, durch diese und die Zeit wiederum der zurückgelegte Weg. Allerdings mußten die Computer vorher mit den Koordinaten unseres Startplatzes, nämlich der Rampe 39 A auf Cape Canaveral, gefüttert werden. Sie berücksichtigten automatisch, daß sich dieser Ort im Koordinatensystem des Sternenhimmels durch die Drehung der Erde jede Minute um 15 Winkelminuten nach Osten verlagerte.

Nur mit Hilfe der Inertial Measurement Units und der Bordrechner war es außerdem möglich, beim Aufstieg das eigentlich instabile Gleichgewicht von Schubkraft und Trägheitskraft aufrechtzuerhalten und damit einen stabilen Flug des Shuttle zu ermöglichen.

Als unsere Uhren noch dreißig Minuten bis zum Start anzeigten, wußte ich, daß wir im weiten Umkreis von fünf Kilometern Radius die einzigen Menschen waren. An Bord begann sich angespannte Konzentration auszubreiten. Bei T-22 Minuten übertrug das aus vier Rechnern bestehende primäre Computersystem seine Daten auf den Reserverechner. Er sollte die Kontrolle übernehmen, falls alle Rechner des Primärsystems ausfielen. Wir wußten, daß wir über ein Höchstmaß an Redundanz verfügten — ein einziger Computer hätte schon genügt, unseren Flug zu sichern. Trotzdem wurde es ruhig an Bord; die Gespräche verstummten und die Spannung stieg. Bei T-20 wurde der Countdown wie vorgesehen für zehn Minuten unterbrochen. In ihr wurden die Computer des Startkontrollzentrums am Boden mit den Programmen für den Start geladen. Mit dem Weiterlaufen des Countdown mußten die Rechner völlig synchron mit den Bordrechnern zusammenarbeiten. Es klappte alles wie am Schnürchen. Im Kontrollraum starrten viele Ingenieure auf ihre Monitore und prüften Tausende von Parametern wie Spannungen, Stromstärken, Drücke, Drehzahlen, Füllmengen und anderes.

Bei T-10 Minuten begann der Startdirektor, alle Verantwortlichen für die Subsysteme der Reihe nach abzufragen, ob alles klar sei und der Start erfolgen könne. Es war ein Ritual: »Haupttriebwerke?« – »Go«; »Feststoffraketen?« – »Go«; »Hydraulik?« – »Go«. Die kurze Antwort »Go« kam von mindestens einem Dutzend Stellen. Als ich am Ende auch noch unseren Kommandanten John Young mit »Go« antworten hörte, wußte ich, die große Reise stand nun bevor.

In der Gewißheit, endlich zu neuen Horizonten aufbrechen zu können, dachte ich an meinen Freund Wubbo Ockels. Zu gerne hätte ich ihn neben mir gewußt. Sechs Jahre hatten wir uns gemeinsam auf diese Mission vorbereitet. Immer wußten wir, daß nur einer von uns mitfliegen können würde. Jeder wollte natürlich dabei sein, doch trotz der Wettbewerbssituation hatten wir uns gegenseitig vertraut. Vor allem, wenn es brenzlig wurde, hatten wir stets Mittel und Wege gefunden, einvernehmlich zusammenzuarbeiten. Darüber waren wir Freunde und ein erstklassiges Team geworden. Meistens hatten wir nicht nur die Arbeit, sondern auch die Freizeit geteilt. Daß wir nun nicht zusammen in den Weltraum fliegen durften, war der Wermutstropfen dieses Tages.

Der Start

Bei T-9 Minuten wurde der Countdown nochmals für zehn Minuten angehalten. Eine letzte Überprüfung des Wetters ergab keine ernsten Probleme. Die Sonne schien über Florida. Dann lief der Countdown weiter. Nun hatte der Ground Launch Sequencer, ein großer Computer im Startzentrum, die Kontrolle allein übernommen. Er würde erst bei T-28 Sekunden das Kommando an die Bordrechner abgeben. Mit angespannter Aufmerksamkeit verfolgten wir alle das Fortschreiten des Sekundenzeigers auf unseren Armbanduhren.

Bei T-7 Minuten wurde uns mitgeteilt, daß die Brücke zum Startturm weggeschwenkt würde. Wir wußten, daß viele Augen auf uns gerichtet und unsere Freunde in Gedanken bei uns waren. Doch in unserer Nähe waren höchstens noch die Pelikane.

Bei T-5 Minuten erhielten John und Brewster die Anweisung, alle drei mit Hydrazin betriebenen Hilfsturbinen anzuwerfen; sie liefern den Antrieb für die Hydraulikpumpen. Beide Piloten kontrollierten sorgfältig, wie sich in den verschiedenen Systemen der Druck aufbaute.

Bei T-3 Minuten machte der Shuttle eine unerwartete, schnelle Nickbewegung. Ich erschrak, denn es war zu früh zum Start. Auf meine Anfrage, was los sei, antwortete John: »Wir prüfen die Haupttriebwerke und schwenken sie hin und her.« Wegen ihrer großen Masse von immerhin mehreren Tonnen zwingen sie den Shuttle dabei zum Gegenschwingen. Es bestand kein Grund zur Sorge. Im Gegenteil: Dadurch, daß die Raketenmotoren beweglich sind, kann der Shuttle beim Aufstieg einen stabilen Kurs steuern. Durch kleine, vom Computer bestimmte Änderungen ihrer Einstellwinkel balanciert der Shuttle auf seinem Feuerstrahl, vergleichbar mit einem Besenstiel, der von einem Jongleur auf dem Finger oder auf der Nase im Gleichgewicht gehalten wird. Dann schaltete der Ground Launch Sequencer die Stromversorgung von der Bodenanlage auf die Brennstoffzellen an Bord um und setzte die riesigen Tanks für die superkalten Flüssigkeiten Sauerstoff und Wasserstoff unter Druck. Alles lief perfekt. Es war faszinierend, mit welcher Schnelligkeit, Sicherheit und Präzision der Rechner unseren Start besorgte, doch ich fand es im selben Moment auch etwas beklemmend, daß eine Maschine hier mehr Kontrolle ausübte als erfahrene Ingenieure. Die Ereignisse begannen sich zu überschlagen, und die Zeit schien mit einem Mal zu verfliegen.

Sehr schnell erhielten wir die Anweisung, die Visiere unserer Helme zu schließen. Ich drehte mich rasch noch nach links um und bemerkte die Konzentration und Anspannung in Owens und Byrons Gesicht. Mir ging es ähnlich. Ich fühlte, daß sich in mir Spannung und freudige Erwartung zu mischen und zu steigern begannen. An meinem Herzschlag, der aufgezeichnet wurde, war das deutlich abzulesen. Mein Puls lag zwei Minuten vor dem Start bei 75 Schlägen pro Minute, war also nur ein wenig höher als normal. Selbst in den sechzig Sekunden nach dem Abheben ist er unter hundert geblieben. Mein Körper reagierte also höchst moderat. Sein Verhalten deutete einerseits die Erwartung und Anspannung an, andererseits aber auch, daß ich nicht von Angst oder gar Panik erfüllt war.

Wir starrten weiterhin auf die Sekundenzeiger unserer Uhren. Bei T-13 Sekunden wurden drei Wasserventile geöffnet, jedes mit einer lichten Weite von über 120 cm. Sturzflugartig ergossen sich nun gewaltige Wassermen-

Der Start

gen in eine tiefe Höhlung unter der Startrampe. Mit diesem einfachen Verfahren werden die Schallwellen gedämpft, die beim Start von den röhrenden Raketenmotoren ausgehen. Anderenfalls könnten durch ihre Gewalt Schäden an der Flugmaschine und an den empfindlichen wissenschaftlichen Geräten entstehen.

Fünf Sekunden vor dem Start kam von den Computern an Bord das Kommando, die drei Hauptmotoren zu starten. Die Ventile für den flüssigen Wasserstoff und den flüssigen Sauerstoff öffneten sich. Wir spürten unter uns ein gigantisches Inferno aus Feuer und Lärm losbrechen. Es dauerte etwa vier Sekunden, bis die drei Triebwerke ihre gesamte Schubkraft von fast 700 Tonnen aufgebaut hatten. Deutlich fühlte ich, wie Columbia sich unter ihrer geballten Wirkung bewegte und einen knappen Meter in Richtung des Außentanks hinschwang. Unsere Rechner überprüften nochmals Drücke, Drehzahlen, Temperaturen, und zwar viel schneller, als wir selbst es hätten tun können. Genau zum Zeitpunkt, an dem der Orbiter beim Zurückschwingen in seine Ausgangslage kommt, jagen Zünder lange Flammenstöße in das Innere der Feststoffraketen. Innerhalb von einigen hundert Millisekunden stehen die mehr als 500 Tonnen Festtreibstoff pro Rakete in hellen Flammen.

Es war wie der Faustschlag eines Titanen. In zwei sonnengrellen Fontänen jagten die unter Überdruck stehenden Verbrennungsgase aus den Triebwerkdüsen heraus. Innerhalb von Bruchteilen einer Sekunde gaben sie uns 2400 Tonnen zusätzlichen Schub. Um uns dröhnte, vibrierte und schüttelte sich alles. Kein Wunder, denn unter uns schien sich ein Vulkan zu entladen. Die Raketen erzeugten eine Leistung von etwa eintausend Megawatt, genug um einen ganzen Landstrich mit Elektrizität zu versorgen. Auf Millisekunden genau wurden die acht Haltebolzen, die uns bisher mit der Startplattform verbunden hatten, gesprengt.

Von ihren Fesseln befreit setzte sich die Columbia in Bewegung. Leichtfüßig wie ein Sprinter und doch kraftvoll wie ein Büffel nahm sie Fahrt auf. Wir waren erlöst, und alle Spannung fiel von uns ab. Es war herrlich, wie zügig unsere Flugmaschine senkrecht nach oben beschleunigte. Noch hatten wir ein Gewicht von 2000 Tonnen, und trotzdem waren wir in vier Sekunden über den Startturm hinaus. Kein Jagdflugzeug der Welt hätte auch nur halbwegs mithalten können. Auf Grund unseres enormen Gesamtschubes von mehr als dreitausend Tonnen wurden wir mit dem anderthalbfachen unseres normalen Gewichts in die Sitze gedrückt. Brewster kündigte über die Kopfhörer das Rollmanöver an, und ich fühlte auch schon, wie sich die Columbia bei hoher Geschwindigkeit 135 Grad um ihre Längsachse zu drehen begann. Nun konnten wir langsam in den Rückenflug übergehen und entlang der amerikanischen Ostküste in nordöstlicher Richtung weiter an Höhe und Tempo zulegen.

Wir waren die ersten, die diesen Kurs flogen, denn wir sollten in eine Umlaufbahn aufsteigen, die gegenüber der Äquatorebene der Erde um 57 Grad geneigt war. Alles funktionierte fabelhaft. Erst 20 Sekunden später bekamen unsere Frauen, Kinder, Freunde und all die vielen Zuschauer unseren Start als donnerndes, knatterndes und rumpelndes Geräusch zu hören. Den hundertachtzig Meter langen, sonnenhellen Feuerschweif, der uns nach oben trieb, konnten alle gut sehen. Doch er war schon viel kleiner geworden, als sie der Schall erreichte. Die fahlblauen Flammen der Haupttriebwerke gingen längst in den gleißenden Abgasen der Feststoffraketen unter. Durch die rasch wachsende Geschwindigkeit wurde Columbia in zunehmendem Maße dynamisch durch den Fahrtwind belastet. Die Haupttriebwerke wurden deshalb nach etwa 30 Sekunden Flugzeit auf 78 Prozent ihres Schubes gedrosselt. Die höchste dynamische Belastung trat etwa 50 Sekunden nach dem Abheben auf. Etwa zu diesem Zeitpunkt hatten wir die Schallgeschwindigkeit überschritten. Sowohl die Druckschwingungen in den Feuersäulen aus den Feststoffraketen als auch die aerodynamisch angeregten Vibrationen übertrugen sich auf unser Raumschiff. Die vielen Regalkästen an der Vorderwand des Mitteldecks, die nur einen Meter über mir hingen, wurden geschüttelt und gerüttelt, und ich hoffte nur, daß sie dort blieben, wo sie hingehörten. Zum Glück stellte sich heraus, daß die Techniker gute Arbeit geleistet und alle Halteschrauben fest angezogen hatten.

Als ich meinen Kopf nach links drehte, um nach meinen Gefährten Byron und Owen zu schauen, fiel mein Blick auf das runde Bullauge in der Einstiegsluke. Für meinen Geschmack war es zu klein ausgefallen. Trotz seines bescheidenen Durchmessers konnte ich sehen, wie sich der blaue Himmel dunkel zu färben begann. Ich war aufs tiefste beeindruckt, und Glück überkam mich, als draußen alles schwarz wurde. Ich war im Weltraum!

Um uns herum herrschte Vakuum. Die Vibrationen hatten deshalb nachgelassen, und die Haupttriebwerke wurden wieder auf 100 Prozent Schub gebracht. Die Beschleunigung und damit der Anpreßdruck nahmen in dem Maße weiter zu, in dem die Feststoffraketen ausbrannten und der riesige externe Tank sich leerte. Mit schweren Gliedern lagen wir in unseren Sitzen. Nach etwas mehr als zwei Minuten war der ganze Spuk vorbei. Die Feststoffraketen waren ausgebrannt. Wir spürten einen Ruck. John und Brewster konnten durch ihre großen Fenster beobachten, wie sie abgesprengt wurden und sich langsam von uns entfernten.

In ihrer Grundkonzeption unterscheiden sich die Feststoffraketen nicht von Sylvesterraketen; sind sie erst einmal gezündet, können sie nicht mehr abgeschaltet werden, sondern speien ihren Feuerstrahl aus, bis sie ausgebrannt sind. Es hat mich immer beeindruckt, daß sie vollkommen synchron gestartet werden können und auf die Sekunde genau zum gleichen Zeitpunkt ausbrennen.

Die leeren Hülsen durchlaufen eine ballistische Bahn und kommen etwa dreihundert Kilometer vom Startplatz entfernt auf dem Atlantik herunter. Die größten Fallschirme, die jemals gebaut wurden, bremsen ihren Fall. Spezialschiffe bergen sie und schleppen sie zum Cape Canaveral zurück. Dort werden sie überholt und für den nächsten Einsatz vorbereitet.

Nun arbeiteten nur noch die Haupttriebwerke — gleichmäßig ruhig und doch voller Kraft.

Unser Weiterflug verlief in himmlischer Stille. Das prasselnde Hämmern hatte aufgehört. Unser Flug verhielt sich jetzt zum vorherigen wie die Reise im Intercity zur Fahrt in einem ungefederten Wagen auf einem Feldweg. Es ging voran wie nie zuvor in meinem Leben. Nachdem viereinhalb Minuten vergangen waren, teilte uns die Mission Control in Houston mit, daß wir im Falle eines Triebwerkausfalles nicht mehr zum Cape zurückkehren könnten, sondern über den Atlantik bis Saragossa fliegen oder in einen niedrigeren Orbit gehen sollten. Ich genoß das unbeschreibliche Gefühl der stetig anwachsenden Beschleunigung. Nach siebeneinhalb Minuten hatten wir 3 g erreicht. Das heißt, wir wurden mit dem dreifachen Gewicht in den Sitz gepreßt. Für einen gesunden Menschen ist das kein Problem, vor allem nicht in liegender Position, wie wir sie einnahmen. Um die Beschleunigung nicht weiter anwachsen zu lassen, wurde der Schub der Haupttriebwerke nun in dem Maße gedrosselt, wie sich der externe Tank entleerte und die zu beschleunigende Masse abnahm. Nach achteinhalb Minuten hatten wir eine Geschwindigkeit von etwa 27 000 km/h und eine Höhe von über hundert Kilometern erreicht.

Es gab einen Ruck. Nachdem wir bislang mit dem dreifachen Gewicht in die Sitze gepreßt worden waren, hingen wir plötzlich schwerelos in den Anschnallgurten. Bevor ich mir der dramatischen Änderung meiner Situation so recht bewußt wurde, hörte ich John: »MECO« (Main Engine Cut Off) rufen. Die drei Haupttriebwerke der Columbia waren abgestellt worden. Nur achtzehn Sekunden später waren die Verbindungsbolzen zum externen Tank gesprengt. Die kleinen Lageregelungstriebwerke des Shuttle wurden gezündet, um den Orbiter aus der unmittelbaren Nähe des Tanks herauszuschieben. Die Bahn, in der wir zusammen mit dem externen Tank flogen, hätte uns nach etwa einer halben Stunde in die Atmosphäre zurückgeführt. Für den externen Tank war das beabsichtigt. Tatsächlich ist er, wie vorausberechnet, in die Lufthülle eingetaucht und dabei auseinandergebrochen. Seine Bruchstücke sind zum größten Teil verglüht. Sollten einige von ihnen die Erdoberfläche erreicht haben, sind sie südlich von Australien in die Tasmanische See gefallen. Wir aber wollten nicht nur einen halben Umlauf zurücklegen, sondern die Erde 146mal umrunden. Deshalb haben sich John und Brewster wohl besonders beeilt, die zwei Raketenmotoren zu feuern, die bei der NASA das OMS (Orbital Manoeuvring System) genannt werden. Sie brannten eine Minute und dreizehn Sekunden lang und gaben uns eine zusätzliche Geschwindigkeit von 122 km/h. Das reichte aus, um das Apogaeum, den erdfernsten Punkt unserer Bahn, auf 250 km Höhe anzuheben. Wir waren nun nicht nur im Weltraum, sondern auch in einer Umlaufbahn um die Erde. Seit dem Start waren keine zwölf Minuten vergangen. Gerade hatte uns noch das vielfältigste Leben in Floridas Sümpfen umgeben, jetzt befanden wir uns im lebensfeindlichen Vakuum. Eben saßen wir noch inmitten einer tropischen Wetterküche, in der sich jeden Nachmittag Gewitter mit einer Gewalt entladen, wie ich sie in Mitteleuropa nie zuvor erlebt hatte. Nun herrschte die ewige Stille des Alls.

Wir begannen sofort mit unserer Arbeit. Als erstes klappten wir die Visiere hoch und nahmen unsere Helme ab. Sie wurden zusammen mit den Handschuhen, den Sauerstoffschläuchen und den festen Stiefeln in Säcke gesteckt und verstaut. Dann schnallten wir uns von unseren Sitzen los – und waren schwerelos. Es gab kein oben und unten mehr. Wir schwebten, und das, was eben noch der Boden war, war nun Seitenwand. Decke, Boden, je nachdem, wie man es ansah. Die einfachen Tätigkeiten, wie das Verstauen der Helme, gingen uns zunächst etwas langsam von der Hand. Ich war zwar in der berühmten KC 135, einem Spezialflugzeug der NASA, etwa 500 Parabeln geflogen und hatte auf diese Weise am eigenen Leib bereits vier Stunden Schwerelosigkeit erfahren, aber jetzt war ich trotzdem verblüfft, daß alles, was nicht niet- und nagelfest war, um uns herum- und durcheinanderschwebte. Es war geplant, am Apogaeum das OMS ein zweites Mal zu zünden, um aus unserer Ellipsenbahn mit dem Perigaeum in 51 km und dem Apogaeum in 250 km Höhe eine Kreisbahn zu machen. Genau zum vorgesehenen Zeitpunkt, vierzig Minuten nach dem Start, feuerten John und Brewster die zwei OMS-Triebwerke, die mit Hydrazin und Stickstofftetroxid betrieben wurden, für eindreiviertel Minuten. Sie arbeiteten auch dieses Mal einwandfrei und erhöhten unsere Geschwindigkeit nochmals um etwa 180 km/h. Damit waren wir genau dort, wo wir hinwollten: in einer Kreisbahn 250 km über der Erde. Jetzt konnte es mit der Arbeit an Bord losgehen.

SPACELAB

Seit dem Ablegen der Helme hatten wir keine Kopfhörer und Mikrophone mehr, so daß wir mit dem Missionskontrollzentrum in Houston nicht mehr sprechen konnten. Wir begannen deshalb sofort, aus den Regalkästen im Mitteldeck, die mir beim Aufstieg so bedrohlich erschienen waren, die drahtlosen Kommunikationssysteme auszupacken. Sie bestehen aus kleinen Sendern und Empfängern, von denen jeder mit einer Antenne ausgestattet ist. Da gibt es zunächst einmal die Wall Unit, das ist die Sende- und Empfangseinheit, die an der Wandung des Raumschiffes angebracht wird. Sie empfängt das von Houston heraufkommende Signal und strahlt es in das Innere des Shuttle weiter. Dieses Signal wird von der Leg Unit empfangen; das sind Sende- und Empfangseinheiten, die der Astronaut am Oberschenkel trägt. Von dort aus wird das empfangene Signal in einen leichten Kopfhörer weitergeleitet. Spricht der Astronaut selbst, sendet seine Leg Unit das Signal im Raumschiff drahtlos weiter an die Wall Unit. Das Shuttle-Kommunikationssystem trägt es dann weiter nach Houston. Nach Erreichen der Erdumlaufbahn mußte also jeder Astronaut erst einmal seine Wall Unit installieren.

Als wir den Bodenkontakt wiederhergestellt hatten, fühlten wir uns erleichtert. Das Kontrollteam in Houston hatte inzwischen fleißig gearbeitet und festgestellt, daß an Bord alles ordnungsgemäß funktionierte. Wir bekamen grünes Licht, uns auf einen längeren Aufenthalt in der Umlaufbahn einzurichten, und begannen damit, die drei Sitze im Mitteldeck auszubauen. Sie werden in der Schwerelosigkeit nicht gebraucht. Mit einem raffinierten Mechanismus sind sie vierfach am Boden verankert, können aber ebenso rasch gelöst werden. Wir falteten die schweren Beine unserer Sitze zusammen und klappten auch die Lehnen nach vorne herunter. Nachdem jeder Sitz auf diese Weise in ein mittelgroßes Paket umgewandelt worden war, ließ er sich leicht verstauen. Ich machte mich daran, die Pakete in die rechte hintere Ecke des Mitteldecks zu manövrieren. Während des Trainings am Boden hatten wir zu zweit anfassen müssen, denn die Sitze waren stabil gebaut und deshalb schwer. Im Weltraum reichte die Kraft meines kleinen Fingers, sie dorthin zu bekommen, wohin ich sie haben wollte. Es wunderte mich, daß die NASA nichts vorbereitet hatte, unsere Sitze irgendwo unterzubringen. So suchte ich mir einfach selber eine Ecke aus. Mit grauem Klebeband befestigte ich die Sitze am Boden, damit sie nicht in der Luft herumflogen.

Als nächstes kam laut Flugplan eine eher profane, aber doch wichtige Angelegenheit an die Reihe. Die Toilette mußte aktiviert werden. Das geschah sehr schnell, weil diese Örtlichkeit so viele Stunden nach dem Wecken und dem Frühstück schon sehr gefragt war. Da die Toilette in der Schwerelosigkeit arbeiten mußte, war sie nach dem Prinzip eines riesigen Staubsaugers konstruiert.

Die Schwerelosigkeit kam für mich auf Grund der zahlreichen Parabelflüge in der KC 135 nicht überraschend. Neu war nur, daß sie hier im Gegensatz zu den Flugzeugen, wo sie pro Flug nur etwa dreißig Sekunden gedauert hatte, unbegrenzt lang war. Die einfachsten

Handgriffe, wie das Verstauen der Sitze, brauchten hier mehr Zeit als normal. Ich beneidete plötzlich die Affen, die ihre Beine auch als Arme einsetzen können. In der Schwerelosigkeit sind die Beine relativ nutzlos. Man braucht statt dessen eher vier Arme, zwei um sich festzuhalten und zwei um die anstehenden Arbeiten zu erledigen. Durch das Fehlen der Schwerkraft konnte man nirgends fest stehen. Man schwebte frei im Raum. Und wenn man nur eine festsitzende Schraube mit einem Schraubenzieher herausdrehen wollte, konnte es passieren, daß man sich selbst drehte, die Schraube aber fest blieb. Nachdem wir die Umlaufbahn erreicht hatten, war das eigentliche Problem jedoch nicht, wie wir mit der Schwerelosigkeit zurecht kamen. Auf dem Programm stand eine andere Aufgabe, deren Lösung darüber entschied, ob wir den Flug überhaupt fortsetzen konnten oder nicht. Erst mußten die riesigen, etwa achtzehn Meter langen Tore des Frachtraums geöffnet werden. Sie verschlossen den röhrenförmigen Nutzlastraum der Columbia, der einen Durchmesser von etwa fünf Metern hatte. In ihm war der Stolz der deutschen und europäischen Raumfahrttechnik untergebracht, das Raumlabor Spacelab.

Beim Öffnen der gewaltigen Frachtraumtore ging es zunächst gar nicht um unser Raumlabor. Das Spacelab würde ohnehin an Bord bleiben, denn es war auf die Energieversorgung, die Kühlung und die Datenübertragung durch den Shuttle angewiesen und auch gar nicht dafür vorgesehen, ausgeladen zu werden. Es ging um etwas ganz anderes. Man mußte mit der Wärme fertig werden, die im Raumschiff entstand. Die gesamte Avionik, die Elektronik im Shuttle, die Computer, die Kreisel, ferner Converter, die Gleichstrom in Wechselstrom umwandelten, waren in Betrieb. Bald würden auch die verschiedenen wissenschaftlichen Experimente anlaufen und die Pumpen etc. eingeschaltet werden. All dies mußte die Temperatur im Raumfahrzeug langsam, aber sicher steigen lassen. Das war für uns weniger gefährlich als für die Computer und die Elektronik, die unbedingt ein Mindestmaß an Kühlung brauchten.

Auf der Innenseite der riesigen Laderaumtore saßen Radiatoren, mit deren Hilfe die entstehende Wärme in den Weltraum abgegeben werden sollte. Gelang es nicht, die scheunentorgroßen, gewölbten Luken des Laderaums zu öffnen, so mußte sich der Raumtransporter langsam erhitzen. Da die Funktionsfähigkeit der elektrischen Geräte dadurch nicht unberührt bliebe, müßte man relativ schnell unverrichteter Dinge zur Erde zurückkehren. Für mich war es spannend und aufregend, wie ich sie langsam und gravitätisch aufgehen sah. Als die Sonne in den Laderaum fiel und unser wunderschönes Spacelab in ihrem Licht aufblitzte, war ich erleichtert.

Es war der Stolz der europäischen und vor allem der deutschen Raumfahrttechniker. Ihr guter Ruf stand auf dem Spiel. Ohne Zweifel hatte Europas Ariane jene Scharten auswetzen können, die die vielen Fehlstarts der alten Europarakete in den sechziger Jahren und zu Beginn der siebziger hinterlassen hatten. Doch ein solch hochkompliziertes Gerät für die bemannte Raumfahrt, wie dieses Spacelab, das jetzt im Weltraum vor mir in der Sonne glänzte, war auf dem alten Kontinent noch nicht gebaut worden. Die europäische Weltraumbehörde ESA (European Space Agency) hatte es in Auftrag gegeben und seinen Bau beaufsichtigt.

Den Hauptauftrag hatte die Firma ERNO in Bremen

übernommen, die heute zum MBB-Konzern gehört. So lag die Verantwortung für das richtige Funktionieren vor allem bei deutschen Technikern, aber das Prestige der ESA stand ebenfalls auf dem Spiel.

Als die Tore geöffnet wurden, geschah etwas völlig Unerwartetes. Plötzlich sah ich viele kleine Teile durch den Raum fliegen. Offenbar gab es im Laderaum eine Menge winziger Dinge wie Unterlegscheiben, Dreck und anderes, die die amerikanische Luft- und Raumfahrtbehörde NASA bei der Montage nicht entfernt hatte. Immerhin sahen die vielen kleinen Teilchen großartig aus, denn jedes von ihnen leuchtete vor dem tiefen Schwarz des unendlichen Weltraums, als sei es ein Stern.

Dann kam für mich als einzigen Deutschen und Europäer an Bord der vielleicht spannendste Augenblick während des ganzen Flugs. Der Verbindungstunnel, durch den man vom Space Shuttle aus in das Raumlabor kriechen konnte, mußte geöffnet werden. Und jetzt gab es eine kleine Aufregung. Wir bekamen nämlich die Luke dieses Tunnels zunächst nicht auf, da sie klemmte. Wir versuchten es mehrfach mit vereinter Kraft, aber sie saß fest. Auch auf der Erde wurde man nervös. Wir hatten die Fernsehkamera für eine Live-Übertragung aus dem Shuttle eingeschaltet. So konnten Millionen von Fernsehzuschauern auf der Erde am Bildschirm mitverfolgen, wie wir uns abmühten, die Eingangstür in das Spacelab zu öffnen, und es zunächst nicht schafften.

Laut Flugplan hatte ich an der Tür zum Spacelab eigentlich gar nichts mehr zu suchen. Etwa drei Stunden waren jetzt seit dem Start vergangen, und ich hätte mich zur Ruhe begeben müssen. Ich war um Mitternacht geweckt worden, und jetzt war es etwa vierzehn Uhr.

Eine Schicht dauerte nur zwölf Stunden. Ich dachte aber nicht daran, zu verschwinden. Es wurmte mich, daß ich nicht dabei sein sollte, wenn das Spacelab im Weltraum eingeweiht wurde. So fragte ich weder John Young noch die Flugkontrolle in Houston, ob ich meinen genau vorgeschriebenen Tätigkeitsplan eigenmächtig verändern durfte oder nicht. Ich machte mir einfach mit an der klemmenden Luke zu schaffen, durch die man hindurch mußte, wollte man in das Raumlabor gelangen.

Schließlich kam uns Chefastronaut John Young zu Hilfe. Er drückte einfach mit dem Fuß von oben auf die Luke, und da ließ sie sich plötzlich öffnen.

Es war das alte Spiel. Natürlich hatte die Luke zum Verbindungstunnel vor dem Start auf Cape Canaveral hervorragend und ohne Probleme funktioniert. Doch da hatte sie auch die normale Erdenschwere gehabt. Im Weltraum aber wog sie gar nichts, und da ihre Aufhängung eine gewisse Federkraft hatte, war sie auf Grund des fehlenden Gewichts etwas nach oben gerutscht und hatte sich am äußeren Ring des Verbindungstunnels verhakt. Als John nun von oben Druck ausübte, ersetzte er die Schwerkraft, und die Luke ließ sich ohne weiteres öffnen.

Laut Flugplan sollten nun der Missions-Spezialist und der Nutzlast-Spezialist des Blauen Teams, also Owen Garriot und Byron Lichtenberg, durch den Tunnel in das Spacelab hinüberschweben. Als sich die beiden auf den Weg machten, schwebte ich einfach hinterher. Ich bin mir sicher, daß zumindest die ESA nichts dagegen hatte, daß ihr einziger Mann an Bord mit dabei war, als es zum ersten Mal in das Spacelab hineinging.

Die NASA hatte vor dem Start im hinteren Konus des

Spacelab-Modules eine Fernsehkamera installiert, die vom Shuttle aus eingeschaltet worden war. Die ganze Welt konnte deshalb den historischen Moment mitverfolgen, als wir der Reihe nach auftauchten. Als erster erreichte Owen das Spacelab, dann Byron und am Ende ich. Die Innenbeleuchtung war bereits eingeschaltet, und das Spacelab funkelte und blitzte vor Sauberkeit. Kein Stäubchen war zu finden. Wir alle strahlten vor Freude über den ausgesprochen positiven Eindruck und schüttelten uns erst einmal die Hände. Owen war als Missions-Spezialist für die Aktivierung des Spacelab zuständig. Er wollte sich sofort an die Arbeit machen. Aber erst mußte er mir zu Hilfe kommen, da ich alle Haltegriffe losgelassen hatte und mich selbst plötzlich mitten in unserer Tonne, dem Module, wiederfand. Nichts konnte ich mit den Armen erreichen. Im freien Raum schwebend stand ich auf der Stelle und konnte mich ohne fremde Hilfe nicht weiterbewegen. Owen lachte und schnappte mich am Kragen. Ein kurzer Zug reichte aus, mich in Bewegung zu setzen. Sobald ich in die Nähe eines Haltegriffes kam, konnte ich mir selber weiterhelfen.

Noch bevor wir das Spacelab betraten, waren viele seiner Systeme vom Cockpit aus in Gang gesetzt worden. Die Computer liefen schon. Im Module schaltete Owen als erstes die beiden Luftkreisläufe ein. Der erste Kreislauf (Avionicloop) saugt aus allen Instrumentenschränken, den Racks, die Luft ab. Mit ihr wird die Wärme abgeführt, die von den elektrischen und den elektronischen Geräten in den Racks erzeugt wird. Die abgesaugte Luft wird gefiltert und gekühlt und als Kühlluft in die Racks zurückgeleitet.

Neben der Kühlfunktion hat der Avionicloop die Aufgabe der Feuerüberwachung. In ihm sind an mehreren Stellen Detektoren installiert, die einmal pro Sekunde vom Computer abgefragt werden, ob Rauch aufgetreten ist. Gegebenenfalls würde der Computer Alarm auslösen. Owen prüfte, ob alle Rauchdetektoren funktionierten.

Der zweite Luftkreislauf ist der Cabinloop. Er hat die Aufgabe, die Atemluft für die Besatzung zu regenerieren und für ein angenehmes Raumklima zu sorgen. In der Schwerelosigkeit findet keine Durchmischung der Luft durch Konvektion statt, wie sie in jedem Raum auf der Erde erfolgt. Die kalte Luft ist genauso schwerelos wie die warme Luft, deshalb sinkt sie nicht ab, und die warme Luft steigt nicht auf. Die Durchmischung muß also künstlich durch Ventilatoren herbeigeführt werden. Nur auf diese Weise kann verhindert werden, daß sich Feuchtigkeit und Kohlendioxid lokal anreichern. Die Atemluft, die im Spacelab unter dem normalen Druck von 1013 Hektopascal steht, setzt sich aus 20 Prozent Sauerstoff und 80 Prozent Stickstoff zusammen. Sie wird von einem Ventilator aus der Kabine abgesaugt und zunächst über eine Lithiumhydroxid-Kartusche geleitet. Auf diese Weise wird das Kohlendioxid, das die Besatzung ausatmet, entfernt. Danach wird sie über den Kondensor, eine kalte Platte, geführt. Hier kondensiert die Feuchtigkeit aus, die die Besatzung ebenfalls über die Atemluft abgibt. Eine Kammer, in der die kalte Luft mit warmer gemischt wird, sorgt für die Temperaturregelung. Ein Absorber entfernt darüber hinaus die Geruchsstoffe.

Normalerweise sind die beiden Kreisläufe strikt voneinander getrennt. Sollte es einmal durch die Geräte in den Racks zu einer Rauchentwicklung kommen, will man die Atemluft der Besatzung davon freihalten. Nur für den

Start sind beide Kreisläufe über eine kleine Klappe miteinander verbunden, da der Kabinenkreislauf zunächst nicht aktiv ist. Nur der Avionicloop läuft auf kleiner Stufe, um auch schon vor der Spacelab-Aktivierung eine gezielte Feuerüberwachung durchführen zu können. Damit auch die Kabine überwacht werden kann, ist die bewußte kleine Klappe geöffnet, die die Mischung zuläßt. Aus diesem Grund hätten die Rauchdetektoren auch dann schon reagiert, als noch niemand im Spacelab war. Owen verschloß die Klappe und schaltete den Ventilator des Gerätekreislaufs auf volle Leistung. Den Kabinenkreislauf nahm er ebenfalls in Betrieb. Ich sah ihm zu und ärgerte mich, daß ich ihm nicht helfen durfte. Wir hatten in Europa das Spacelab eigenständig gebaut, und nun durfte ich als Vertreter der europäischen Weltraumagentur ESA an seiner Inbetriebnahme nicht teilnehmen. Nach den geltenden Flugregeln war die Bedienung und das Management des Spacelab der NASA und ihren Astronauten vorbehalten, obwohl das Gerät Eigentum der ESA ist. Als Nutzlast-Experte gehörte ich nicht zum Astronautenteam des Johnson Space Centers. Dank der ausgezeichneten Kontakte, die ich zu der Bremer Firma ERNO hatte, war ich mehrmals an der probeweisen Aktivierung des Spacelab am Boden beteiligt worden. Ich kannte es daher wie meine Westentasche.

Alles war beim Start an seinem Platz geblieben. Im vorderen Teil befand sich links die Werkbank, rechts unser Computerterminal mit Tastatur und Bildschirm. Alle übrigen Racks waren mit Experimenten vollgestopft. An der Decke hingen Schubkästen, in denen die Kleinteile und die Proben für die materialwissenschaftlichen Experimente untergebracht waren. An einer Stelle im vorderen Bereich des Spacelab hatten wir zwischen den Kästen ein riesiges Fenster von bester optischer Qualität. Noch war es durch eine abnehmbare Metallplatte geschützt, doch später würden wir es für Aufnahmen mit der Metrischen Kamera benutzen. Weiter hinten befand sich zwischen den Deckenkästen die wissenschaftliche Schleuse. Ihr wichtigstes Teil war ein Zylinder von etwa einem Meter Durchmesser und einem Meter Höhe, der durch die Decke führte und der sowohl von innen wie auch von außen hermetisch mit einem Deckel verschlossen werden konnte. Durch ihn konnten später Instrumente aus dem Inneren des Modules in den freien Weltraum gebracht und nach Beendigung des Experiments auch wieder zurückgeholt werden. Unter unserem »Fußboden« befand sich das System zur Regeneration der Luft und zur Klimatisierung. Owen hatte alles schnell zum Laufen gebracht. Ich war beeindruckt, wie wenig Lärm die Ventilatoren und Converter erzeugten. Das Innere des Spacelab verströmte die gepflegte Atmosphäre einer Chefetage.

Damit die Besatzung während des Flugs hinausschauen konnte, waren im Spacelab zwei Fenster eingebaut. Sie heißen Viewports und haben etwa die Größe eines Bullauges. Eines befand sich neben dem großen optischen Fenster in der Decke, das andere war im hinteren Konus installiert. Diese Viewports waren von außen durch Metallplatten geschützt, die man mit Hilfe eines Mechanismus von innen erst wegklappen mußte, um nach außen sehen zu können. Dieser Schutz war deshalb nötig, um die Sonneneinstrahlung zu vermindern. Ich öffnete den Viewport im hinteren Konus. Durch die Scheibe sah ich alle Experimentanordnungen, die auf der sogenannten Palette montiert waren. Dabei handelte es sich um Teilchendetektoren, Ultraviolettinstrumente, Teilchenbeschleuniger, Infrarotsysteme sowie um die große Antenne unseres Radarexperiments. Auch auf der Palette war alles dort geblieben, wo es hingehörte.

Zur Aktivierung des Spacelab gehörte auch, den mit dem Kältemittel Freon arbeitenden Kühlkreislauf für alle Geräte auf der Palette einzuschalten. Alles funktionierte, und die Experimente konnten deshalb in Angriff genommen werden.

Unser Spacelab bestand aus dem bewohnbaren Faß, dem Module und aus der Palette. Dies war aber nur eine von vielen möglichen Konfigurationen. Die ESA hatte das Spacelab als ein fünfzigfach wiederverwendbares, modulares Gerät konzipiert. Genaugenommen handelt es sich um einen Baukasten, der verschiedene Elemente enthält. Je nach den Bedürfnissen der Wissenschaftler können die Bausteine auf vielfache Weise zusammengestellt werden, so daß verschiedenste wissenschaftliche Untersuchungen optimal durchgeführt werden können. Will man zum Beispiel nur solche Instrumente mitnehmen, die im freien Weltraum arbeiten müssen, kann das Spacelab vollkommen aus Paletten aufgebaut werden.

Gegenüber Owen und Byron hatte ich den Nachteil, über kein Kommunikationssystem zu verfügen. Ich konnte deshalb nicht mithören, als beide damit begannen, die ersten Experimente zu starten, und darüber mit dem Bodenkontrollzentrum sprachen. Deshalb wünschte ich beiden noch viel Erfolg und zog mich zurück.

Nachtgedanken

Ich schwebte durch den Tunnel zum Mitteldeck. Dort fand ich keinen meiner Gefährten mehr. John und Bob waren in ihre Kojen gekrochen, und ich überlegte, ob ich mich auch zur Ruhe legen sollte. Aber ich fühlte mich nicht müde, sondern war wegen der zahlreichen Eindrücke seit Beginn dieses Unternehmens hellwach. So stattete ich Brewster einen Besuch im Cockpit ab. Der Weg zum Mitteldeck dorthin führte über eine Leiter, denn das Cockpit befand sich einen Stock höher. In der Schwerelosigkeit wurde die Leiter allerdings nicht gebraucht. Ohne jede Anstrengung und elegant wie ein Fisch im Wasser schwebte ich langsam durch die Luke nach oben. Zwar hatte ich mit Brewster zusammen mehrmals trainiert, aber wir hatten uns noch nicht besonders gut kennengelernt. Deswegen war ich darauf vorbereitet, daß er mich als Eindringling in sein Reich zurückweisen würde. Immerhin war das Cockpit mit Tausenden von Schaltern und Anzeigegeräten vollgestopft. Er war jetzt dafür verantwortlich, daß sie alle in der richtigen Stellung waren und blieben, denn davon hing unsere Sicherheit ab. Als Brewster mich heraufkommen sah, ging ein freundliches Lächeln über sein Gesicht. Ich wußte sofort, daß ich ihm willkommen war. Es ist eine großartige Eigenschaft der Amerikaner, unvoreingenommen und offen zu sein. Sie hatten mich damit beeindruckt und überwältigt, als ich mit meiner Familie nach Huntsville zog. Wir kannten keinen unserer Nachbarn, und keiner kannte uns, doch sie halfen uns alle beim Einzug. Sie hatten Kuchen gebacken und luden uns zum Essen in ihre Häuser ein. Hier fand ich sie wieder, die amerikanische Herzlichkeit. Der Shuttle ist viel mehr als ein Haus, er gilt als ein nationales Symbol der Vereinigten Staaten. Er ist besonders wichtig für die nationale Sicherheit Amerikas. Für Brewster gab es dennoch kein Zögern, mich in seiner Schaltzentrale freundlich zu empfangen. Vom Cockpit aus hatte ich bereits das Öffnen der Laderaumtore mitverfolgt, und ich war ein zweites Mal oben gewesen, als wir während unserer zweiten Erdumrundung den Sonnenuntergang erlebten. Dieses Mal wollte ich mir Paris und sein Umland anschauen. Vor unserem Flug hatte es nämlich in Frankreich einen Wettbewerb für Jugendliche gegeben, bei dem viele interessante Vorschläge gemacht worden waren, kleine Experimente durchzuführen oder bestimmte Dinge auf der Erde zu beobachten. Ein junger Franzose hatte die Idee, zum Zeichen der Freundschaft den Nullmeridian oder den Meridian von Paris über mehr als hundert Kilometer Länge durch Feuer zu beleuchten. Wir sollten von oben herunterschauen. Gleichzeitig hofften die vielen Beteiligten am Boden, den Shuttle als hell leuchtenden Stern am Himmel von Nordwesten nach Südosten vorüberziehen zu sehen. Man hatte jene Umlaufbahnen ausgesucht, bei denen wir die mit Feuern markierten Meridiane kurz nach Einbruch der Dunkelheit überflogen, so daß am Boden bereits Finsternis war, in unserer Höhe von 250 km aber die Sonne noch schien; beste Bedingungen also, um gesehen zu werden und gleichzeitig die Feuer zu sehen. Vor dem Start hatte ich in unseren Arbeitsplan, den Payload Crew Activity Plan, die Zeiten angestrichen, zu denen wir über die Feuer kamen. Als erstes überflogen wir den Meridian von 2 Grad 15 Minuten 20 Sekunden Ost, den Meridian von Paris, auf dem zwischen der französischen Hauptstadt und Amiens während unseres zweiten Umlaufs Feuer brannten. Obwohl zu diesem Zeitpunkt die gesamte Besatzung damit beschäftigt war, das Spacelab zu aktivieren, war ich rechtzeitig im Cockpit. Es bereitete mir noch einige Mühe, mich in der ungewohnten Schwerelosigkeit zu orientieren und auf der unter uns vorüberziehenden Erdoberfläche die Himmelsrichtungen festzustellen. Tatsächlich sah ich eine große Stadt im Glanz von Millionen von Lichtern, aber ich konnte nördlich von ihr keine Feuer entdecken. Ich war hingerissen von so viel Schönheit. Gleichzeitig fühlte ich so etwas wie Bedauern, daß es mir nicht gelang, das Freundschaftszeichen so vieler wohlmeinender, junger Menschen ausfindig zu machen. Es war noch keine Minute vergangen, da erschien eine zweite Stadt von mindestens der gleichen Größe und noch glanzvoller als die erste. Einen Moment lang war ich verwirrt. Dann wurde mir klar, daß der Lichterglanz, der jetzt unter uns lag, Paris war und daß die erste Stadt London gewesen war. Jetzt bemerkte ich, daß im Norden Wolkenschichten die Sicht versperrten. Es würde also nicht möglich sein, die in der Picardie brennenden Feuer zu sehen. Schade... Ich blieb noch einen Moment länger am Fenster. Da bemerkte ich, daß wir genau über dem italienischen Stiefel nach Südosten weiterzogen. Unter uns herrschte schon tiefe Nacht. Trotzdem konnte ich die Küstenlinie der italienischen Halbinsel genau ausmachen, da sie durch die Lichter vieler Städte und Dörfer markiert wurde. Es war herrlich, diesen schönen, friedlichen Anblick aufzunehmen. Doch die betriebsame Geschäftigkeit um mich herum duldete kein längeres Verweilen. Um meinen Gefährten nicht im Wege zu stehen, hatte ich das Cockpit geräumt und mich, wie berichtet, an der Aktivierung des Spacelab beteiligt. Jetzt aber gab es mehr Muße. Brewster und ich waren allein. Als erste in der Geschichte der Raumfahrt flogen wir in einer Bahn um die Erde herum, die zwischen dem 57 Grad nördlicher und dem 57 Grad südlicher Breite hin- und herpendelte. Alle Regionen, die dazwischen lagen, konnten wir senkrecht von oben beobachten. Es hätte unendlich viel zu bereden gegeben. Doch Brewster ging es wie mir. Beide sahen wir diese Herrlichkeit zum ersten Mal in unserem Leben, und wir waren beide sprachlos geworden. Wir konnten uns nicht sattsehen und redeten kein Wort. Die Armbanduhr, die ich am rechten Handgelenk trug, um nach dem Gang ihrer Zeiger meinen Körper in einen festen Rhythmus von Wachen und Ruhen zu bringen, mahnte schon lange, daß es Zeit sei, meine Koje aufzusuchen. Trotzdem mag es ein bis zwei Stunden gedauert haben, bevor ich mich von den Fenstern des Cockpits losreißen konnte. Ich wünschte Brewster ein gutes Gelingen, er wünschte mir eine gute Nacht, und ich ließ ihn allein.

Im Mitteldeck machte ich mich für die erste Nacht im Weltraum fertig. Bis jetzt hatte ich noch nichts gegessen oder getrunken. Ich fühlte aber weder Hunger noch Durst. Für das britische Experiment, bei dem meine physiologischen Signale aufgezeichnet werden sollten, befestigte ich nun weitere Elektroden an meinem Körper. Es war vorgesehen, während der Nacht zusätzlich zum Elektrokardiogramm und zur Augenbewegung meine Gehirnströme und die Bewegung meiner Gesichtsmuskeln auf

Magnetband zu registrieren. Für das Elektroenzephalogramm mußte ich mir vier Elektroden am Hinterkopf befestigen und für das Elektromyogramm zwei Elektroden an das Kinn kleben. Am Kopf hatte mir Olga Quadens, eine Wissenschaftlerin, die sich an der Universität Antwerpen mit der Erforschung des Schlafes beschäftigt, an vier Stellen die Haare abrasiert. Um alle Elektroden an den richtigen Punkten zu plazieren, holte ich einen Spiegel aus der Toilette. Er bestand aus einem Stück Styropor, das mit einer Mylarfolie überzogen worden war. Diese war mit Aluminium bedampft worden. Das ergab einen federleichten, erstklassigen Spiegel, der den großen Vorteil hatte, nicht in Scherben gehen zu können. Vor scharfen Glasteilen hatte die NASA zu Recht Angst. Sie würden in der Schwerelosigkeit unkontrolliert schweben und könnten der Besatzung gefährlich werden, wenn sie in die Augen oder Atemwege gelangten.

Als ich den ersten Blick in die spiegelnde Folie warf, blieb mir vor Schreck fast das Herz stehen. Ich sah ein aufgedunsenes Gesicht, das mit meinem normalen Aussehen nur eine entfernte Ähnlichkeit zu haben schien. Es mußte dennoch mein eigenes sein. Im veränderten Aussehen manifestierte sich die sogenannte fluid shift. Darunter versteht man die Verschiebung von etwa zwei Litern extrazellularer Flüssigkeit wie Blut und Lymphe aus den unteren Körperpartien in den Oberkörper. Die Amerikaner hatten diesen physiologischen Effekt schon in den Pioniertagen der Raumfahrt beobachtet. Auf recht drastische Weise hatten die Astronauten von den »buffy necks« und den »chicken legs« gesprochen. Nun hatte es auch mich erwischt. Von einem der bedeutendsten Physiologen Deutschlands, Professor Gauer, hatten wir den Auftrag, die Gründe für diese erstaunliche Körperreaktion herauszufinden. Ich machte mir keine Sorgen, ob bei seinem für den nächsten Tag geplanten Experiment, der Messung des zentralen Venendrucks, etwas herauskommen würde oder nicht. Darüber, daß die fluid shift bei mir eingetreten war, konnte, nach meinem Aussehen zu urteilen, kein Zweifel bestehen.

Es dauerte eine Weile, bis ich meine Elektroden befestigt und alle Kabel und Vorverstärker angeschlossen und mit den beiden Recordern verbunden hatte. Ich legte noch neue Kassetten und Batterien ein. Danach schwebte ich still und leise, um niemanden aufzuwecken, in meine Koje. Sie erinnerte mich an die Schlafstellen auf Segelbooten. Der einzige Unterschied war, daß es eine Schiebetür gab, mit der ich die Koje zum Mitteldeck hin abschließen konnte. War sie geschlossen, störte die Beleuchtung des Mitteldecks nicht mehr und außerdem bekam man nicht so viel vom Lärm mit. Zunächst verwirrte es mich ein wenig, daß mein Schlafsack an der Decke befestigt war. In der Koje über mir schlief Bob Parker. Er ruhte auf dem Boden. Also benutzten wir nach dem Sandwichprinzip dieselbe »Matratze«. Bob von der einen und ich von der anderen Seite. Genau besehen handelte es sich nur um eine Aluminiumplatte, auf der mit Druckknöpfen die Schlafsäcke befestigt waren. Da wir beide schwerelos waren, bestand kein Grund, unsere Unterlagen zu polstern. Über meinem Kopf fand ich eine Leselampe. An der Seitenwand gab es verschiedene, verschließbare Taschen zur Unterbringung von kleineren Gegenständen. In sie steckte ich die beiden Kassettenrecorder, nachdem ich mich nochmals davon überzeugt hatte, daß die Bänder liefen. Ich kroch in meinen Schlaf-

Nachtgedanken

sack und zog den Reißverschluß hoch. Sofort wurde es angenehm warm. Ich löschte das Licht und hörte nur noch die gleichmäßigen gedämpften Geräusche der Ventilatoren, die auch meine Koje mit angenehm kühler Luft versorgten. Alle Voraussetzungen schienen erfüllt, bald in tiefen Schlaf zu versinken. Doch es fehlte das Gewicht und damit das gewohnte Gefühl der Geborgenheit. Vielleicht lag es daran, daß mein Blut noch immer mit Adrenalin angereichert war; vielleicht waren es die Eindrücke, die Brewster und mich eben noch überwältigt hatten. Richtiger Schlaf jedenfalls wollte sich nicht einstellen.

Ich merkte, wie sich meine Gedanken selbständig machten. Es kam mir in den Sinn, welchen Weg ich bis hierher gegangen war. Niemand hatte mir an der Wiege gesungen, daß ich eines Tages als einer der ersten Westeuropäer in den Weltraum fliegen würde.

Ich wurde im Kriegsjahr 1941 geboren. Meine Eltern und ich wohnten im Schulhaus eines vogtländischen Dorfes. Die meisten Nachbarn waren Bauern. Sie bewirtschafteten schöne, alte Höfe, die in ihrer fränkischen Bauweise fast wie kleine Festungen aussahen. Mein Vater war Lehrer an der Dorfschule. Mit dem Ausbruch des Krieges wurde er zur Wehrmacht eingezogen und als Soldat an die Front geschickt. Meine Mutter unterrichtete ebenfalls. Sie gab die Fächer Sport und Werken und versorgte auch die Schulen der umliegenden Dörfer. Mein Vater wurde im Krieg mehrfach verwundet und war deswegen einmal für mehrere Monate bei seiner Familie zu Hause. Obgleich ich damals noch ein kleines Kind war, haben sich viele Erinnerungen an ihn in mein Gedächtnis eingeprägt, so daß sie mir noch heute gegenwärtig sind. Mein Vater überlebte den Krieg und kehrte im Sommer

1945 aus amerikanischer Gefangenschaft nach Thüringen zurück. Wäre er doch länger bei Freunden in Franken geblieben.

In Thüringen zogen nämlich über Nacht die amerikanischen Streitkräfte ab, und die Rote Armee rückte ein. Mein Vater, der einem benachbarten Bauern gerade bei der Ernte half, wurde auf dem Feld verhaftet und in das Konzentrationslager Buchenwald gebracht. Dort ist er nach Angaben seiner Leidensgefährten erkrankt und gestorben. Es hatte für ihn nie einen Prozeß oder gar ein rechtskräftiges Urteil gegeben. Mir ist bis heute nicht klar, warum sich die sowjetische Besatzungsmacht derselben menschenverachtenden Methoden wie der Nationalsozialismus bediente und unschuldige Menschen in grauenhaften Lagern umbrachte.

Meine Mutter wurde 1945 fristlos aus dem Schuldienst entlassen und mußte innerhalb von Stunden das Schulhaus räumen. Ein Onkel hatte ihr einen Teil eines alten Hauses in einem Vorort der Kreisstadt Greiz hinterlassen. Dort wohnten auch meine Großeltern väterlicherseits und der Vater meiner Mutter. Mit ihrer Hilfe zogen wir überstürzt nach Greiz. So gut es ging, richtete meine Mutter in den wenigen Zimmerchen, die uns zur Verfügung standen, eine Wohnung ein.

Mit ganzer Kraft machte sie sich daran, den Garten zu bestellen und Obst und Gemüse anzubauen. Die schönen Zierbäume, die ihr Onkel, ein Gärtner, gepflanzt hatte, mußten Kartoffelbeeten weichen. Wir hielten eine Ziege, mehrere Kaninchen und Hühner und hatten einen prächtigen Kater. Die Tiere halfen uns, die schlimmsten Jahre des Hungers zu überstehen. Sie waren ein fester Teil unseres Lebens, und fast möchte man sagen, daß wir ihnen gegenüber so etwas wie Dankbarkeit empfanden. Es war für mich eine schöne Zeit, in ländlicher Umgebung mit Tieren aufzuwachsen. Um unseren Lebensunterhalt bestreiten zu können, nahm meine Mutter alle möglichen Heimarbeiten an. Dadurch war sie zu Hause, und ich hatte eine schöne Kindheit. Wenn ich heute einen Tapferkeitspreis zu vergeben hätte, würde ich ihn allen Frauen verleihen, die damals, wie meine Mutter, ohne die Hilfe des Vaters ihre Kinder aufzogen.

Meine Freunde waren die Bauernkinder. Sie lebten in großen Bauernhäusern mit ihren Scheunen und Ställen, mit ihren Maschinen und Tieren. Dort konnte man am schönsten spielen. Außerdem gab es bei ihnen immer etwas Nahrhaftes zu beißen.

Besonders dankbar bin ich bis heute auch meinem Großvater Paul, dem Vater meiner Mutter. Er war Sattler von Beruf. In seiner kleinen Werkstatt stellte er vor allem Geschirre her. Die Feldarbeit wurde damals fast ausschließlich mit Pferden und Ochsen verrichtet. Natürlich ließ sich mein Großvater von seinen Kunden, den Bauern, in Naturalien entlohnen. So gab es bei ihm gelegentlich sogar Wurst und Butter. Er liebte Kinder und gab allen von seinen Köstlichkeiten ab. Seine kleine Werkstatt war ein beliebter Treffpunkt. In der hinteren Ecke stand ein gußeiserner Kanonenofen. Im Winter pflegte er ihn mit knisterndem Stockholz zu heizen, das er im Sommer mühevoll aus den umliegenden Wäldern herbeigeschafft und zerkleinert hatte. Auf der meist rotglühenden Ofenplatte lagen für die Kinder aus der Nachbarschaft fast immer Bratäpfel bereit.

Mein anderer Großvater, Hermann Merbold, war wie die meisten Leute im Greizer Land von Beruf Leineweber.

Von ihm hatte ich die Taschenuhr, die in meiner Brusttasche tickte. Viele Stunden lang hatte ich als Kind seinen lebhaften Schilderungen gelauscht. Von ihm hatte ich gehört, wie hart die kleinen Leute Ende des 19. Jahrhunderts im Vogtland ihr Brot verdienen mußten. Sie waren meist Leineweber und hatten ihre Handwebstühle zu Hause. Als Fabriken mit mechanischen Webstühlen eingerichtet wurden, nahm ihre Not weiter zu. In ihrer Verzweiflung griffen meine Urgroßväter deshalb auch zur Spitzhacke, um die neuen Fabriken niederzureißen.

Im September 1948 begann für mich die Schulzeit. Die ersten vier Jahre besuchte ich eine Vorortschule, danach eine Zentralschule in einem anderen Vorort. Auf dem zwei Kilometer langen Schulweg dorthin lief ich durch Felder, Wiesen und Wälder. Außerdem kam ich täglich bei meinem Großvater, dem Sattler, vorbei. Im Winter benutzte ich wie alle Kinder den Rodelschlitten, um in die Schule zu kommen. Die Schule war von Wald umgeben. Für Buben und Mädchen war es eine herrliche Umgebung zum Austoben. Der Unterricht war für die damalige Zeit bemerkenswert modern und wurde als Fachunterricht erteilt. Ich entdeckte meine Neigung zur Mathematik und zu den naturwissenschaftlichen Disziplinen. Unsere Lehrer waren jung und voller Ideale. Sie scheuten keine Mühen und verstanden es, jeden von uns angemessen zu fördern. Meine Mutter arbeitete in dieser Zeit als Handweberin im Kunstgewerbe. Für mich gab es deswegen keine strenge Aufsicht. Zwar konnte ich jederzeit bei meiner Großmutter auftauchen, wenn mir der Magen knurrte, aber für meine Hausaufgaben mußte ich selbst sorgen. Ich tat mein Bestes; vor allem aber genoß ich die Freiheit und die herrliche Natur um mich herum.

Nach acht Schuljahren wechselte ich auf die Theo-Neubauer-Oberschule in Greiz. Wenn es nach mir gegangen wäre, hätte ich vermutlich eine Lehre als Kraftfahrzeugmechaniker begonnen. Meine Mutter bestand jedoch darauf, daß ich die weiterführende Schule wenigstens begann. Wie weise ihr Rat war, wurde mir schon nach wenigen Monaten klar. Die Lehrer an meiner neuen Schule forderten uns heraus. Dinge wie Literatur, die ich bis dahin als lästige Pflicht empfunden hatte, begannen mir in zunehmendem Maße Vergnügen zu bereiten. Hatte ich Musik in Form des Klavierunterrichts bisher als Plage betrachtet, so wurde mir quasi über Nacht bewußt, daß in ihr unermeßliche Schönheit steckte.

Ganz besonders überzeugt hat mich mein Mathematiklehrer. Nicht nur deswegen, weil mir der Unterricht in den naturwissenschaftlichen Fächern den größten Spaß bereitete, sondern vor allem wegen seiner menschlichen Größe.

In der DDR wird von jedem Oberschüler ein Mindestmaß an politischer Betätigung oder zumindest Anpassung an das staatliche System erwartet. Zum Beispiel wurden wir alle bedrängt, in die politischen Massenorganisationen wie die FDJ, die Gesellschaft für Deutsch-Sowjetische Freundschaft oder die paramilitärische Gesellschaft für Sport und Technik einzutreten. Ich war dazu nicht bereit, teils wegen des Schicksals, das mein Vater erlitten hatte, und dem Leid meiner Mutter, teils wegen der Unfreiheit, die ich überall in der DDR spürte. Es gab keine Möglichkeit, frei zu reisen, frei zu reden oder sich frei zu informieren. Als ich das Abitur machte, war ich der einzige Schüler an unserer Schule, der nicht der FDJ angehörte. Ich bin sicher, daß mein Mathematiklehrer, der auch mein Klassenlehrer war, deswegen Probleme hatte. Es ist eine der großen Erfahrungen meines Lebens, daß er sie mich nicht hat merken lassen.

In die Zeit meiner Oberschuljahre fiel der Start von Sputnik 1. Wie jeder war auch ich überrascht, als im Oktober 1957 in allen Radioprogrammen die Pieptöne aus dem fernen Weltall zu hören waren. Meine Phantasie hätte damals aber nicht im entferntesten ausgereicht, um mir vorstellen zu können, was sich in der kurzen Zeit seither daraus entwickeln würde. Daß sogar Menschen in den Weltraum fliegen würden, erschien mir unmöglich, ganz davon zu schweigen, daß ich eines Tages einer davon sein könnte. Mich beschäftigten die politischen Entwicklungen und Erschütterungen – wie der Aufstand in Ungarn und seine gewaltsame Unterdrückung durch den Einmarsch der Russen – viel mehr. Von den politischen Gegebenheiten des Nachkriegsdeutschland wurde ich in dem Moment eingeholt und zu einer Entscheidung gezwungen, als ich das Abitur in der Tasche hatte. Ich wollte Physik studieren und hatte mich an der Universität Jena um einen Studienplatz beworben. Der Prorektor antwortete, daß ich mich der Auszeichnung eines Studiums an einer Universität erst durch »hervorragende fachliche und gesellschaftliche Arbeit in der sozialistischen Produktion würdig zu erweisen hätte«. Ich hatte lange genug in der DDR gelebt, um zu wissen, was das im Klartext bedeutete. Es hieß: Da die Abiturnoten nicht schlecht sind, wirst du eine letzte Chance zum Studium erhalten, vorausgesetzt, du beteiligst dich fortan aktiv am politischen Programm der Sozialistischen Einheitspartei. Hervorragende gesellschaftliche Arbeit hieß nichts anderes, als um Aufnahme in eine der politischen Massenorga-

Nachtgedanken

nisationen nachzusuchen. Nach wie vor war ich dazu nicht bereit. Mir wurde klar, daß es für mich nur die Wahl zwischen zwei Übeln gab: Die Heimat und die Freunde zu verlassen und woanders zu studieren oder zu bleiben und nicht zu studieren. Die Entscheidung fiel mir schwer. Ich war gerade neunzehn Jahre alt geworden, und ich wußte, eine Reise nach West-Berlin würde eine Reise ohne Wiederkehr sein. Wochenlang überlegte und erwog ich das Für und Wider eines solchen Schritts. Für mich bedeutete die Universität nicht eine Anstalt, an der der Grundstein späteren Wohlstands gelegt wird, sondern ich verstand die Alma mater als einen Ort, um in die großen Ideen der Wissenschaft und Philosophie einzudringen.

Und gerade deswegen wollte ich nach Jena, denn die dortige Universität war durch keinen Geringeren als Goethe zu einer der bedeutendsten Deutschlands gemacht worden. Dort hatten Männer wie Schiller, Hegel, Schelling, Fichte und Humboldt gelehrt, und die Romantiker hatten in Jena eine Heimstatt gefunden. Die Einsicht war schmerzvoll, daß es für mich an dieser Stätte der Philosophie und Literatur keinen Studienplatz geben würde, es sei denn um einen Preis, den ich nicht bezahlen wollte.

Schweren Herzens entschloß ich mich, den vertrauten Bezirk meiner Jugend zu verlassen. Es war alles andere als leicht für mich. In Thüringen waren große Ideen erstmalig gedacht worden. Musiker wie Johann Sebastian Bach hatten hier herrliche Werke komponiert. Die Klassiker hatten hier die schönsten Verse deutscher Sprache gedichtet. Maler wie Lucas Cranach hatten großartige Bilder gemalt. Ich war stolz auf diesen Reichtum an Kultur und darauf, daß von Thüringen kein einziger Eroberungskrieg ausgegangen war. An einem milden Tag im Herbst 1960 machte ich mich nochmals auf den Weg zur Wartburg. Eingerahmt von den anmutigen Ausläufern des Thüringer Waldes fand ich sie schöner als jemals. Der Bergfried war restauriert worden und erstrahlte in reinster Romanik. In ihm hatten, wie die Sage berichtet, Wolfram von Eschenbach, Walther von der Vogelweide und andere bedeutende mittelalterliche Dichter ihre Lieder vorgetragen. Hier hatte Martin Luther das Neue Testament übersetzt und dabei das kraftvollste, schönste Deutsch geprägt.

Hier hatten sich später Studenten getroffen und nationale Einheit und Freiheit verlangt. Im Süden sah ich das Denkmal stehen, das zu ihrem Andenken errichtet worden war. Im seidigen Licht, wie es nur der Oktober hervorbringt, lagen dahinter in weiter Ferne die runden Kuppen der Rhön. Nichts deutete darauf hin, daß durch diese freundliche Landschaft, die in den satten Farben des Herbstes herrlich leuchtete, eine unüberwindliche Grenze verlief.

In mir verstärkte sich der Schmerz über die Teilung unseres Landes. Meine Hoffnung richtete sich ganz auf den westlichen Teil. Ich verabschiedete mich von meinen besten Freunden und nahm den Zug nach Berlin. Mit dem Fahrrad im Gepäckabteil kam ich dort am Buß- und Bettag 1960 an. Auf dem Drahtesel, den ich auch meinem Großvater Hermann verdankte, fuhr ich mit klopfendem Herzen, aber unbehelligt am Übergang Kochstraße nach West-Berlin.

Mein Abitur wurde in West-Berlin und im Bundesgebiet nicht anerkannt. Um es zu wiederholen, wurde ich in eine Schule im Bezirk Tiergarten eingewiesen. Dort

Nachtgedanken

drückte ich zusammen mit anderen Abiturienten aus der DDR für ein Jahr nochmals die Schulbank. In Greiz hatte ich einen erstklassigen Unterricht genossen; deshalb war das zusätzliche Schuljahr in Berlin für meine Ausbildung verloren.

Ich nutzte die Zeit auf meine Weise. Vor allem las ich viel. Von Autoren wie Böll, Bamm, Grass, Borchert und Lenz waren mir nur die Namen bekannt gewesen, denn in keiner Buchhandlung der DDR konnte man damals ihre Bücher kaufen. Selbst die Werke von Autoren wie Stefan Zweig hatte ich bis dahin noch nie in den Händen gehabt. Ich saugte alles in mich auf und ging außerdem viel ins Theater. Als ich die Berliner Philharmoniker zum ersten Mal spielen hörte, war es in einer Aufführung von Beethovens Missa Solemnis. Ich hatte schon viel Musik gehört, aber solche Töne voller Wucht und Vollkommenheit hatte ich noch nie vernommen.

Den anderen Teil meiner freien Zeit verbrachte ich damit, in der Akademischen Fliegergruppe der Technischen Universität mitzuarbeiten. Schon zu Hause in Greiz hatte ich den Segelflugzeugen der Gesellschaft für Sport und Technik stets nachgeblickt, wenn sie wie Vögel am Himmel ihre Kreise zogen. Doch das paramilitärische Nebenziel, das in der DDR mit dem schönen Sport des Segelfliegens verfolgt wurde, hatte mich davon abgehalten, mitzumachen. Jetzt aber wollte ich damit beginnen.

Die alte Reichshauptstadt Berlin war anregend, ihr kulturelles Leben einzigartig in Deutschland. Trotzdem belastete sie mich auch. Zu sehr schien mir ihr tägliches Leben vom Geld und vom reinen Materialismus beherrscht zu sein. Es störte mich, wenn Menschen nach dem Hubraum ihrer Autos bemessen wurden. In der DDR hatte ich als Teil der Schulausbildung wöchentlich Gelegenheit, Menschen am Fließband arbeiten zu sehen. Vor ihrer Knochenarbeit und Leistung hatte ich größeren Respekt als vor den Baulöwen, die im Westen schnelles Geld machten. Das Leben in Berlin war davon beeinflußt, daß sich hier Ost und West unmittelbar gegenüberstanden. Vielen Menschen schien es zu gefallen, im Fokus der politischen Auseinandersetzungen zwischen Ost und West zu leben. Ich fand es bedrückend, aber ich wollte trotzdem so lange bleiben, bis mir meine Mutter in den Westen folgte. Nur in Berlin gab es eine offene Grenze, und nur hier konnte sie mich gelegentlich besuchen. Sie war mit meinen Großeltern allein geblieben, und ich wußte, was sie als Lehrerin im Schulsystem der DDR, in das sie Mitte der fünfziger Jahre aufgenommen worden war, wegen meines Weggangs zu erdulden hatte. Ich wollte sie so oft wie möglich sehen. Unsere Hoffnungen, gemeinsam in den Westen überzusiedeln, wurden am 13. August 1961 durch den Bau der Mauer über Nacht zerstört. Jeden von uns traf diese Wendung der Dinge wie ein Schlag, von dem wir uns erst nach Jahren wieder erholten.

Ich änderte meine Pläne und bewarb mich um einen Studienplatz in Physik an der damaligen Technischen Hochschule Stuttgart, denn dort lebten Verwandte von mir. Mit Eifer machte ich mich an mein Studium, zu dem man mich trotz überschrittener Bewerbungsfrist noch zugelassen hatte.

Ich hatte das erste Semester gerade überstanden und kämpfte noch mit den Anlaufschwierigkeiten des Studierens, als am 12. April 1961 Jury Gagarin als erster Mensch ins All startete. Die Welt hielt den Atem an. Wir stellten uns die Frage, wie lange die Amerikaner brauchen würden, um mit den Russen gleichzuziehen. Daß eines Tages Deutsche in den Weltraum fliegen würden, kam mir auch damals nicht in den Sinn.

Mit meinem Studium kam ich zügig voran. Es machte mir Spaß, obwohl ich mir anfänglich nicht sicher war, ob ich das in Bibliotheken gesammelte Wissen mir jemals aneignen könnte. Doch dann kam mir die wichtige Erkenntnis, daß Wissenschaft im Gegensatz zum Schulstoff nicht begrenzbar ist. Es ist geradezu eines ihrer hervorstechendsten Merkmale, daß die Linie zwischen dem schon bekannten und dem noch unbekannten Wissen täglich zum Unbekannten hin verschoben wird. Es würde demzufolge auch unmöglich sein, sich allen Stoff zu eigen zu machen. Der Übergang von der Schule zur Universität erschien mir daraufhin mit einem Mal, als sei ich aus einem geschlossenen Raum auf das freie Feld getreten. Ich genoß es, mir den intellektuellen Wind um die Nase wehen zu lassen. Mit Staunen drang ich in die großen Ideen der theoretischen Physik ein. Maxwell hatte die elektromagnetischen Phänomene vollständig in Form von vier knappen Gleichungen beschrieben. Welche Einbildungskraft mußte er gehabt haben, und welche Phantasie besaßen die Väter der Quantenmechanik, als sie Materie als Welle beschrieben!

Mir wurde zunehmend klar, daß ein guter Wissenschaftler nicht alle Antworten kennt, sondern daß er die richtigen Fragen stellt und daß er systematisch vorgeht, um sie zu beantworten.

Das Stipendium, das ich erhielt, reichte zum Leben nicht aus. Ich hatte deswegen stets nebenbei arbeiten müssen. Vom ersparten Geld leistete ich mir einige bescheidene Reisen, und ich begann, Ski zu laufen. Ich lernte immer mehr Leute kennen und fühlte mich in Stuttgart sehr wohl. Nicht zuletzt hatte es mir die ländliche Umgebung der baden-württembergischen Landeshauptstadt angetan. Von einem Jugendfreund meines Vaters erhielt ich die Erlaubnis, jederzeit sein Wochenendgrundstück zu betreten. Er besaß einen alten Weinberg, der wegen seiner idyllischen Lage im Remstal gut und gern den Hintergrund zu Goethes *Hermann und Dorothea* hätte abgeben können. Dort erntete ich für meinen väterlichen Freund, der damals noch Beamter bei der Europäischen Gemeinschaft in Brüssel war, das Obst und mähte das Gras.

In meiner Freizeit nahm ich die Segelfliegerei wieder auf. Einer meiner besten Freunde hatte mich zur herrlich gelegenen Segelflugschule Hornberg geschickt. Dort, auf der Schwäbischen Alb, wurde ich rasch und gut ausgebildet. Die Faszination des Segelfliegens hat mich seither nicht mehr losgelassen.

Im Jahre 1964 erließ die DDR-Regierung eine Generalamnestie für alle diejenigen, die vor dem Bau der Mauer geflüchtet waren. Zwar hatte ich mich nach den Gesetzen der DDR der »Republikflucht« schuldig gemacht, aber die Strafverfolgung war nun ausgesetzt worden. Zum Weihnachtsfest 1964 reiste ich erstmals wieder nach Hause. Meine Großmutter war tot, doch Mutter und Großvater Hermann nahmen mich in ihre Arme. Ihnen konnte ich berichten, daß ich die Vordiplomprüfung bestanden hatte. Ich hoffte, daß es vor allem meiner Mutter helfen würde, mit den vielen Schwierigkeiten, die sie meinetwegen zu bewältigen hatte, fertig zu werden.

Im Sommer 1968 beendete ich mein Studium. In Stuttgart hatte ich hervorragende akademische Lehrer gefunden, die in mir vor allem die Neugierde und den Wunsch geweckt hatten, meine wissenschaftliche Kraft zu erproben. Ich wollte eigene Forschung betreiben und vielleicht sogar promovieren. An den Weltraum dachte ich noch immer nicht, obgleich die bemannte Weltraumfahrt in der Sowjetunion und in den Vereinigten Staaten schon fast routinemäßig betrieben wurde. Der Präsident der Vereinigten Staaten, John F. Kennedy, hatte das Ziel gesetzt, einen Amerikaner zum Mond zu bringen und sicher von dort zurückzuholen. Gespannt verfolgte ich Weihnachten 1968 die Apollo-8-Mission. Obgleich die Landung auf dem Mond noch ausstand, war jeder fasziniert, Frank Bormann aus dem Weltraum die Weihnachtsbotschaft verkünden zu hören.

Um meine eigene wissenschaftliche Ausbildung zu vollenden, hatte ich mir vorgenommen, eine eigene Untersuchung auf dem Gebiet der Festkörperphysik durchzuführen. Diese Disziplin wird in Stuttgart besonders gepflegt, und die zahlreichen Spezialvorlesungen, die dort angeboten wurden, hatten mein Interesse geweckt. Waren die Institute der Universität schon erstklassig ausgerüstet, so hatte mich das renommierte Stuttgarter Max-Planck-Institut für Metallforschung noch mehr beeindruckt. Es stand wie alle Institute dieser Gesellschaft ausschließlich im Dienste der Grundlagenforschung, hatte also keine Lehrverpflichtungen wahrzunehmen. Mir schien, daß am Max-Planck-Institut die interessantesten wissenschaftlichen Untersuchungen durchgeführt wurden und daß dort eine große Zahl hochkarätiger Wissenschaftler arbeitete. Dort, glaubte ich, am meisten lernen und am besten forschen zu können.

Ich hatte Respekt vor dem großen Namen, und sagte mir, daß ich, ohne zu fragen, an diesem Institut bestimmt nicht würde arbeiten dürfen. Dr. Diehl, bei dem ich vorgesprochen hatte, nahm mich freundlich auf. Er bot mir an, bei ihm zu arbeiten und mein Thema aus drei verschiedenen Forschungsprojekten auszuwählen, die sich alle mit der Strahlenschädigung von Metallen beschäftigten. Die Ausgangsfrage lautete dabei, was geschieht, wenn die Atome eines metallischen Kristallgitters von energiereichen Elementarteilchen wie schnellen Elektronen, Neutronen oder Protonen oder auch schnellen Ionen getroffen werden? Die Arbeitsgruppe unter Dr. Diehl studierte die elementaren Prozesse, die dabei abliefen, und analysierte die Schäden, die in einem Metall durch Bestrahlung zurückblieben. Das Ziel der Forschungsgruppe war es, ein atomistisches Modell zu entwickeln. Die meisten Erkenntnisse würden aber auch praktische Bedeutung bekommen. Die Sicherheit von Kernreaktoren z. B. hängt davon ab, daß sie aus Materialien gebaut werden, die unter der Einwirkung der schnellen Neutronen nicht verspröden. Auch die Lebensdauer von Satelliten würde davon abhängen, wie resistent die Solarzellen, die den Satellit mit elektrischer Energie versorgen, gegenüber der kosmischen Strahlung sind.

Nach kurzer Bedenkzeit wählte ich aus den drei vorgeschlagenen Themenkreisen dasjenige aus, das sich mit der Strahlenschädigung von Eisen befaßte. Über die Schädigung von Eisen, einem Metall mit kubisch-raumzentriertem Gitter, war uns viel weniger bekannt als über die kubisch-flächenzentrierten Metalle wie Kupfer. Die ersten Untersuchungen zeigten, daß geringste Mengen von Kohlenstoff und Stickstoff, die im Eisen immer als

Verunreinigungen vorkommen, auf die Schädigung großen Einfluß ausüben. Für mich war es besonders interessant und reizvoll, ihre Rolle mit aufklären zu helfen. Dr. Diehl und ich formulierten mein Thema, und ich begann, in einem Team zu arbeiten. Wir untersuchten die Wechselwirkung zwischen dem Verunreinigungsgas Stickstoff und den Fehlstellen, die schnelle Neutronen im Eisen erzeugten. Die Arbeit war außerordentlich interessant, denn wir benutzten vielfältige Methoden. Als erstes reinigten wir unser Ausgangsmaterial, dann wurde es gezielt mit kleinsten Stickstoffmengen verunreinigt und anschließend mit verschiedenen Neutronendosen bestrahlt. Danach wurden die mechanischen Eigenschaften untersucht, die innere Reibung gemessen; wir benutzten Licht- und Elektronenmikroskope, um nach Defekten des Gitters zu suchen, und wandten die Methode der Positronenanihilation an. Bei meiner Arbeit konzentrierte ich mich vornehmlich auf die sogenannte Erholung der Strahlenschädigung. Zu diesem Zweck untersuchte ich den elektrischen Widerstand von Eisen bei tiefster Temperatur, nämlich bei 4.2 K (= −269,2 °C). Unseren gemeinsamen Anstrengungen und den vielen Meßmethoden, die uns zur Verfügung standen, war es zu verdanken, daß wir langsam immer mehr über die Strahlenschädigung in den raumzentrierten Metallen in Erfahrung brachten.

Die wissenschaftliche Arbeit bereitete mir großes intellektuelles Vergnügen. Mit meinen Kollegen hatte ich mich rasch angefreundet, und ich ging mit ihnen Ski laufen und wandern. Wir feierten die Feste, wie sie fielen. Ich war glücklich. Mehr als alles andere trug dazu bei, daß ich mich als Student bis über beide Ohren verliebt hatte und daß meine schöne Freundin Birgit mehr und mehr ihr Leben mit mir teilte. Wir waren uns im Laufe der Zeit immer näher gekommen, hatten sehr viel gemeinsam unternommen, und als wir 1969 heirateten, hat sich wohl niemand darüber gewundert. Wir bezogen eine kleine Wohnung mit schöner Aussicht auf die Stadt. 1975 wurde unsere Tochter Susanne geboren. Nun waren wir eine glückliche Familie geworden.

Durch meinen Kopf gingen in dieser ersten Nacht im Weltraum die Erinnerungen. Ich dachte daran, wie ich meine kleine Tochter frühmorgens versorgte, wenn Birgit in die Schule mußte, um zu unterrichten. Mir kamen gute alte Freunde und manches Erlebnis in den Sinn, nur der Schlaf wollte sich nicht einstellen. Vielleicht lag es doch daran, daß mein Gehirn die Schwerelosigkeit als Zustand der Gefahr interpretierte und den Schlaf verhinderte. Erstaunlich wäre das nicht gewesen, denn auf der Erde bedeutet Schwerelosigkeit, frei zu fallen.

Von den vielen Elektroden an meinem Körper führte ein ganzes Knäuel von Kabeln zu den kleinen Bandgeräten an der Seitenwand meiner Koje. Weil die Kabel nicht elastisch waren, spürte ich bei jeder Bewegung die Elektroden, als krabbelten Käfer auf meinem Gesicht herum. Dadurch wurde ich immer wieder aufgeweckt. Im stillen fluchte ich über das Experiment, für das ich als Versuchskaninchen herhalten mußte. Nach unserem Flug zeigte sich aber, daß es sich wissenschaftlich gelohnt hatte, die Elektroden und Kabel nicht abzureißen, die meine physiologischen Signale aufzeichneten. Olga Quadens stellte anhand meiner Gehirnströme, meiner Augenbewegungen und Muskelaktivität fest, daß ich während der ersten Nacht im Weltraum viel geträumt hatte. Die

Hälfte meines kurzen Schlafes hatte ich als REM (Rapid Eye Movement)-Schlaf verbracht. Sie deutete den ungewöhnlich großen REM-Anteil dahingehend, daß mein Gehirn auf die neue Situation der Schwerelosigkeit positiv reagierte, daß es lernte und auf dem besten Wege war, sich anzupassen.

Die Nacht erschien mir lang, doch als ich geweckt wurde, war sie zu kurz gewesen, als daß ich mich hätte erholen können.

Die erste Schicht

Etwas zerknittert kroch ich mit all meinen Elektroden und Kabeln am Kopf aus meinem Nachtquartier heraus. Bob und John, die schon dabei waren, das Frühstück zuzubereiten, begrüßten mich freundlich. Sie schien mein komisches Aussehen zu erheitern. Ich lachte zurück und befreite mich von allem Kram um Kinn und Augen. Ich putzte meine Zähne, machte mich frisch, zog mich an und gesellte mich zu ihnen. Sie schoben mir ein Tablett mit dem fertigen Frühstück zu. Das Rührei wollte nicht recht schmecken. Selbst der Orangensaft war nicht so gut wie sonst. Bob und ich beeilten uns deswegen, den Dienst aufzunehmen. Wir machten uns durch den Tunnel davon und überließen es John, unsere Reste aufzuräumen. Byron und Owen im Spacelab waren sichtlich froh, als sie uns kommen sahen. Auf den ersten Blick war zu erkennen, daß sie während ihrer Schicht angestrengt gearbeitet hatten und nun eine Ruhepause brauchten und verdienten. Sie sahen nicht gut aus. Wir übernahmen Spacelab und entließen beide.

Wir, das heißt, das Rote Team, sollten unsere Schicht nach dem Flugplan mit einem Experiment des Massachusetts Institute of Technology (MIT) beginnen. Das war das sogenannte Dom-Experiment. Es war im Prinzip eine recht einfache Versuchsanordnung. Wir mußten ein Gebilde auspacken und aufbauen, das in etwa wie eine große Salatschüssel aussah, die von einem Elektromotor gedreht wurde. Der Versuch bestand darin, den Kopf so in diese Schüssel zu stecken, daß das gesamte Gesichtsfeld abgedeckt wurde. Mit anderen Worten: Man konnte nur noch die Innenseite der Schüssel sehen, die mit vielen farbigen Punkten bedeckt war, und weiter nichts. Der Versuch bestand darin, die Schüssel zu drehen und die Augenbewegungen der Testperson zu beobachten. Unmittelbar nachdem der Computer die Drehung gestartet hatte, stellte sich im Weltraum bei der Testperson in aller Regel die Illusion ein, sich selbst zu drehen. Auf der Erde, wo wir denselben Versuch natürlich auch oft gemacht hatten, war die Sinnestäuschung dagegen viel schwächer und weniger umwerfend. Hier meldete nämlich das Vestibularorgan im Innenohr an das Großhirn, daß man sich nach wie vor im stabilen Gleichgewicht befand und fest auf der Erde stand. Die von den Augen vorgegebene Information wurde also vom Vestibularorgan korrigiert. In der Schwerelosigkeit gibt es kein Oben und Unten mehr. Die Frage war also, was würde geschehen, wenn die Augen die Illusion der Drehbewegung an das Gehirn geben und vom Gleichgewichtsorgan aber keine Referenzmeldungen kommen, wie am Erdboden? Man wollte insbesondere die Bewegungen der Augen fotografieren. Denn die Augen folgen unwillkürlich immer der Drehung der Schüssel bis zu einem gewissen Grad und springen dann in ihre vorherige Position zurück. Eine Fünfunddreißig-Millimeter-Kamera war so am Dom angebracht, daß ihr Objektiv durch die Achse auf ein Auge gerichtet war. Zur guten Beleuchtung war rund um das Objektiv ein ringförmiges Blitzlicht angeordnet worden.

Unsere erste Arbeit im Weltraum bestand darin, die Schüssel aus einem Fach im Spacelab herauszuholen,

Die erste Schicht

aufzubauen und mit einem Computer zu verbinden und dann die Experimentalanordnung erst einmal auszuprobieren. Wir stellten fest, daß der Motor lief, daß er der Computersteuerung folgte und die Schale einmal nach rechts und einmal nach links drehte, mal langsam, mal schnell, genau wie es im Programm vorgesehen war. Insgesamt sollte so ein Lauf sechs Minuten dauern, wobei zweihundertfünfzig Aufnahmen vorgesehen waren, bei Drehungen der Schüssel in verschiedenen Richtungen und mit verschiedenen Umlaufgeschwindigkeiten. Alles arbeitete normal, nur das Blitzlicht arbeitete nicht. Die Kamera lief, die Schüssel, der sogenannte Dom, drehte sich, aber es blitzte nichts. Wir überprüften die Kabel, sie waren in Ordnung, die Stecker ebenso. Wir starteten einen zweiten Testlauf, doch das half auch nichts. Es war nichts zerbrochen, es war von außen nichts zu sehen; wir hörten sogar das Relais klicken, das in der zugehörigen Elektronik die Zündspannung schaltete, das verdammte Blitzlicht aber blieb dunkel. Schließlich kamen wir um die Erkenntnis nicht mehr herum, daß es defekt war.

Mit dem ersten Experiment hatten wir also Pech. Doch wir mußten uns beeilen, denn für jedes einzelne Experiment war nur eine bestimmte Zeit vorgesehen. Wenn man bei einem einzigen Versuch die Zeit überzog, so geriet das ganze sorgsam ausgetüftelte folgende Experimentalprogramm ins Rutschen, und man bekam die größten Komplikationen. Um diesen Dominoeffekt zu vermeiden, war eine Hauptregel, die Experimente, so gut es ging, pünktlich zu beenden, und wenn sie in der vorgesehenen Frist nicht zu beenden waren, abzubrechen.

Später, im weiteren Verlauf des Fluges, haben wir dann auf Abhilfe gesonnen. Wir haben einfach mit einer

Videokamera die Augenbewegungen, dieses sogenannte Ocular Counter Rolling sehr schön aufzeichnen können, und zwar noch besser, als das mit der Fünfunddreißig-Millimeter-Kamera möglich gewesen wäre. Die konnte ja immer nur dann ein Bild machen, wenn gerade geblitzt wurde, während das Videogerät immerhin fünfundzwanzig Bilder pro Sekunde machte und damit die Augenbewegungen viel besser festhalten konnte. So wurde unsere erste Panne, am wissenschaftlichen Ergebnis gemessen, sogar ein schöner Erfolg.

Zunächst aber waren wir doch verwirrt. Auf alle möglichen Fehler waren wir vorbereitet. Zum Beispiel konnte der Film in unserer Fünfunddreißig-Millimeter-Kamera klemmen, die die Augenbewegung fotografieren sollte. Es war ein spezieller, sehr dünner Film, damit man mehr in das Magazin hereinbekam, als normalerweise. Und dieser dünne Film hatte die fatale Neigung zu klemmen. So hatten wir Prozeduren entwickelt, um den Film gegebenenfalls in der Schwerelosigkeit wieder flott zu bekommen. Aber daß ausgerechnet das Blitzlicht ausfallen könnte, war uns vor dem Flug nicht im Traum eingefallen. Kein Mensch hatte daran gedacht.

Pünktlich begannen wir den zweiten Versuch, den Atmospheric Emissions Photometric Imaging, der abgekürzt AEPI genannt wurde. Sein Ziel lag darin, natürliche und künstliche Emissionsphänomene der Atmosphäre zu untersuchen. Auf der Palette hatten wir dafür eine schwere, höchstempfindliche Fernsehkamera mit zwei Objektiven für Weitwinkel- und Teleaufnahmen. Zusätzlich war ein Photometer vorhanden, das ebenfalls Abbildungseigenschaften hatte. Es bestand aus einem Objektiv fester Brennweite und 100 in der Bildebene liegenden

Die erste Schicht

Lichtdetektoren, die als 10 x 10 Matrix angeordnet waren. Alle Objektive konnten Licht von der Infrarotwellenlänge von 750 nm bis zu Ultraviolett von 200 nm Wellenlänge abbilden. Logischerweise konnte für ihren Bau kein Glas verwendet werden, denn Glas hätte das kurzwellige Ultraviolettlicht nicht mehr durchgelassen, sondern absorbiert. Die Linsen unserer Kamera waren deshalb aus Quarz und den Salzen Natriumchlorid und Calciumfluorid hergestellt worden.

Das AEPI-Experiment verfolgte mehrere hochinteressante Aufgaben. Unter anderem wollte man ergründen, ob in der Ionosphäre Materie anzutreffen ist, die auf den Einfall von Meteoriten aus dem Weltraum zurückzuführen ist. Die Experten vermuteten nämlich, daß sich dort Magnesiumionen befinden, die beim Auftreffen von Meteoriten auf die Erdatmosphäre durch Verdampfen freigesetzt werden. Sie sollten sich als Gürtel über dem Äquator um die Erde herumziehen.

Die Idee war nun, die Wolken dieser Ionen mit Hilfe der Fernsehkamera abzubilden. Dabei wollten wir ausnutzen, daß Magnesiumionen im Ultravioletten bei 280 nm Fluoreszenzlicht abgeben. Wenn man bei Sonnenuntergang über dem Äquator flog, dann würde die Sonne als Lichtquelle diese Magnesiumionen zur Fluoreszenz anregen, und unsere Kamera sollte das für das Auge unsichtbare Licht aufnehmen. Dadurch wollten Wissenschaftler wie Steve Mende Informationen über die Existenz, die Strömung und auch die Verteilung der vermuteten Magnesiumionen gewinnen.

Ein anderes Ziel des AEPI lag im Studium des natürlichen Nordlichtes, das wir immer dann zu sehen hofften, wenn uns unsere Bahn bei Nacht in die Nähe der magnetischen Pole führte. Wir hatten zusätzlich vor, auch künstliche Nordlichter zu erzeugen. Auch hier sollte AEPI das schwache Leuchten sichtbar machen, das durch einen von oben auf die Atmosphäre gerichteten Elektronenstrahl hervorgerufen werden sollte. Die optischen Signaturen der verschiedenen Leuchterscheinungen wollten wir mit Hilfe von mehreren schmalbandigen Interferenzfiltern feststellen, die in den Strahlengang gebracht werden konnten.

Bevor wir aber beginnen konnten, mußten wir die Kamera, die immerhin etwa neunzig Kilogramm wog und für den Start auf einem Gestell sehr gut verriegelt worden war, damit sie sich durch die Vibrationen und Erschütterungen nicht löste, erst einmal entriegeln.

Es kam uns vor allem darauf an, den Schwenkmechanismus zu erproben. Beim Experiment sollte ein zum AEPI gehörender Computer die Kamera nachführen. Trotz der rasanten Geschwindigkeit, mit der wir uns bewegten, sollte sie immer auf dieselbe Stelle gerichtet bleiben und zum Beispiel von den Ionenwolken ein stehendes Bild liefern.

Zunächst aber sollte demonstriert werden, daß sich die schwere Kamera jederzeit verriegeln ließ. Es mußte ja gewährleistet sein, daß wir im Notfall rasch zur Erde zurückkehren konnten. Damit sich die Kamera beim Wiedereintritt in die Atmosphäre und bei der Landung nicht losreißen und womöglich den Shuttle beschädigen konnte, mußte sie vorher verriegelt werden. Um hier jedes Risiko auszuschließen, hatte die NASA vier Möglichkeiten eingebaut, das schwere Instrument zu parken.

Bob und ich machten uns an die Arbeit. Ich lud den Spacelab-Computer mit dem AEPI-Programm. Wir schalteten zusätzlich den zum Experiment gehörenden Rechner ein, der sich im Spacelab-Module befand. Alles funktionierte. Ich schaltete die Kamera auf der Palette ein. Sie war dort montiert, denn nur außerhalb des Modules konnten wir die gewünschten Aufnahmen im ultravioletten Spektralbereich gewinnen. Ich fuhr die Riegel heraus und bekam vom Computer die Bestätigung, daß die Kamera frei sei. Tatsächlich verlief der erste Schwenk genau wie geplant. Der Computer informierte mich genauestens darüber, wohin die Kamera gerichtet war. Bob beobachtete vom hinteren Fenster alles, was sich auf der Palette bewegte. Von der Seite sah ich, wie seine Augen strahlten. Es funktionierte. Auf mein Kommando bewegte sich unser schweres Geschütz in die Parkposition. Ich drückte auf den manuellen Schalter, um die Riegel einzuschieben. Es dauerte normalerweise zehn Sekunden, bis vom Computer die Bestätigung kam. Als nach zwanzig Sekunden die Kamera noch immer nicht verriegelt war, benutzte ich den ersten Reservemode und ließ den zum Experiment gehörenden Computer die Riegel einschieben. Wieder Fehlanzeige! Ich schwebte zum Terminal des Spacelab-Rechners und tippte dort das Kommando zum Verriegeln ein, aber wieder bewegte sich nichts. Ich teilte Bob mit, daß ich von den vier Möglichkeiten, die uns zu Gebote standen, die Kamera zu verriegeln, drei ohne Erfolg versucht hatte. Seine heitere Miene wurde augenblicklich ernst. Wir beratschlagten, was zu tun sei. Als erstes informierten wir das sogenannte Payload Operations and Control Center am Boden, kurz POCC, das für die Bodenkontrolle der Versuche zuständig war. Dort saßen die Experten. Vermutlich hatten sie über die Telemetriedaten, die von Bord an den Boden direkt übermittelten Meßwerte, ohnehin verfolgt, was wir versucht hatten. Es kam die Anweisung, den vierten und vollkommen unabhängigen Weg zu beschreiten. Ich aktivierte den Reservemechanismus. Dieses Mal klappte es, und ferngesteuert fuhren alle Riegel in Position. Wir waren erleichtert. Aus dem Bodenkontrollzentrum ertönte Wubbo Ockels Stimme und gab uns die letzte Bestätigung. Gleichzeitig erhielten wir aber die Instruktion, die Kamera vorerst verriegelt zu lassen.

Die NASA analysierte in Ruhe das Risiko und kam schließlich zu dem Ergebnis, daß es sicherer sei, die Kamera für den gesamten Flug dort zu belassen, wo sie nun war. Rechte Freude wollte sich bei uns darüber nicht einstellen, denn eine festgesetzte Kamera war natürlich weniger wert als eine bewegliche. Wir konnten jetzt nur noch, wenn wir mit der Kamera irgendwo hinschauen wollten, den gesamten Raumtransporter schwenken. Und das setzte natürlich die Einsatzmöglichkeit der Low Light Level Television, wie das Instrument auch genannt wurde, herab. Zum Beispiel war es nicht mehr möglich, die Elektronenstrahlen, die aus der Kanone des japanischen SEPAC (Space Experiments with Particle Accelerators) oder aus dem französischen PICPAB (Phenomena Induced by Charged Particle Beams) kamen, mit der Kamera zu verfolgen und zu filmen.

Der Arbeitsplan ließ uns glücklicherweise keine Zeit, deswegen zu resignieren. Er rief uns unerbittlich zum dritten Experiment. Am zweiten Tag der Mission stellte sich zudem heraus, daß AEPI durch mehrere zusätzliche Manöver des Shuttle interessante Leuchtphänomene in der Atmosphäre einfangen konnte. Auf unserem Videomonitor im Spacelab-Module sahen wir herrliche Bilder

Lieber Leser,

diese Karte entnehmen Sie einem Buch des Gustav Lübbe Verlages. Für unsere Verlagsarbeit sind uns Hinweise unserer Leser besonders wichtig. Wir möchten Sie daher bitten, uns nachfolgende Informationen zu geben:

Diese Karte stammt
aus dem Buch _____

Auf dieses Buch wurde ich aufmerksam durch

- ○ Empfehlung des Buchhändlers
- ○ Schaufensterauslage
- ○ Name des Autors
- ○ Anzeige
- ○ Verlagsprospekt
- ○ Pressebesprechung
- ○ Empfehlung eines Bekannten
- ○ Geschenk

Bitte informieren Sie mich über Ihre Neuerscheinungen auf den bezeichneten Gebieten:

- ○ Archäologie
- ○ Geschichte / Zeitgeschichte
- ○ Bildbände zur Kunst- und Kulturgeschichte
- ○ Historische Biographien
- ○ Künstlerbiographien
- ○ Komponistenlexika / Musik
- ○ Historische Romane
- ○ Unterhaltungsromane
- ○ Literatur
- ○ Thriller
- ○ Fantasy
- ○ Heiter-Besinnliches
- ○ Ratgeber

Taschenbücher:
Bevorzugte Themen _____ _____

Absender

Name _____

Straße _____

PLZ/Ort _____

Mein Urteil über das Buch _____

Bitte als
Postkarte
frankieren

_____

Gustav Lübbe Verlag
Leserservice
Postfach 20 01 27

5060 Bergisch Gladbach 2

Die erste Schicht

des sogenannten »Airglow«. Darunter versteht man eine Schicht in etwa 85 km Höhe, die im Spektralbereich des nahen Infrarot leuchtet, und zwar so hell, daß sie sogar mit bloßem Auge wahrgenommen werden kann. Sie wird auf das Vorhandensein von OH-Ionen und Sauerstoffmolekülen zurückgeführt. Außerdem gelang es mir am zweiten Tag, die vermuteten Magnesiumionen-Wolken aufzunehmen.

Steve Mende und seine Mitarbeiter gerieten vollkommen aus dem Häuschen, als sie die ersten Bilder sahen und ihre Hypothese bestätigt fanden.

Die Wolken hatten streifenartige Strukturen. Die Streifen verliefen parallel zum Magnetfeld der Erde, wie es für geladene Teilchen erwartet wurde.

Eine spätere Analyse unserer Bilder ergab, daß die Magnesiumionen-Wolken in 180 km Höhe lagen und tatsächlich nur in Äquatornähe vorkamen.

Das dritte Experiment war eigentlich eine ganze Serie von Versuchen. Es war von einem Wissenschaftlerteam vorbereitet worden, das sich um den berühmten Mainzer Physiologen Professor Rudolf von Baumgarten schart. Ziel war die Untersuchung des menschlichen Vestibularorgans und seiner Reaktion auf die Schwerelosigkeit.

Zunächst mußten wir das Experiment 1 ES 201 aufbauen. Sein wichtigstes Instrument war der sogenannte Vestibularhelm, der sorgfältig in Schaumteilen verpackt worden war, um ihn vor den Startbelastungen zu schützen. Wir packten ihn aus und verbanden seine beiden Kabel mit der elektronischen Versorgungseinheit und dem Datensystem, die beide inmitten des Modules auf dem Boden montiert waren. Ich bereitete die Elektroden vor, mit denen unsere Augenbewegungen registriert werden sollten. Wir befestigten uns gegenseitig je eine Elektrode rechts und links der Augen für die Horizontalbewegung und je ein Elektrodenpaar oberhalb und unterhalb des linken Auges, mit denen die Vertikalbewegung des Augapfels beobachtet werden sollte.

Schließlich gab es noch eine fünfte Elektrode, eine Massenelektrode zur »Erdung«, mitten auf der Stirn. Dann mußte man den Helm aufsetzen, der vor das linke Auge eine Fernsehkamera brachte, die mit Infrarotlicht arbeitete. Vor das rechte Auge kam ein kleiner Videomonitor. Für jeden von uns war ein individuelles Übergangsstück vom Helm zum Gesicht angefertigt worden, das dafür sorgte, daß die Testperson bei aufgesetztem Helm vollkommen im Dunkeln saß. Zusätzlich gab es einen Gürtel, der die Atmung registrierte. Wir hatten T-Shirts an, die relativ dünn waren. Und über diese T-Shirts mußte man sich dann diesen Atmungsgürtel legen. Aber das war noch lange nicht alles. Zusätzlich gab es noch einen Sensor für den sogenannten Blutvolumen-Puls. Den mußte man sich entweder ans Ohr oder an den Nasenflügel anklemmen. Es handelt sich dabei um eine Diode, die durch die Haut leuchtet. Mit ihrer Hilfe wird ermittelt, wieviel Blut per Pulsschlag durch den Organismus geschickt wird, wie gut also die Durchblutung ist.

Als ob es mit all diesen Sensoren und dem Atmungsgürtel noch nicht genug sei, hatten wir dann noch ein ganz spezielles Meßgerät an uns anzubringen. Es war ein sogenannter Beschleunigungsmesser. Dieses Gerät wurde benötigt, um die Beschleunigungen und Bewegungen, die man mit dem Kopf machte, genau registrieren zu können. Man wollte sie dann in Relation bringen zu den Reaktionen des Vestibularorgans im Innenohr.

Die erste Schicht 77

Denn die Funktionsweise dieses Gleichgewichtsorgans konnte man ja nur dann genau ermitteln, wenn man wußte, welche Bewegungen mit dem Kopf, in welcher Stärke und Richtung, gemacht wurden. Dabei war den Spezialisten am Erdboden die konventionelle Methode, mit einem Stirnband einen solchen Beschleunigungsmesser am Kopf zu befestigen, nicht gut genug. Sie hatten uns zum Zahnarzt geschickt und für jeden eine Form aus Metall anfertigen lassen, mit der der Beschleunigungsmesser nun an den Zähnen des Oberkiefers verankert wurde. Damit war eine starre Koppelung zwischen dem Beschleunigungsmesser und dem Vestibularorgan im Innenohr hergestellt.

Solchermaßen waren wir tatsächlich wie echte Versuchskaninchen mit Instrumenten ausgerüstet. Den Helm auf dem Kopf, fünf Elektroden um die Augen, einen Atmungsgürtel um die Brust, einen Beschleunigungsmesser an den Zähnen – mehr war beim besten Willen an uns kaum unterzubringen. Angenehm war es nicht, Versuchsperson zu sein, doch Professor Rudolf von Baumgarten von der Universität Mainz hatte mich vom Wert seiner Untersuchungen vollständig überzeugen können. Im Laufe der Zusammenarbeit waren wir gute Freunde geworden. Jury, wie wir ihn nannten, wollte die Ursachen für die Raumkrankheit erforschen, unter der die meisten Astronauten während der ersten Tage eines Fluges zu leiden haben.

Sie äußert sich in ähnlicher Weise wie See- oder Luftkrankheit. In leichten Fällen sind ihre Symptome Appetitlosigkeit, kalter Schweiß, Müdigkeit und Schwindelgefühl, in schweren Fällen Erbrechen.

Mein Kollege Bob Parker sollte als Versuchsperson

beginnen. Mit allen Sensoren am Körper nahm er auf einer Art zusammenfaltbarem Stuhl Platz. An dessen Rückenstütze befestigte ich den Helm. Mit Hilfe des kleinen Videomonitors wollte ich sein rechtes Auge mit verschiedenen optischen Mustern reizen. Die kleine Infrarotkamera vor dem linken Auge sollte seine Reaktion registrieren. Da bei gesunden Menschen beide Augen immer die gleiche Bewegung machen, wollte man am linken Auge studieren, wie das rechte Auge auf jene Muster reagierte, die ihm mit dem Videogerät vorgespielt werden sollten. Gedacht war etwa daran, vor dem rechten Auge Streifenmuster zu projizieren, die nach einer Seite wegwanderten. Der unwillkürliche Reflex des Auges ist nun, dem wandernden Muster eine gewisse Strecke zu folgen und dann in die vorherige Position zurückzuspringen. Dann beginnt das Spiel von neuem. Wieder folgt das Auge unwillkürlich dem wandernden Muster, bis es nicht mehr weiter kann und springt dann erneut in die vorherige Position zurück. Das gleiche, nur in vertikaler Richtung geschieht, wenn man vor das Auge Streifen projiziert, die von unten nach oben oder von oben nach unten wandern. Mit unserem Videoband wollten wir das rechte Auge auch mit rotierenden Punktmustern reizen, ganz ähnlich wie wir es mit dem Dom-Experiment vorgehabt hatten. Hier sollten die Augen der Testperson der Drehung folgen und dann schnell in die Ausgangslage zurückspringen.

Diese Reaktionen der Augen sind sowohl am Erdboden als auch in der Schwerelosigkeit zu beobachten. Doch auf der Erde sorgt der Otolith im Gleichgewichtsorgan dafür, daß man dabei nicht aus der Balance gerät. Im Otolithenorgan sind viele feine Härchen vorhanden, die mit ihren Wurzeln in Nervenzellen sitzen. Auf den Haarspitzen liegen kleine Calcitkristalle. Das Vestibularorgan arbeitet mit einem ganz einfachen Trick. Wenn man den Kopf zur Seite oder nach vorne neigt, dann rutschen die Kristalle durch ihr Gewicht ebenfalls zur Seite und verbiegen dabei die Härchen, auf denen sie liegen. Die Biegespannung der Härchen wird natürlich auf ihre Wurzeln übertragen, wodurch die dort endenden Nerven gereizt werden. Sie leiten diese Reizung als ein der Kopfneigung entsprechendes Signal an das Großhirn weiter. Man »begreift«, daß man sich in einer geneigten Position befindet.

Das Großhirn erhält aber auch Signale von den Augen. Aus beiden Informationsquellen, dem Vestibularorgan und den Augen, und aus Daten an den Tastzellen ermittelt das Gehirn, welche Lage wir in der dreidimensionalen Welt einnehmen.

Indem die Testperson in absolute Dunkelheit gebracht wird, kann ihr die visuelle Information genommen werden. Aus Erfahrung weiß jeder, daß es dann sofort schwieriger wird, aufrecht stehen zu bleiben.

Professor von Baumgarten wollte das komplementäre Experiment machen und die Otolithen ausschalten. Die Testperson sollte dazu in die Schwerelosigkeit gebracht werden. Hier führt die Neigung ihres Kopfes nicht zur Biegung der Sinneshärchen im Otolithen. Infolgedessen wird die Neigung nicht registriert.

Es war eine wissenschaftliche Grundfrage, was dabei passiert. Darüber hinaus war zu erwarten, daß jede Erkenntnis über das Zusammenspiel von visueller Information und Information aus dem Vestibularorgan praktische Bedeutung bekommen würde. Gelänge es nämlich, die Weltraumkrankheit, die sich aus diesem Informationskonflikt entwickelt, besser zu verstehen, würden sich auch die Chancen verbessern, sie zu bekämpfen. Vielleicht würde man dann Tests entwickeln können, bei der Auswahl von Astronauten unempfindliche Bewerber auszusuchen, vielleicht ließen sich Wege finden, vor dem Flug durch Training die Widerstandsfähigkeit zu erhöhen, vielleicht gab es Möglichkeiten, Medikamente zur Behandlung zu finden. Für die NASA war jeder Schritt wichtig.

Die Hypothese war, daß sich die Weltraumkrankheit in der Schwerelosigkeit entwickelt, weil das Großhirn von den Augen und dem Vestibularorgan Daten empfängt, die im Widerspruch zueinander stehen. Sie verschwindet in dem Maße, wie das Großhirn lernt, daß die Information vom Vestibularorgan falsch ist. Die Anpassung erfolgt dadurch, daß das Gehirn bei der Lagebestimmung in der dreidimensionalen Umgebung in zunehmendem Maße die visuellen Daten berücksichtigt und die Information von den Otolithen ignoriert.

Bob und ich hofften, durch unsere Experimente dazu beitragen zu können, das Problem der Weltraumkrankheit seiner Lösung näher zu bringen. Ich selbst fühlte gerade die ersten Symptome leichten Unwohlseins, als Bob signalisierte, daß er für die Streifenmuster fertig sei. In Professor von Baumgartens Institut in Mainz hatten wir uns mit denselben Mustern oft gereizt. Unsere Reaktionen waren registriert worden. Wir wollten nun während des Fluges die Hypothese überprüfen, ob das Vestibularorgan als Orientierungshilfe des Menschen langsam an Bedeutung verliert. Wir erwarteten eine veränderte Reaktion. Ich drückte auf die Starttaste des Videorecorders,

Die erste Schicht 81

aus dem die Muster kamen, und wartete auf Bobs Bestätigung, daß die Streifen erschienen. Ich hörte nichts und blickte auf das Zählwerk des Bandgerätes. Entsetzt stellte ich fest, daß es sich nicht bewegte. Es traf Bob und mich hart, daß wir auch hier ein technisches Problem hatten und der Videorecorder nicht funktionierte.

Ich schlug vor, das Videogerät aufzuschrauben und nachzuschauen, was defekt war. Doch vom Boden kam die Entscheidung, ich solle dies nicht tun. Nach der Mission zeigte sich allerdings, daß ich den richtigen Vorschlag gemacht hatte; der Fehler wäre sehr einfach zu beheben gewesen. In unseren Recorder war ein kleiner Ventilator eingebaut worden, der die Elektronik auch in der Schwerelosigkeit, in der es keine Konvektion gibt, kühlen sollte. Und ausgerechnet dieser Ventilator hatte das Magnetband, weil es im Stillstand nicht unter Spannung stand, vom Antrieb heruntergeblasen. Man hätte es also nur wieder auf das Antriebsrädchen zu legen brauchen, und alles wäre in Ordnung gewesen. Doch unser Programm lief weiter. Wir mußten in unserem Zeitplan bleiben.

Dieser Zeitplan war geradezu ein Kunstwerk der Planung. An ihm hatten mehrere Experten Monate gearbeitet. Große Rechner hatten ihnen dabei zur Verfügung gestanden. Ihr Ziel war es, aus der Mission soviel Wissenschaft wie möglich herauszuholen. Es mußten aber viele Einschränkungen berücksichtigt werden. Wir konnten zum Beispiel vom Shuttle nur 8,5 Kilowatt an elektrischer Leistung beziehen. Also mußten die Experimente so aufeinander folgen, daß zu keinem Zeitpunkt mehr Leistung gebraucht wurde. Die Kühlleistung war ebenfalls begrenzt. Eine andere Einschränkung ergab sich daraus, daß nur zwei Wissenschaftler zur Verfügung standen. Wann immer Bob und ich mit etwas beschäftigt waren, konnten wir nichts anderes durchführen. Viele Experimentatoren wollten Columbia auf einen bestimmten Punkt ausrichten. Für die Metrische Kamera zum Beispiel mußte unsere Ladebucht genau auf die Oberfläche der Erde, zum sogenannten Nadir-Punkt gerichtet sein. Außerdem mußten wir uns über dem Gebiet befinden, das fotografiert werden sollte, und der Sonnenwinkel mußte innerhalb bestimmter Grenzen liegen, um angemessene Lichtverhältnisse zu garantieren. Andere Experimente verlangten, Columbia auf einen bestimmten Stern auszurichten, um astronomische Beobachtungen machen zu können. Zusätzlich mußte es dann Nacht sein. Wieder andere Experimentatoren wollten die Sonne ins Visier nehmen. Die Plasmaphysiker verlangten, daß ihre Instrumente nach dem Magnetfeld der Erde ausgerichtet wurden.

Die Beobachtung der Magnesiumionen zum Beispiel war nur dann möglich, wenn wir in Äquatornähe waren. Die Sonne mußte schon hinter dem Horizont verschwunden sein, aber nicht zu tief, denn ihr Licht sollte die Wolken in 180 km noch erreichen können, um dort das Fluoreszenzlicht zu erzeugen.

Neben all diesen Forderungen hatten unsere Planer zu berücksichtigen, daß der Computer im Spacelab nicht alle Programme für die Experimente gleichzeitig fassen konnte. Sie mußten daher auch das Computermanagement beachten. Das heißt, sie konnten ein Experiment nur dann einplanen, wenn genügend Speicherplatz im Computer dafür vorhanden war.

Die Datenübertragung gab ihnen zusätzlich harte

Die erste Schicht 83

Nüsse zu knacken. Normalerweise wurden die Telemetriedaten zuerst zum Tracking Data Relay Satellite geschickt, der über dem Atlantischen Ozean bei 41 W geostationär steht. Von dort ging der Datenstrom zur Bodenstation in White Stands in New Mexico. Datenübertragung war natürlich nur möglich, wenn der Satellit von uns aus gesehen über dem Horizont stand. War das nicht der Fall, mußten die Daten auf Magnetband an Bord gespeichert werden.

Alle diese Einschränkungen waren im Ablaufplan, der sogenannten Timeline, berücksichtigt worden. Sie war daher der bestmögliche Kompromiß zwischen vielen Forderungen. Die Grundregel war, die Timeline einzuhalten, denn jede Abweichung zugunsten eines einzelnen Experiments hätte anderen Experimenten womöglich Einbußen bringen können.

Als nächstes kam eine Art Ersatzexperiment an die Reihe. Ursprünglich war geplant, schon beim ersten Spacelab-Flug den sogenannten Weltraumschlitten, ein großes Versuchsgerät, an Bord zu haben. Er bestand aus einem Sitz, der auf einer Schiene mehrere Meter hin- und herfahren konnte. Mit Hilfe dieser Experimentalanordnung sollte das Vestibularorgan einer Testperson durch Beschleunigung stimuliert werden. Unter anderem wollten wir feststellen, wie schnell oder wie stark eine Bewegung sein muß, damit sie ein Mensch in der Schwerelosigkeit überhaupt wahrnehmen kann. Wie man ja auch auf der Erde bisweilen bei einem sehr vorsichtig anfahrenden Zug nicht merkt, wann er sich in Bewegung setzt, so sollte jetzt auch in der Schwerelosigkeit versucht werden, die Schwelle, das heißt, die Mindestbeschleunigung, zu bestimmen, die ein Mensch braucht, um bei verbundenen Augen die Bewegung zu spüren. Man hätte also dem Astronauten den Helm aufgesetzt und ihn auf dem Schlitten anfänglich mit einer kaum merklichen und dann mit einer leicht erhöhten Beschleunigung bewegt. Der Sinn des Experimentes lag darin, festzustellen, ob sich die Sensibilität des Gleichgewichtsorgans im Weltraum im Vergleich zu seiner Empfindlichkeit am Erdboden ändert.

Leider konnte der Schlitten aus Gewichtsgründen nicht mitgenommen werden. Der englische Wissenschaftler Alan Benson hatte deshalb das Body Restraint System (BRS) erfunden. Dieses war ein leichter zusammenfaltbarer Stuhl, auf dem mein Partner Bob Parker geduldig saß und mit dem ich ihn nun manuell bewegen wollte. Ich schnallte mich mit dem Rücken zur Wand im Spacelab an. So gewann ich festen Halt. Dann schnappte ich Bob und bewegte ihn mit den Armen langsam vor und zurück, hin und her. Wenn Bob, der auf seinem Klappsitz vor mir schwebte, die Bewegung fühlte, betätigte er einen kleinen Steuerknüppel. Ich konnte darauf den Beschleunigungsreiz langsam verringern, indem ich bei gleichbleibendem Takt die Amplitude der Bewegung immer kleiner werden ließ. Reagierte Bob falsch, steigerte ich den Reiz, bis er richtig anzeigte. Dabei wurde das Experiment in zwei Varianten gemacht. Das eine war die sogenannte Perception of Motion, die Bewegungswahrnehmung. Dabei ging es nur darum, daß die Testperson anzeigen mußte, ob und wann sie bewegt wurde. Das zweite war die Perception of Direction, die Richtungswahrnehmung, bei der von der Testperson auch noch die Richtung angegeben wurde, wohin sie bewegt zu werden glaubte.

Das Experiment endete mit einer großen Überraschung. Man hatte ursprünglich angenommen, daß die

Empfindlichkeit in der Schwerelosigkeit, wo ja der starke Reiz der Gravitation weitgehend entfällt, größer sein würde, daß man also Bewegungen schneller erspüren würde als am Erdboden. Doch eigentümlicherweise war eher das Gegenteil der Fall. Es stellte sich heraus, daß die Mindestbeschleunigung im Weltraum eher stärker sein mußte als am Boden. Ein Erklärungsversuch für dieses unerwartete Ergebnis könnte sein, daß das Gehirn das Vestibularorgan schon weitgehend als Orientierungsorgan ausgeschaltet hatte, weil es mit den sich widersprechenden Reizen der Schwerelosigkeit nicht recht fertig wurde. Somit brauchte es offenbar schon einen größeren Reiz, um eindeutig eine Bewegung und ihre Richtung feststellen zu können. Immerhin waren wir zu dem Zeitpunkt, da wir dieses Experiment ausführten, schon etwa achtzehn Stunden im Weltraum.

Diese Erkenntnis über die veränderte Sensibilität des Gleichgewichtsorgans in der Schwerelosigkeit war also ein erstes wichtiges und für die Experten überraschendes Ergebnis unserer Arbeit während der ersten Weltraumschicht.

Beim nächsten Versuch wurde es komplizierter. Jetzt kam ein Versuch an die Reihe, der später in der ganzen Welt Schlagzeilen machte. Denn es zeigte sich, daß eine Theorie, die dem ungarischen Wissenschaftler Robert Barany im Jahre 1914 den Nobelpreis für Medizin eingebracht hatte, zumindest nicht ganz korrekt war. Barany hatte seinerzeit beobachtet, daß bei einer Testperson, der man warme Luft oder warmes Wasser in ein Ohr leitet – während man das gegenüberliegende Ohr kühlt – der sogenannte Nystagmus auftritt. Das ist eine Bewegung der Augen, wie sie auch durch optische Stimulation mit den genannten Streifenmustern ausgelöst werden kann. Beim Kalorischen Nystagmus bewegen sich die Augen langsam von der Seite, auf der das äußere Ohr gewärmt wird, zur Seite des kalten Ohres. Dann springen sie sehr schnell vom Kalten zum Warmen zurück und der Vorgang wiederholt sich von vorn. Ähnliche Augenbewegungen werden auch induziert, wenn eine Testperson auf einem drehbaren Stuhl sitzt und aus der Ruhe in Drehung versetzt wird. Solange die Beschleunigung andauert, stellt sich subjektiv die Empfindung der Drehung ein, objektiv jedoch der Nystagmus.

Baranys Erklärung des Phänomens war, daß der Reflex, den wir Nystagmus nennen und der sich in der Augenbewegung äußert, im Innenohr ausgelöst wird. Dort hat jeder Mensch drei der sogenannten Bogengänge. Sie stehen senkrecht zueinander. Jeder Bogengang besteht aus einem ringförmigen Kanal, der mit einer wasserähnlichen Flüssigkeit, der Endolymphe, gefüllt ist. Wird ein Kanal um eine Achse senkrecht zur Ringebene gedreht, dann kommt es zunächst zu einer Relativbewegung zwischen der Kanalwand und der Endolymphe. Die nachhinkende Flüssigkeit übt deshalb einen kleinen Druck auf eine Art Membran aus, die in der Ampulle, einer Verdickung des Kanals, als Verschluß wirkt. Da die Membran viele Nervenenden enthält, wird ihre Verformung in ein Signal umgesetzt und an das Großhirn weitergeleitet. Dieser Mechanismus findet nun in jedem der drei Bogengänge statt, je nachdem, um welche Achse die Versuchsperson gedreht wird. (Wie die Evolution hier mit größter Ökonomie und höchstem technischem Verständnis gearbeitet hat, bewundere ich immer wieder!) Das empfangene Signal löst bei der Versuchsperson die Emp-

Die erste Schicht

findung aus, sich zu drehen. Gleichzeitig werden über den Nystagmus ihre Augen aktiviert, sozusagen um genaue Informationen über die Drehbewegung zu beschaffen. Durch Wärmen des äußeren Gehörganges auf der einen und Kühlen auf der anderen Seite wird nach Barany im Kanalsystem Thermokonvektion ausgelöst. Das heißt, die Endolymphe bewegt sich nach dem Prinzip der Warmwasserheizung und steigt dort, wo der Bogengang erwärmt wird, auf. Wo abgekühlt wird, sinkt sie ab. Es kommt wieder zur Relativbewegung und damit zum Reflex des Nystagmus.

Von Baumgarten wollte nun mit uns herausfinden, ob diese Theorie stimmt. Also mußte für den Versuch, genau wie auf der Erde, das eine Ohr gewärmt, das andere gekühlt werden. Dazu setzte ich Bob Parker erneut den Helm auf, der für diese Zwecke zwei dünne Schläuche hatte. Diese Schläuche mußte man sich in die äußeren Gehörgänge stecken, und dann wurde mit einer Pumpe entweder kalte oder warme Luft in den äußeren Gehörgang geblasen. Dabei wurde anfänglich mit dreißig Grad Celsius warmer Luft links und vierundvierzig Grad warmer Luft rechts gearbeitet. Das heißt also, links war es kälter als rechts. Dann wurde die Temperatur weiter abgesenkt auf zwanzig Grad links, dann fünfzehn Grad, während man rechts bei vierundvierzig Grad blieb.

Jetzt hätte nach Barany kein Schwindelgefühl auftreten dürfen, da ja auf Grund der fehlenden Erdenschwere eine konvektive Strömung gar nicht auftreten kann. Denn in der Schwerelosigkeit würde die erwärmte Flüssigkeit genauso wie die gekühlte Flüssigkeit schwerelos sein. Infolgedessen würde die warme Endolymphe nicht aufsteigen und die kalte Endolymphe nicht absinken. Ohne die konvektive Strömung hätte es daher, wenn man Barany folgte, weder Nystagmus noch das Drehgefühl geben dürfen. Zur größten Verwunderung der Experten stellte sich jedoch heraus, daß sich auch in der Schwerelosigkeit die Illusion eines Schwindelgefühls und Nystagmus einstellte. Um sicher zu sein, wurde die kalorische Stimulation am folgenden Tag auch an mir durchgeführt und am Ende des Fluges sowohl an Bob als an mir wiederholt. An uns beiden wurde wieder signifikanter Nystagmus beobachtet, der sich genau wie auf der Erde umdrehte, wenn die Temperaturdifferenz gedreht wurde. Das Resultat verblüffte die Forscher außerordentlich. Professor von Baumgarten hat sich zwar gehütet, Baranys These als falsch zu bezeichnen, dennoch ist eindeutig klar, daß sie modifiziert werden muß und die ursprüngliche Deutung für das durch Temperaturunterschiede in beiden Ohren herbeigeführte Schwindelgefühl nicht aufrechterhalten werden kann. Das Ergebnis ist bedeutend, weil Baranys Erklärung seit siebzig Jahren in den Lehrbüchern der Physiologie enthalten ist. Es konnte nur im Weltraum gewonnen werden, ist aber für die Medizin auf der Erde und unser allgemeines Verständnis des Gleichgewichtsorgans wichtig.

Als wir die Vestibularexperimente hinter uns hatten, waren wir praktisch mit der Arbeit des ersten Tages am Ende. Glücklich waren wir jedoch nicht ganz, da nicht alle Experimente auf Anhieb geklappt hatten. Es hatte sich auch herausgestellt, daß die Arbeiten in der Schwerelosigkeit doch länger dauerten und schwieriger zu bewerkstelligen waren, als wir erwartet hatten.

Es stand jetzt eigentlich noch ein Versuch auf dem Programm: die Provocated Stimulation. Dabei sollte eine

Testperson zehn Minuten lang auf dem Stuhl heftig, so intensiv wie es nur ging, hin- und hergeschaukelt werden, bis ihr schlecht geworden wäre. Aber wir waren durch die verschiedenen Pannen und die unvorhergesehenen Probleme doch etwas gegenüber der ursprünglichen Planung in Rückstand geraten, so daß wir auf diesen letzten Versuch verzichten mußten. Außerdem hatten sich bei mir die Anzeichen der Weltraumkrankheit ohnehin etwas verstärkt, so daß ich auf weitere Stimulation gerne verzichtete. Wir mußten uns in der Schwerelosigkeit erst daran gewöhnen, uns selbst zu stabilisieren. Hinzu kamen die vielen ungewohnten Kleinigkeiten, die man beachten mußte. Man konnte ja nichts einfach irgendwo hinlegen. Arbeitspläne, Bleistifte, alles was man aus der Hand legen wollte, schwebte davon. Mir fehlten schlicht zwei zusätzliche Arme.

Aber unsere Arbeit war trotz Schichtwechsels noch nicht ganz zu Ende. Das Blaue Team, also Owen Garriott und Byron Lichtenberg sowie als Shuttlepilot Brewster Shaw, kam, um uns abzulösen. Zuerst machte sich Byron an die Messungen des zentralen Venendrucks, wie sie im Arbeitsprogramm für Professor Gauers und Professor Kirschs Experiment vorgesehen waren.

Wir alle hatten mehrere Jahre lang geübt, eine Injektionsnadel in die Armvene zu legen und Blutproben zu entnehmen. Wir hatten vor dieser Aufgabe jegliche Scheu verloren und waren fast so routiniert wie eine erfahrene Krankenschwester.

Für Kirschs Experiment benutzten wir eine Nadel mit einem dünnen Schlauch von etwa 20 cm Länge. Byron knöpfte sich der Reihe nach jeden vor und legte die Kanüle in die Vene. Mit einer Spritze füllte er den

Schlauch mit physiologischer Kochsalzlösung, um zu verhindern, daß sich der Schlauch durch gerinnendes Blut zusetzt. Dann verband er den Schlauch mit einem kleinen Druckwandler, der den Druck in der Vene in ein elektrisches Signal umsetzte. Noch immer hatten wir die aufgedunsenen Gesichter, die »buffy necks«. Professor Gauer hatte uns dazu erklärt, daß die Ursache für das veränderte Aussehen die Umverteilung der Lymphe und des Blutes aus dem Unter- in den Oberkörper sei. Die Hypothese war, daß das menschliche Gefäßsystem so beschaffen ist, daß es den größeren hydrostatischen Druck in den unteren Extremitäten sozusagen durch verstärkte Wände kompensiert. Wenn nun der hydrostatische Druck in der Schwerelosigkeit verschwindet, bewirkt die Elastizität der Gefäße, daß Blut und Lymphe dorthin verschoben werden, wo die Gefäßwände am leichtesten nachgeben können, nämlich in den Oberkörper. Professor Gauer war sogar besorgt, daß es im schlimmsten Fall durch diesen Mechanismus zu einem Lungenödem kommen könne, da das weiche Lungengewebe einer Überfüllung mit Blut am wenigsten standhalten könne. Zusammen mit seinen Mitarbeitern Professor Kirsch und Professor Röcker wollte er die Umverteilung des Blutes verfolgen und messen. Die Idee war, den zentralen Venendruck, das heißt, den venösen Blutdruck am rechten Vorhof des Herzens vor, während und nach dem Flug zu messen. Es wurde erwartet, daß er am Anfang der Mission erhöht sei, daß er aber durch Anpassung auf den normalen Wert zurückgehen werde. Ich half Byron den kleinen Druckwandler, der nun meinen venösen Druck maß, über ein Kabel mit einem kleinen Gerät zu verbinden, das das Drucksignal auf Magnetband aufzeichnete. Ein kleiner Oszillograph erlaubte uns, den Meßwert abzulesen. Ich glaubte meinen Augen nicht, die Anzeige lag unter dem Wert, den wir vor dem Flug gemessen hatten. Irrtum war ausgeschlossen, denn bei Bob zeigte sich dieselbe Änderung, und spätere Messungen am dritten und achten Tag des Fluges bestätigten das Ergebnis. Ich war froh, daß unsere Freunde von der Freien Universität Berlin über Fernsehen mitverfolgen konnten, wie wir ihre Messung ausführten. Sie hatten auch das Bild der zweiten Kamera vor sich, die den Schirm des Oszillographen zeigte. Auf diese Weise konnten sie sehen, daß wir alles richtig gemacht hatten. Das Erstaunen war groß – am Boden und im Weltraum.

Nach gründlicher Auswertung der auf Band gespeicherten Daten kam Professor Kirsch zum Ergebnis, daß unsere erste Messung, die 22 Stunden nach dem Start erfolgte, vermutlich zu spät durchgeführt wurde, um die Erhöhung des Venendrucks zu bestätigen. Im Laufe des Fluges hatte auf jeden Fall eine Anpassungsreaktion stattgefunden, denn unmittelbar nach der Landung wurde mit Hilfe von Radioisotopen festgestellt, daß sich unser Blutvolumen verringert hatte, mein eigenes um einen ganzen Liter. Doch, selbst wenn man annimmt, daß mein Körper sich schon am ersten Tag auf Grund der Schwerelosigkeit umgestellt hat, bleibt die Frage, warum der zentrale Venendruck unter seinen Normalwert abfiel?

Wie auch immer die Antwort ausfallen mag, es erschien mir wundervoll, wie anpassungsfähig der menschliche Körper ist. Die unphysiologische Blutfüllung des Oberkörpers hatte den Körper veranlaßt, einfach das Blutvolumen zu vermindern.

Byron nahm über die Kanüle, die jeder von uns zur Druckmessung ohnehin in der Armvene hatte, auch Blutproben ab. Wir hatten ein komplettes Labor an Bord und waren imstande, die Konzentration des Hämoglobins, des roten Blutfarbstoffes, und den Hämatokrit, den Zellanteil am Blut, zu bestimmen. Wieder fanden wir ein erstaunliches Ergebnis. Die Zusammensetzung des Blutes hatte sich eigentlich nicht geändert, der Hämatokrit war fast gleich geblieben, und die Hämoglobinkonzentration war nur unwesentlich angestiegen. Erwartet hatte man, daß der Hämatokrit erhöht sein würde, weil eine Reduktion des Blutvolumens am raschesten dadurch erreicht werden kann, daß der Serumanteil durch Ausscheidung von Wasser durch die Niere verringert wird. Zur Bestimmung des Hämotkrites befand sich in unserem Blutlabor eine kleine, handgehaltene und mit Batterien angetriebene Zentrifuge. Sie war von einem meiner besten Freunde entwickelt worden. Dr. Klaus Hartmann ist Physiker wie ich und hatte in Stuttgart zur selben Zeit am Max-Planck-Institut gearbeitet. Später war er in die Industrie gegangen. Dort hatte er die kleine Zentrifuge entwickelt, die wir jetzt im Weltraum benutzten.

Die meisten Blutproben wurden allerdings nicht an Bord untersucht, sondern zentrifugiert und zur späteren Analyse tiefgefroren. Nach dem Flug wurden die Proben an drei Forschergruppen verteilt. Professor Röcker aus der Arbeitsgruppe um Professor Kirsch bestimmte den Gehalt des Antidiuretischen Hormons (ADH) und des Renins und anderer. Diese Hormone regulieren das Blutvolumen, den Wasser- und Mineralstoffhaushalt des Körpers. Aus ihrer Konzentration lassen sich Schlüsse über den Verlauf der Anpassung an die Schwerelosigkeit ziehen.

Ein anderer Teil der Blutproben ging an eine Forschergruppe um Dr. Carolyn Leach und Dr. Philip Johnson nach Houston. Sie hatten sich überlegt, daß eine Verminderung des Blutvolumens nicht nur durch Ausscheidung von Wasser, sondern auch durch eine Verlangsamung oder gar Unterbrechung der Blutneubildung geschehen könne. Tatsächlich stellte sich heraus, daß am achten Tag die Zahl der sogenannten Reticulozyten in unserem Blut – das sind die Jugendformen der Erythrozyten, der roten Blutkörperchen – auf weniger als die Hälfte ihrer Normalzahl abgefallen war. Das ist ein deutlicher Hinweis, daß die Blutneubildung im Weltraum tatsächlich verlangsamt wird. In dieselbe Richtung wies auch die Bestimmung des Erythropoetins. Dies ist ein Hormon, das die Neubildung roter Blutkörperchen anregt. Obgleich die beschränkte Meßgenauigkeit ganz sichere Aussagen nicht zuließ, wurden für das im Flug abgenommene Blut verminderte Werte gefunden.

Es paßten alle Steinchen wie in einem Puzzle zueinander, trotzdem kamen Carolyn Leach und Phil Johnson zum Schluß, daß die Abnahme unserer Blutmenge durch die Verminderung oder gänzliche Unterbrechung der Blutneubildung allein nicht erklärt werden kann. Wie so oft in der Wissenschaft, waren wir der Wahrheit einen Schritt nähergekommen, aber wir hatten sie noch nicht vollständig erkennen können.

Der letzte Teil des abgenommenen Blutes ging an Dr. Edward Voss von der berühmten University of Illinois in Urbana. Er wollte herausfinden, ob das Immunsystem des Menschen durch einen tagelangen Aufenthalt in der Schwerelosigkeit geschwächt wird. Immerhin würde das bedeuten, daß dann die Anfälligkeit, an einer Infektion zu erkranken, zunähme. Besonders interessierten Dr. Voss die Immunglobuline, Bluteiweiße zur Abwehr von Infektionen. Glücklicherweise zeigte die Untersuchung, daß die Schwerelosigkeit zu keiner signifikanten Änderung führt.

Ich war im Laufe unseres langen Trainings so routiniert geworden, daß ich mir selbst Blutproben abnehmen konnte. Deswegen war ich nicht darauf vorbereitet, als mir ganz plötzlich schlecht wurde. Das Gefühl, das sich im Laufe des Tages eingestellt hatte, steigerte sich rasch. Ich mußte einmal erbrechen, und sofort fühlte ich mich viel besser.

Wir hatten uns während der letzten Stunden im großen Spacelab-Module viel bewegen müssen und deshalb das Vestibularorgan ständig stimuliert. Das wirkte sich jetzt aus.

Der Mehrzahl der Astronauten und Kosmonauten wird in den ersten Tagen eines Raumfluges schlecht, den meisten viel mehr als mir. In der NASA wird darüber aber nicht gern gesprochen. Die Weltraumkrankheit wird verschämt das Raum-Adaptions-Syndrom genannt. Vielleicht spielen bei den Astronauten Ängste eine Rolle, auf Grund vorübergehender Unpäßlichkeiten später nur verminderte Chancen für einen weiteren Raumflug zu haben. Es scheint eine ungeschriebene Regel zu geben, den Mantel des Schweigens über die Raumkrankheit auszubreiten.

Ich hatte mich den gesamten ersten Tag nicht hundertprozentig wohl gefühlt. Trotzdem hatte ich alle Experimente prompt erledigen können. Bei vielen Experimenten war ich Testperson gewesen. Im Hinblick auf die Qualität der an mir gewonnenen physiologischen Daten war es besonders wichtig, daß ich keinerlei Medikamente genommen hatte. Meine Kollegen standen mittlerweile alle unter der Wirkung von Pillen, die die Raumkrankheit bekämpfen sollten. Es war deswegen in ihren Fällen wissenschaftlich nicht eindeutig feststellbar, ob eine physiologische Änderung auf das Arzneimittel oder die Schwerelosigkeit zurückzuführen war.

Nachdem ich mit allen meinen Aufgaben fertig war, schluckte auch ich ein Kombinationsmedikament, um mich während der bevorstehenden Nacht möglichst vollständig zu erholen. Es blieb die einzige Pille auf der gesamten Reise. Sie hinterließ einen Nachgeschmack, doch er rührte nicht so sehr von der Tablette her als von der Erinnerung. Denn gerade mit diesen Mitteln gegen die Raumkrankheit hatte ich bei den Amerikanern eine bittere Erfahrung gemacht.

Im Prinzip gibt es drei Medikamente, die man gegen die Raumkrankheit einsetzt. Das eine ist das Scopolamin, das man sich in Form von einem kleinen Pflaster hinter das Ohr kleben konnte. Von dort aus sollte dann pro Stunde eine winzige Menge des Wirkstoffes ins Blut diffundieren.

Das funktioniert auch, hat aber den großen Nachteil, daß es nicht schnell genug wirkt. Denn durch die Haut dringen die Wirkstoffe zu langsam ein. Auch hat das Scopolamin eine Nebenwirkung. Es macht schläfrig, es ist ein Sedativum. Also hat man, um diesen Nebeneffekt abzufangen, ein Aufputschmittel hinzugegeben, das Dexitrin. Dieses Scopolamin-Dexitrin wurde dann im NASA-Slang sofort zur Scop-Dex abgekürzt. Scop-Dex wurde geschluckt. Als dritte Möglichkeit gab es dann noch das Promethazin. Auch dieser Wirkstoff hatte die Nebenwirkung, daß er beruhigte und schläfrig machte.

Deswegen wurde er mit dem Muntermacher Ephedrin gemixt. Damit bekam man dann also das Promethazin-Ephedrin. Nun hatte ich mit allen drei Drogen sehr ausführliche Experimente unternommen. Durch die ständige Verschiebung unseres Fluges, der ja ursprünglich schon für 1980 geplant war, hatte ich zusätzlich Zeit gewonnen. Im Flugmedizinischen Institut der Deutschen Forschungs- und Versuchsanstalt für Luft- und Raumfahrt (DFVLR) bei Professor Karl-Egon Klein in Köln-Porz wurde ich auf einen Drehstuhl gesetzt. Frühmorgens, nüchtern, ohne Pille, wurde ich mit zweihundertvierzig Grad pro Sekunde herumgedreht – also fast eine Dreivierteldrehung in einer Sekunde. Dann habe ich Kopfbewegungen gemacht, alle zehn Sekunden nach vorn, nach rechts, nach hinten, nach links und so weiter. Dabei wird einem gerade durch die Kopfbewegungen schlecht, weil in den Bogengängen durch die Corioliskraft – das ist eine Trägheitskraft, die bei Bewegungen auf einem rotierenden Bezugssystem, hier dem Drehstuhl, auftritt – eine Drehung um eine Achse vorgetäuscht wird, die mit der wirklichen Drehung nicht übereinstimmt. Im zentralen Nervensystem kommt es zu einem Informationskonflikt zwischen den Daten vom Auge und dem, was das Vestibularorgan meldet. Nachdem meine Toleranz ohne Pille festgestellt worden war, habe ich das erste Medikament genommen, und den Drehstuhltest wiederholt. So wurde bestimmt, wie sehr das Medikament hilft, die Drehung

1 Rechts: Ankunft am Cape Canaveral. V. l. n. r.: John Young, Brewster Shaw, Ulf Merbold und Owen Garriott. Nicht im Bild sind Byron Lichtenberg und Robert (Bob) Parker

2 Unten: Das Spacelab-Module und die Palette von oben gesehen

3 Rechts: Die Columbia auf der Startrampe 39 A am Cape

4 Oben: Frühstück am Morgen des Starts. V. l. n. r.: Ulf Merbold, Bob Parker, John Young, Brewster Shaw, Byron Lichtenberg und Owen Garriott

5 Vorhergehende Doppelseite: Drei Sekunden nach dem Start

6 Unten: Probenwechsel für das Werkstofflabor

7 Rechts: Das Spacelab-Module im Laderaum der Columbia

8 Oben: Owen Garriott bei dem Versuch, unter Bedingungen der Schwerelosigkeit 24 Kugeln gleicher Größe und gleichen Aussehens, aber unterschiedlichen Gewichts zu unterscheiden (sogenannte Massenunterscheidung)

9 Rechts: Wir säten Sonnenblumenkerne, um das Wachstum der jungen Pflanzen in der Schwerelosigkeit zu beobachten

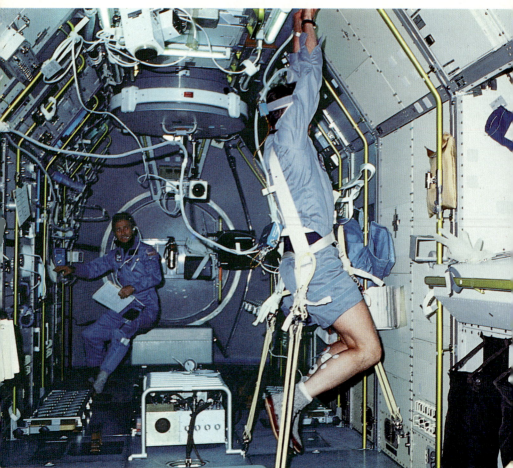

10 Oben: Owen Garriott und Byron Lichtenberg beim Hop-and-Drop-Experiment, mit dem die Belastbarkeit des menschlichen Körpers im Weltall untersucht wurde

11 Unten: Bei der täglichen Gartenarbeit im Weltraum (Sonnenblumenexperiment)

12 Ganz unten: Byron Lichtenberg am Fluid Physics Module

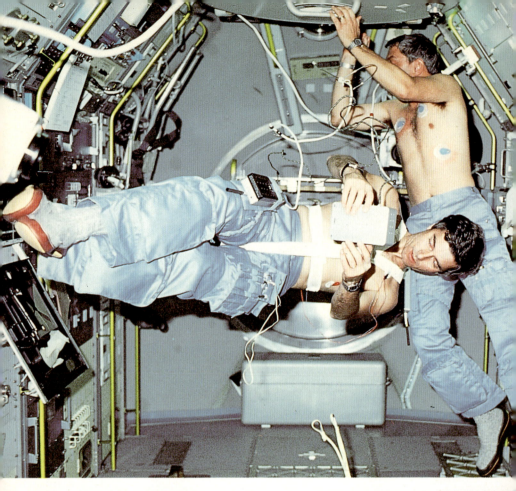

13 Oben: Zusammen mit Bob Parker bei der Ballistokardiographie

14 Rechts: Die Payload Crew mit Owen Garriott, Bob Parker, Ulf Merbold, Byron Lichtenberg (v. l. n. r.)

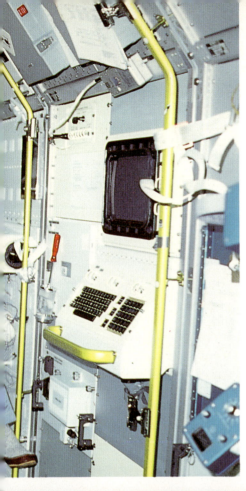

15 Unten: Die Besatzung der Columbia

16 Unten: Tiefdruck-wirbel über dem Ozean

17 Oben: Kondens-streifen über Bruns-wick (Georgia/USA); rechts im Bild der Atlantische Ozean

18 Links: Der Kara-korum mit dem Pan-gong-See (Nord-In-dien)

19 Folgende Doppel-seite: Blick auf das Aosta-Tal in Nord-Ita-lien

20 Links: Der Suezkanal mit dem Mittelmeer (oben), dem Großen Bittersee (Mitte) und dem Golf von Suez (unten)

21 Links: Die Marshall Islands (das Namu-Atoll)

länger zu ertragen. Es wurden auch die Nebenwirkungen untersucht. Psychologische Tests bestimmten die intellektuelle Leistungsfähigkeit. Die Akkomodationsfähigkeit des Auges wurde gemessen, Blutproben entnommen, und so weiter. Schließlich hatten wir innerhalb eines Tages alle Daten für dieses erste Medikament, die Dauer und Stärke seiner Wirkung und seine Nebenwirkungen, registriert. Man wußte genau, in welchem Maße es bei mir die Raumkrankheit bekämpfen würde. Die halbstündigen Sitzungen auf dem Drehstuhl wurden über einen ganzen Tag mehrfach wiederholt, um festzustellen, wie lange die Wirkung anhält.

Es ließ sich nicht ganz ausschließen, daß die mehrfache Stimulation der Bewegungskrankheit auf dem Drehstuhl auch einen gewissen Trainingseffekt hatte. Hätte man jetzt sofort Experimente mit dem zweiten Medikament begonnen, so hätten sie falsch sein können. Deshalb warteten wir ein paar Wochen und fingen dann die ganze Prozedur noch einmal an, um das zweite Medikament zu testen. Schließlich, wieder mit mehreren Wochen Abstand, testeten wir das dritte Medikament, so daß ich am Ende ganz genau wußte, welches Medikament für mich in Frage kam, und worauf ich am besten ansprach.

Als wir aber nach Houston kamen, ins Johnson Space Center, hieß es: »Jetzt werden wir eine Studie zur Medikamentenauswahl mit euch machen. Das Verfahren ist ganz einfach: Jeder von euch sucht sich ein Medikament aus. Es ist ganz gleichgültig, nach welchen Kriterien. Es kann die Farbe sein, die Schönheit des Namens oder sonst irgend etwas. Wir machen einen provokatorischen Drehstuhltest ohne Medikament. Dann nehmt ihr die Pille eurer Wahl und wir stellen auf dem Drehstuhl fest, ob sie wirkt oder nicht. Das ist das einzig Interessante. Wenn die Nebenwirkungen in einem vernünftigen Verhältnis zur Wirkung des speziellen Medikamentes stehen, ist das die Pille, die wir euch einpacken werden.«

Daraufhin habe ich mich gemeldet und gesagt: »Das mache ich nicht mit.« Ich erklärte, daß ich eine vollständige und monatelange Untersuchung, und zwar nicht nur von einem, sondern von allen Tabletten gemacht hatte, die zur Verfügung stehen, und daß ich schon ganz genau wisse, was ich nehmen will.

Es gab einen riesigen Aufstand, denn die Amerikaner in Houston empfanden es wohl als Anmaßung, daß eine andere Institution, dazu noch eine ausländische, in ihre Domäne eingebrochen war. Was hast du gemacht, wollten sie wissen. Wie habt ihr es gemacht, und was ist dabei herausgekommen? Die NASA ließ sich alle Ergebnisse und Details der Untersuchung von der DFVLR geben. Sie wurden auch vollständig angeliefert, doch das Resultat war nur, daß die NASA am Ende daraus eine Prinzipienfrage gemacht hat.

Ich wurde vor einigen Mitgliedern des Human Use Committees geladen, derjenigen Mediziner also, die in Houston über die Zumutbarkeit von Versuchen an Menschen zu entscheiden hatten. Sie hörten sich nochmals alle Einzelheiten der Untersuchung an. In meiner Gegenwart begannen die Herren der NASA aber nicht, über die Ergebnisse zu reden, sondern darüber zu argumentieren, daß man sich die Initiative und Führung nicht dürfe nehmen lassen, daß womöglich andere Forschungszentren zu ähnlichem Verhalten ermutigt würden, wenn man die DFVLR-Untersuchung akzeptiere. Ich glaubte meinen Ohren nicht zu trauen, denn sachliche Einwände wurden nicht vorgebracht. Ein mir wohlgesonnener Mediziner mußte bemerkt haben, daß ich vollkommen fassungslos die Augen aufsperrte. Er nahm mich beiseite und klärte mich auf: »Johnson Space Center want's to maintain preeminence.« Er empfahl mir, den Test mitzumachen, weil sonst zu befürchten sei, daß meine Chancen, zu fliegen, gemindert würden. Es genüge ja, dem Wissenschaftlergremium, das die Entscheidung darüber treffen sollte, wer fliegen wird, mitzuteilen, daß ich nicht kooperativ sei. Ich habe mich erst einmal an Dr. Bande, den Vorsitzenden des Medical Bords der ESA, gewandt und ihm gesagt: Hört mal, ich bin doch nicht verrückt und mache hier, nur weil die Leute ein politisches Problem haben, völlig überflüssige Untersuchungen. Der rief bald wieder an und sagte, man merke, daß ich nicht beim Militär gewesen sei, ich solle doch die Sache noch einmal über mich ergehen lassen, um sie nicht zu komplizieren. Also mußte ich schließlich und endlich den Test machen. Aber ich bekam dann doch eine kleine Genugtuung: Ich konnte die volle halbe Stunde lang, die der Test höchstens dauerte, meinen Kopf bewegen, ohne daß mir dabei übel wurde. Infolgedessen war es auch gar nicht möglich, die Wirkung eines bestimmten Medikamentes zu untersuchen, denn wenn keine Symptome da waren, konnte man logischerweise diese Symptome auch nicht mit einer bestimmten Medikation bekämpfen.

Und so blieb diese spezielle Untersuchung in Houston das, was sie für mich von Anfang an gewesen war: eine Farce. Trotzdem hatte ich dabei eine Lektion gelernt.

Nachdem mich Byron entlassen hatte, beeilte ich mich, zu Brewster ins Cockpit zu kommen. Erstens konnte ich kaum erwarten, mit ihm wieder die grandiose Aussicht aus 250 km Höhe zu teilen. Zweitens hatten meine jungen französischen Freunde während unseres achtzehnten Umlaufes den zweiten Versuch geplant, uns durch ihre Feuer zu grüßen. Diesmal überflogen wir bei Einbruch der Dunkelheit den Nullmeridian von Nordwesten kommend in der Normandie. Die imaginäre Linie des Meridians war zwischen Deauville und La Fleche auf einer Entfernung von einhundertachtzig Kilometer markiert worden. Wir starrten nach unten, doch wieder versperrten uns Wolken die Sicht. Ich fühlte so etwas wie Niedergeschlagenheit, da der Enthusiasmus so vieler junger Menschen nicht durch ein Foto aus der Umlaufbahn belohnt werden würde.

Zu diesem Zeitpunkt wußte ich nämlich schon, daß der dritte und letzte Versuch, uns zu grüßen, zum Scheitern verurteilt war.

Es war vorgesehen, während unseres vierunddreißigsten Umlaufes den Nullmeridian zwischen La Fleche und St. Maixent zu illuminieren. Zwar würden wir bei Einbruch der Dunkelheit zur Stelle sein, doch es war der »Kalt-Test« für das Spacelab geplant. Dazu sollte das Raumlabor so wenig Wärme wie möglich erhalten. Für mehrere Umläufe sollte deswegen das Heck von Columbia zur Sonne orientiert werden und die Ladebucht sollte ständig von der Erdoberfläche weggerichtet sein. Es wurde dadurch bewirkt, daß das Spacelab weder Wärmestrahlung von der Sonne noch von der Erde erhielt. Die NASA wollte dann beobachten, ob die Wärmeisolation von Spacelab tatsächlich das Auskühlen verhindert, oder ob sich an der äußeren Wand womöglich Kondenswasser bildet, weil dort der Taupunkt unterschritten wird. Solange der Shuttle von der Erde weg gerichtet flog,

Die erste Schicht

konnten wir Astronauten ihre Oberfläche natürlich nicht sehen.

Wie es dann immer passiert: Am 30. November 1983 war das Wetter über dem Loire-Tal gut, und wir wurden von Tausenden junger Enthusiasten gesehen, die uns mit Feuern ein Freundschaftszeichen gaben. Aber wir selbst konnten es auch diesmal nur mit den Augen der Phantasie sehen.

Ich wußte also schon, daß es so kommen würde. Betrübt machte ich mich davon und bereitete mich auf die Nachtruhe vor.

Charles Darwin hatte doch recht

Die zweite Nacht im Weltraum verlief erheblich angenehmer. Wären nicht wieder die vielen Elektroden und Kabel gewesen, hätte ich sicherlich fest durchgeschlafen. Aber ich hatte mir vorgenommen, die Registrierung meiner elektrophysiologischen Signale zum Wohle der Wissenschaft mit Langmut zu erdulden. Und es sollte sich lohnen. Die Auswertung meiner Gehirnströme ergab, daß ich sechs Stunden geschlafen hatte. Die REM-Anteile am Schlaf, die Augenrollphasen, waren bereits auf das Normalmaß zurückgegangen. Ich war also auf dem besten Wege, mich an den Weltraum zu gewöhnen. Als ich geweckt wurde, fühlte ich mich frisch und ausgeruht.

Das Wecken selbst erfolgte nicht etwa wie in den guten alten Zeiten des Apolloprogramms. Damals hatte das Bodenkontrollzentrum die Lieblingsmelodien der Besatzung übertragen. Wir dagegen hatten einen kleinen Wecker in der Armbanduhr.

Das persönliche Leben wurde ohnehin von einer mechanischen Uhr an meinem rechten Handgelenk diktiert. Im Weltraum gibt es nämlich keinen vierundzwanzigstündigen Tag-Nacht-Rhythmus mehr. Eine Umkreisung der Erde dauerte in unserem Fall nur 90 Minuten. Während dieser kurzen Zeit erlebt man den Tag, den Sonnenuntergang, die Nacht und die Morgendämmerung. Die einzige Orientierung für den körperlichen Rhythmus war also die Uhr.

Zur Durchführung der Mission wurden zwei Zeitskalen benutzt. Zum einen gab es die Mission Elapsed Time, eine spezielle Zeitzählung, die anzeigte, wieviel Stunden seit dem Start verstrichen waren, und die während des ganzen Unternehmens durchlief. Nach dieser Zählung richtete sich der Ablauf unseres Programms. Sie war das Rückgrat unserer Timeline und gab an, zu welchem Zeitpunkt die jeweiligen Experimente durchgeführt werden sollten. Das hatte den Vorteil, daß wir vom kalendarischen Zeitpunkt des Startes in unseren Zeitangaben unabhängig waren. Wenn die Mission verschoben worden wäre, hätten alle Programmabläufe gleichbleiben können – gleichgültig, an welchem Tag und in welchem Monat nun die Mission gestartet wäre.

Die zweite Zeit an Bord war die Weltzeit, die Greenwich Mean Time, manchmal auch Universalzeit genannt. Diese braucht man, wenn es um astronomische Beobachtungen und um Navigation geht. Unsere Digitaluhren zeigten beide Zeiten ständig nebeneinander an.

Meinen zweiten Arbeitstag im Spacelab begann ich mit dem einzigen Technologieexperiment des Fluges. Dieses stammte aus dem Bereich der Tribologie, der Wissenschaft von der Schmierung. Es ging darum, grundlegende Dinge über die Schmierung von Lagern in Erfahrung zu bringen. Wir hatten dazu eine besondere Versuchsanordnung: zwei Lagerschalen aus Plexiglas, in denen eine Achse aus Metall lief. Auf der Achse saß ein Schwungrad. Sobald ein Elektromotor das Schwungrad auf eine Drehgeschwindigkeit von 600 U/min. gebracht hatte, wurde er abgestellt, so daß es frei laufen konnte. Auf die Achse war zuvor Öl aufgebracht worden. Ein Kamerasystem machte mit der Hilfe von Blitzlicht sehr viele Bilder, um zu dokumentieren, wie sich der Ölfilm in dem Plexiglaslager verhielt. Insgesamt hatten wir drei solcher Lager an Bord.

Die Theorie besagt, daß ein Ölfilm in einem Lager immer dorthin geht, wo der Spalt zwischen der Achse und der Lagerschale am schmalsten ist. Das ist ein Verhalten, das man zunächst nicht erwarten würde. Nach kurzem Nachdenken ist es aber nicht verwunderlich, denn Öl folgt der Kapillarkraft, einer Kraft die in schmalen Röhren oder sonstigen engen Zwischenräumen auf Flüssigkeiten — auch entgegen der Schwerkraft — wirkt. Dieses Verhalten des Öles ist für Lager aller Art ideal. Denn wenn das Öl dorthin geht, wo am wenigsten Raum zwischen Achse und Lagerschale ist, dann bedeutet das nichts anderes, als daß es gerade dort besonders gut schmiert, wo die Achse auf die Lagerschale drückt. Das ist letztlich der Grund dafür, daß ein gut geschmiertes Lager viele, viele hundert Betriebsstunden laufen kann, ohne daß es zu einem nennenswerten Abrieb kommt. Bei unserem Experiment ging es nun um die Frage, ob sich der Ölfilm in der Schwerelosigkeit genauso verhielt. Durch das Aufbringen eines Gewichtes auf die Achse konnte eine Unwucht hergestellt werden, durch die das Lager künstlich belastet wurde.

Zu diesem Experiment gehörte auch noch ein anderer Versuch. Es sollte herausgefunden werden, wie sich Öl überhaupt in der Schwerelosigkeit ausbreitet. Dazu führten wir Reservoire mit verschiedenen Arten von Öl mit. Das waren kleine Zylinder mit einem Kolben, etwa so konstruiert wie eine normale Injektionsspritze. Der Kolben ließ sich über einen kleinen Motor sehr exakt bewegen. Wie bei einer Spritze wurde dabei Öl herausgepreßt. Über der Ausflußöffnung saßen kleine, ganz glatt polierte

Metallflächen, etwa so groß wie ein Fünfpfennigstück. In der Mitte der Metallfläche befand sich ein kleines Loch, aus dem das Öl austrat. Das eigentliche Experiment bestand nun darin, zu beobachten, wie sich das Öl über die glatte Metalloberfläche verteilte. Hier oben spielte ja das Gewicht keine Rolle mehr und deshalb mußten allein Adhäsionskräfte, d. h. Molekularkräfte, die bewirken, daß Moleküle verschiedener Stoffe aneinander hängenbleiben, und Oberflächenspannungen das Verhalten des Öles bestimmen. Am Boden waren diese Kräfte von der Schwerkraft überlagert. Bei Ölen ist die Adhäsionskraft, also die anziehende Kraft zwischen der Flüssigkeit und in unserem Fall der Metalloberfläche meist größer als die Oberflächenspannung des Öls. Daher verteilen sich Öle in der Schwerelosigkeit meist über einen großen Teil der Metalloberfläche.

Ich schraubte also die kleinen Metallplatten fest. Dann schloß ich den Deckel des gesamten Experimentes. Und danach bat ich John Young, er solle den Shuttle so ruhig wie nur irgend möglich halten, also keine Lagesteuerdüsen zünden, damit keine Restbeschleunigung auftreten konnte, die dann von sich aus die Bewegung des Öls beeinflußt hätte. Danach betätigte ich den Startschalter, und in diesem Moment drückten die Elektromotoren mit Hilfe des Kolbens eine vorher genau bestimmte Menge Öl auf das kleine Metallplättchen. In diesem Augenblick begann auch die Kamera zu laufen.

Wir filmten also, wie das Öl herauskam und sich verteilte. Dann mußte ich nach Vorschrift sechs Minuten warten. In dieser Zeit wurden immer neue Bilder gemacht. Und danach, so nahm man an, sollte das Öl seinen Gleichgewichtszustand auf dem Metallplättchen gefunden haben. Dann änderte sich nichts mehr, und das Experiment war beendet – jedenfalls mit dem einen Metallplättchen.

Ich habe praktisch immer nur den Endzustand zu Gesicht bekommen. Der Rest, die ganze dynamische Phase, war auf Film festgehalten. Denn das Experiment selbst lief in einer geschlossenen Apparatur ab. Es fiel mir auf, daß sich das Öl nicht immer über die ganze Oberfläche verteilt hatte. Zum Teil blieb außen ein trockener Rand. Ich schraubte das alte mit Öl überzogene Plättchen heraus und brachte ein neues an, und das ganze Experiment wiederholte sich. Auf diese Weise studierten wir die verschiedensten Kombinationen aus Ölen und Metallen. Das Ausbreitungsverhalten hing nämlich sowohl vom Öl als auch vom Metall ab. Ich probierte insgesamt nicht weniger als sechzehn verschiedene Öle aus.

Schon dieses Experiment zeigt, daß ein Teil unserer Versuche sehr praxisnah war. Es liegt auf der Hand, daß derartige Versuche, die sich am Erdboden überhaupt nicht durchführen lassen, unter anderem auch für Mineralölfirmen von größtem Interesse sein müssen.

Doch an meinem zweiten Weltraumtag hatte ich mich nicht nur als »Schmiermaxe« zu betätigen. Ich spielte auch den Gärtner. Und zwar experimentierte ich mit Sonnenblumen. Auf der Erde zeigen Sonnenblumenpflanzen nach dem Auskeimen ein erstaunliches Wachstumsverhalten. Die Spitze der Pflanze bewegt sich nicht nur ständig senkrecht nach oben, sondern sie beschreibt eine Ellipse mit einer Achse von sechs bis acht Millimetern. Dieses Verhalten, das die Biologen Nutation nennen, tritt auf, wenn die kleine Sonnenblume in der Dunkelheit wächst. Für einen Umlauf braucht die Pflanze etwa zwei Stunden.

Zur Erklärung der Nutation gab es zwei Theorien. Die eine war gerade hundert Jahre alt geworden und stammte von Charles Darwin, dem berühmtesten Biologen des neunzehnten Jahrhunderts. Sie besagte, daß der Pflanze die Nutation sozusagen einprogrammiert sei. Sie würde beim Wachsen immer dieses Verhalten an den Tag legen. Eine zweite wesentlich modernere Theorie aber besagte, die Nutation der Sonnenblume sei eine Reaktion auf die Schwerkraft. Dr. Israelsson und A. Johnsson zum Beispiel hatten die Nutation mit dem Geotropismus erklärt, also der Fähigkeit der Pflanze, festzustellen, was oben und was unten ist. Wachse die Pflanze etwas zur Seite, so spüre sie auf Grund der Schwerkraft, daß sie zur Seite abweicht, und sie orientiere sich wieder mehr zur Mitte hin. Sobald sie dann bei diesem Wachstum wieder über die Mitte hinaus schwenke und zur anderen Seite tendiere, korrigiere sie auch dieses und wachse wiederum zur Mitte zurück. Dieses differentielle Wachstum werde durch Wachstumshormone, die Auxine, gesteuert.

Um nun herauszubekommen, ob Darwins Theorie oder die neuere Theorie richtig ist, der sich inzwischen fast alle Biologen angeschlossen hatten, dachten sich die beiden amerikanischen Forscher Allan Brown und David Chapman von der Philadelphia University eine komplizierte Apparatur aus, die Klarheit bringen sollte. Es waren zwei kleine Zentrifugen, auf denen ich je acht kleine Sonnenblumentöpfe unterbringen konnte. Sie liefen mit vierundsechzig Umdrehungen pro Minute. Dabei entstand für die Pflanzen eine künstliche Schwerkraft, die genau der normalen Erdenschwere entsprach. Diese Maschinerie war notwendig, damit die Sonnenblumensamen in den ersten vier Tagen sozusagen unter irdischen Bedingungen auskeimen konnten. Denn wir brauchten Sonnenblumen, die vier Tage alt waren, weil sie am fünften Tag nach der Aussaat die Nutation am ausgeprägtesten zeigen. Die Pflänzchen sind dann schon einige Zentimeter hoch und haben zwei Keimblätter. Vier Tage nach der Aussaat wurden die Pflanzen also von der Zentrifuge heruntergenommen und der Schwerelosigkeit ausgesetzt.

Für den Beginn des Fluges hatten wir vier Tage alte Pflanzen mitgebracht. Um das Experiment während des gesamten Fluges durchführen zu können, mußte ich ständig Sonnenblumensamen säen, da wir an jedem Tag der Mission neue fünf Tage alte Pflanzen brauchten.

Natürlich mußten wir auch den sogenannten Phototropismus ausschalten, also die Möglichkeit der Pflanzen beschneiden, immer dorthin zu wachsen, wo das Licht herkam. Also wurde das ganze Experiment in speziellen Behältern im Dunkeln durchgeführt. Da wir jedoch die Pflanzen mit einer Videokamera laufend filmen und beobachten mußten, wurde wie bei den Vestibularexperimenten Infrarotlicht, also unsichtbares Licht, eingesetzt, auf das der Phototropismus nicht anspricht. Die Behälter hatten Germaniumfenster, denn die sind für das Infrarotlicht transparent und für normales Licht undurchlässig.

Es stellte sich zwar während dieses zweiten Arbeitstages der Roten Schicht noch nicht heraus, aber nach Abschluß des Fluges wurde es ganz deutlich: Charles Darwin hatte recht.

Die Sonnenblumen führten ihre Nutation auch in der Schwerelosigkeit durch. Die Ellipsen waren etwa nur halb so groß wie am Boden, doch die Umlaufdauer der Pflanzenspitze blieb unverändert. Die irdische Schwerkraft spielt für das Wachstumsverhalten offenbar keine beherrschende Rolle.

Wie vielseitig unsere Experimente waren, zeigte sich schon am zweiten Tag der Roten Schicht. Nach der Schmiermittelforschung und dem biologischen Experiment kam jetzt Plasmaphysik an die Reihe. Es ging darum, das SEPAC-Gerät (Space Experiments with Particle Accelerators) mit seiner Elektronenkanone, seinem Ionenbeschleuniger und all seinen zugehörigen Meßinstrumenten zu testen. Mit diesem anspruchsvollen japanischen Gerät sollten Elektronen und Argonionen in den Weltraum geschossen werden. Man wollte in erster Linie ergründen, wie sich der Elektronenstrahl im Weltraum ausbreitete, ob er ausfächerte oder scharf gebündelt bleibt. Auf der Erde war es nicht möglich, die Antwort zu finden, weil jede Vakuumkammer Wände hat. Man hätte deshalb nur sagen können, daß ein Strahl bis zum Auftreffen auf die Wand stabil bleibt. Später wollten wir den Strahl von oben auf die tiefer liegende Atmosphäre schießen und ein kleines künstliches Nordlicht erzeugen. Außerdem wollten wir der Frage nachgehen, ob es im Weltraum ein zum magnetischen Feld paralleles elektrisches Feld geben kann. Die Elektronenkanone war auf der Palette untergebracht, also jenem Teil des Spacelab, das wie eine Halbschale ausgebildet und zum Weltraum hin offen war. Wir konnten daher die Überprüfung von SEPAC nur aus der bemannten Spacelabkabine, dem Module, mit Hilfe der Fernbedienung vornehmen. Bei diesem Experiment klappte alles. Eines unserer größten Instrumente war einsatzfähig. Ich war erleichtert, denn nun konnte SEPAC auch vom Bodenkontrollzentrum aus betrieben werden.

Bob Parker und ich waren beide dafür eingeteilt, während der nächsten drei Stunden die Untersuchung des menschlichen Vestibularorgans wieder aufzunehmen. Wir wollten vor allem feststellen, ob und gegebenenfalls in welchem Maße eine Anpassung an die Umgebung der Schwerelosigkeit erfolgt sei. Subjektiv fühlte ich mich schon erheblich besser als am ersten Tag.

Also mußte die Anpassung in vollem Gange sein. Eigentlich war vorgesehen, hierzu das Auge visuell zu reizen. Wir wollten die Testperson im Spacelab aufrecht hinstellen und beobachten, ob sie durch die Reizung ihre Körperposition ändern würde. Um ihr in der Schwerelosigkeit festen Halt zu geben, hatten wir spezielle Schuhe und einen Metallrost an Bord, der aus einem Dreiecksgitter bestand. Die Schuhe hatten unter ihren Sohlen dreieckige Metallstücke, die wir in die dreieckigen Aussparungen des Rostes setzten. Indem wir den Fuß einige Grade drehten, konnten wir den Schuh mit dem Rost verriegeln. Da das Metallgitter mit dem Boden verschraubt war, bekam der Astronaut festen Halt in bezug auf Spacelab.

Diese Schuhe hatten eine lange Geschichte. Sie waren schon im Jahre 1974 an Bord von Skylab im Weltraum gewesen. Damals waren die Dreiecksgitter erfunden worden, um den Astronauten, von denen einer Owen Garriott war, den erwünschten Halt zu geben. Seither hatten sie im berühmten Smithsonian Air- und Space-Museum in Washington gelegen. Von dort hatten wir sie angefordert. Das Museum hatte sie uns gern überlassen – immerhin sind sie dadurch ein zweites Mal auf eine lange Reise gegangen.

Da das Gleichgewichtsorgan nicht mehr richtig arbeitete, erwarteten wir, daß sich die Versuchsperson trotz der festen Verankerung zur Seite neigen würde, sobald ihr die rotierenden Punktmuster vor das Auge projiziert würden. Weil der Videorecorder noch immer defekt war, konnten wir die Testperson visuell nicht stimulieren. Es zeigte sich aber, daß Bob als Testsubjekt hin- und herschaukelte, ohne daß wir seine Sinne zu verwirren brauchten. Es genügte völlig, ihm den Helm aufzusetzen, so daß er im Finstern war. Nach welchem Signal hätte er seinen Körper auch balancieren sollen? Mit der Fernsehkamera zeichnete ich auf, wie unsicher er stand.

Die Zeit, die wir gewonnen hatten, weil eine visuelle Stimulation nicht möglich war, benutzten wir, um die Schwellmessung zu wiederholen. Diesmal war Bob die Versuchsperson. Dies alles geschah im Einvernehmen mit den Wissenschaftlern im Bodenkontrollzentrum, mit denen wir uns absprachen. Wir hatten uns mit ihnen auch geeinigt, in der restlichen Zeit mein Vestibularorgan kalorisch zu stimulieren. Wie schon berichtet, trat Nystagmus auf.

Nach diesem Versuch stand dann wieder ein interessantes medizinisches Experiment auf dem Programm. Es war das sogenannte Ballistokardiogramm von Professor Scano aus Rom. Scano hatte sich folgendes überlegt: Wenn das Herz schlägt und bei jedem Schlag Blut in die Aorta pumpt, dann erfährt der Körper eine kleine Beschleunigung. Jeder kann sie selbst beobachten, indem er sich auf eine Badezimmerwaage stellt. Der Zeiger schlägt dann im Rhythmus des Herzschlages um einen ganz kleinen Winkel periodisch aus. Wir wollten präzise Beschleunigungsmesser benutzen, um die

Erschütterung des Körpers in allen drei Raumachsen zu registrieren. Auf der Erde wäre die Meßgenauigkeit beeinträchtigt gewesen, weil die Beschleunigungsmesser genau wie die Badezimmerwaage die Erdanziehung ständig mitgemessen hätten. Sie störte aber, weil sie viel größer ist als das vom Herzschlag verursachte Signal.

Ich schnallte mir also ein dreiachsiges Beschleunigungsmeßgerät auf den Rücken, das auf einer dem Körper angepaßten Aluminiumblechplatte montiert war. Von dem Beschleunigungsmesser ging ein langes, sehr flexibles Kabel aus, das in eine Box führte, in der die Meßwerte aufgezeichnet wurden. Ich selbst mußte völlig frei im Raum schweben, hatte also keine Berührung mit dem Boden, der Decke oder der Raumschiffwandung. Jedesmal, wenn das Herz schlug und die Beschleunigungswelle durch den Körper lief, konnte sie sehr genau registriert werden.

Danach holte mich Parker auf den Boden zurück. Jetzt mußte ich mit einer Art Expander arbeiten und die Armmuskeln betätigen, um den Herzschlag zu beschleunigen. Scano wollte nämlich auch das Ballistokardiogramm des belasteten Herzens aufnehmen.

Die Datenanalyse ergab, daß der Ruhepuls in der Schwerelosigkeit kleiner war als auf der Erde. In meinem Fall fiel die Pulszahl von etwa sechzig Schlägen pro Minute auf siebenundvierzig Schläge ab. Die in der Körperlängsachse gemessene Beschleunigung nahm dagegen von etwa $0{,}05$ m/s^2 auf etwa $0{,}08$ m/s^2 zu; das entspricht einer Erhöhung um sechzig Prozent. Gleichzeitig änderte sich auch die Form der Beschleunigungswelle. Es gibt mehrere Möglichkeiten, die Änderung zu erklären. Die Daten reichen aber noch nicht aus, um zu unterscheiden, ob sich zum Beispiel der mechanische Körperwiderstand durch einen verminderten Muskeltonus ändert oder ob das Herz in der Schwerelosigkeit stärker kontrahiert. Aus unseren Meßwerten konnte aber schon erkannt werden, daß sich das Ballistokardiogramm im Laufe der zehntätigen Mission nur wenig ändert, daß es aber sechs Tage nach der Rückkehr zur Erde wieder dieselbe Stärke und Form wie vor dem Flug hat.

Ich konnte fühlen, daß ich mich nunmehr rasch an die neue Umgebung gewöhnte. Am ersten Tag hatten wir uns alle nur langsam bewegt. Jeder hatte unwillkürlich vermieden, durch rasche Kopfbewegungen sein Vestibularorgan stark zu reizen. Langsam aber begann es mir Spaß und Vergnügen zu bereiten, mich wie ein Fisch im Wasser zu bewegen, und ich freute mich auf die nächste Aufgabe: Ich sollte das Werkstofflabor in Betrieb nehmen.

Dieses Instrument, das im Englischen Materials Science Double Rack genannt wird, lag mir besonders am Herzen. Mehr als die Hälfte unserer Experimente hatten mit werkstoffwissenschaftlichen Problemen zu tun, und ich hatte immerhin zehn Jahre meines Lebens am Stuttgarter Max-Planck-Institut für Werkstoffwissenschaften gearbeitet. Das Werkstofflabor war eine komplizierte Versuchsanordnung. Es enthielt zum Beispiel drei Öfen, in denen Temperaturen von weit über tausend Grad erzielt werden konnten; den Isothermalofen, den Gradientenofen und den Spiegelofen. Sie sollten benutzt werden, um verschiedene Einkristalle zu züchten und neue Legierungen herzustellen. Wir hofften, daß wir wegen der fehlenden Thermokonvektion Kristalle bester Qualität erhalten würden. Bei den Legierungen wollten wir zum Beispiel eine Blei-Zink-Legierung schmelzen und in der Schwerelosigkeit erstarren lassen. Hier handelt es sich um ein System mit einer sogenannten Mischungslücke. Das bedeutet, daß sich die Metallschmelze beim Abkühlen ähnlich wie Essig und Öl entmischt in eine bleireiche, schwere Phase und eine zinkreiche leichte Phase. Wir hofften, daß die zwei Phasen in feiner, homogener Verteilung erstarren würden und daß das schwere Blei sich nicht wie auf der Erde im unteren Teil des Tiegels absetzen würde. Professor H. Ahlborn von der Universität Hamburg stellte fest, daß die Entmischung wie erwartet eintrat. Die Minoritätsphase bildete kleine Kügelchen in der Majoritätsphase. Die Kügelchen zeigten überraschenderweise die Neigung, noch vor dem Erstarren zur heißesten Wand des Tiegels zu wandern, um dort zu erstarren.

Ein anderes Instrument war das sogenannte Fluid Physics Module. Mit ihm wollten wir das Verhalten von Flüssigkeiten unter Schwerelosigkeit beobachten und studieren. Das war von grundsätzlicher Bedeutung, denn darüber, wie sich Flüssigkeiten in der Schwerelosigkeit verhalten würden, gab es nur Theorien und einige experimentelle Anhaltspunkte von Ed Gibsson. Ed hatte während der dreiundachtzig Tage dauernden Skylab-Mission mit Orangen- und Tomatensaft experimentiert und sich aus Bordmitteln seine simplen Versuchsanordnungen selbst gebaut.

Um nun das Werkstofflabor in Betrieb zu nehmen, mußte man zuerst den Computer des Instrumentes mit der Software, also dem Computerprogramm, laden. Dann mußte die Wasserpumpe für den Kühlkreislauf eingeschaltet werden, denn die heißen Öfen müssen gekühlt werden. Im Isothermalofen gab es zudem eine spezielle

Kühlkammer, mit der die heiße Probe nach dem Schmelzvorgang rasch abgekühlt werden konnte. Denn nur, wenn die Probe abgekühlt war, ließ sie sich wieder herausholen, so daß man Platz für einen nächsten Versuch mit anderen Metallen bekam. Dazu kam dann noch ein Vakuum-Gassystem. Auch dieses war für die Schmelzversuche unerläßlich. Einmal konnte man mit diesem System die Öfen, in denen die Versuche stattfanden, weitgehend evakuieren, also luftleer machen. Andererseits war es möglich, sie mit Argon oder mit Helium zu fluten. Dann konnte man also Versuche unter Edelgasatmosphäre machen.

Den ersten Ärger gab es, als ich versuchte, den Isothermalofen zu starten. Es gibt dort zwei Stecker für Thermoelemente, mit denen die Temperatur in den sogenannten Cartridges gemessen werden kann – das sind die Behälter, in denen die zu schmelzenden Proben untergebracht sind. Ist nun noch keine Probe in den Ofen geschoben worden, so konnte natürlich auch keine Temperaturangabe erfolgen. Wenn aber der Computer die Temperaturangabe nicht hatte, gab er den Riegel für den Ofenverschluß nicht frei, und man konnte keine Probe einsetzen. Dies war eine einprogrammierte Vorsichtsmaßnahme, um zu verhindern, daß eine noch heiße Probe entnommen wurde.

Um nun den Computer davon zu überzeugen, daß er das Einführen einer Probe zulassen solle, obwohl ihm noch keine Temperaturangabe vorlag, mußte man ihn sozusagen belügen. Es gab eine Art Verbindungsstecker, einen sogenannten Dummy Connector. Wenn man den auf die beiden Thermoelementkabel aufsteckte, wurde dem Computer automatisch Raumtemperatur gemeldet.

Dann erst ließ sich der Ofen mit Proben laden und anheizen.

Ich öffnete also das Fach, in dem sich diese Dummy Connectors befinden sollten. Sie waren auch da, doch es traf mich wie ein Schlag in die Magengrube, als ich sah, daß sie nicht paßten. Ich hatte das gleiche Problem, das man auf der Erde hat, wenn man statt eines Steckers und einer Steckdose zwei Stecker miteinander verbinden will. Diese Sache war mir selbst außerordentlich peinlich, weil dies so ein blödsinniger Fehler war. Die Techniker bei der Herstellerfirma des Werkstofflabors, die inzwischen längst zu meinen Freunden zählten, hatten offenbar bei all den vielen Tests des Werkstofflabors am Erdboden immer ihre eigenen Stecker benutzt, weil die für die Mission vorgesehenen Stecker bereits im Spacelab untergebracht worden waren. Was sie nicht wußten und ich jetzt feststellte, war eben, daß diese Stecker nicht die richtigen waren.

Ich wollte nicht, daß die Amerikaner diesen dummen Fehler bemerkten. Ich sprach daher mit unseren Spezialisten am Erdboden einige Sätze auf Deutsch, um ihnen das Problem mitzuteilen, obwohl die deutsche Sprache an Bord an und für sich nicht vorgesehen war. Sie sagten nur: »Du kriegst das schon hin.« Ich schraubte den Stecker auseinander und fand heraus, daß das Innenstück mit den Kurzschlußbügeln auf das Kabel paßte. Es war zwar nicht mehr gut isoliert und abgeschirmt, aber das würde keinerlei Risiko bedeuten, da es sich ja lediglich um eine Thermoelementleitung handelte, die im äußersten Fall nur unter einer Spannung von wenigen Millivolt stand. Die Pannenhilfe funktionierte, und der Computer gab die Riegel des Isothermalofens frei. Wir konnten beginnen.

Da passierte das zweite Malheur. Es stellte sich heraus, daß eine sogenannte Vakuumdurchführung – das ist jenes wichtige Teil, durch das die Thermoelementleitungen von außen durch eine Metallplatte in die Cartridges mit der zu schmelzenden Metallprobe gehen – undicht war. So konnte unsere Turbomolekularpumpe im Ofen kein ausreichendes Vakuum herstellen. Der Computer war so programmiert, daß er unter diesen Umständen das Aufheizen verhinderte.

Jetzt mußte ich also eine Reservedurchführung auspacken und einbauen. Bei dieser Reservedurchführung waren aber die Teile so unglücklich montiert, daß das Thermoelement-Kabel nicht mehr lang genug war. Ich löste die Zugentlastung des Kabels und versuchte, durch Herausziehen ein, zwei Zentimeter zusätzlicher Länge zu gewinnen. Auch das gelang mir, und ich konnte endlich den Isothermalofen einschalten und die erste Probe hineinschieben.

Es handelte sich um zweierlei Material: Erstens um vorher aus Pulver gesinterte Silber-Kupfer-Legierungen und zweitens um Aluminiumproben, die teilweise sehr feine Teilchen aus Aluminiumoxid enthielten. Das Experiment hieß: Bubble Reinforced Materials und stammte von einer italienischen Forschergruppe um Professor Gondi von der Universität Rom. Im weiteren Verlauf der Mission haben wir mit zwölf verschiedenen Materialien gearbeitet. Meine Mühen hatten sich mehr als gelohnt. Ich mußte an die Gegner der bemannten Raumfahrt denken. Ohne unser Eingreifen und ohne meine Reparaturarbeiten hätten wir nicht eine einzige Materialprobe nach Hause mitgebracht, denn keine noch so ausgefeilte Automatik hätte den Isothermalofen in Gang bringen können.

Im Bodenkontrollzentrum mußte ich den Eindruck hinterlassen haben, für Reparaturen und »Klempnerarbeiten« besonderes Talent zu besitzen, denn ich wurde im Laufe des Fluges noch mehrfach zu Hilfe gerufen, wenn etwas nicht funktionierte.

Vom Bodenkontrollzentrum erhielt ich den Auftrag, auch den Gradientenofen einzuschalten. Er war in Frankreich gebaut worden und enthielt einen eigenen kleinen Prozeßrechner. Hier hatte ich keine Probleme.

Kurz vor Schichtende verlangte der Arbeitsplan, den sogenannten Kryostaten, eine Kühlkammer, die auch zum Werkstofflabor gehörte, mit den Probenbehältern zu laden. Mit Hilfe des Kryostaten wollte Walter Littke von der Universität Freiburg Eiweißeinkristalle herstellen. Er hatte vor, die atomare Struktur von Lysozym und von Beta-Galaktosidase zu bestimmen. Es war eine simple, einfache Operation, die zwei Behälter mit der Lösung einzusetzen, die zwei Kammern zu schließen und das Experiment zu starten, das fortan für Tage unter der Kontrolle des Computers ablaufen sollte.

Am Ende meiner zweiten Schicht fühlte ich mich bedeutend besser als am ersten Tag. Ich hatte unter keinerlei Symptomen der Weltraumkrankheit mehr zu leiden, und wir hatten trotz einiger Probleme erfolgreich gearbeitet. Die Tribologie hatte ich sogar einmal öfter laufen lassen können als vorgesehen, das Austesten von SEPAC war erfolgreich verlaufen, wir hatten unsere Ballistokardiogramme auf Band und das Werkstofflabor lief. Ich war glücklich. Von Wubbo hörte ich, daß sich unter den Wissenschaftlern im Bodenkontrollzentrum auch die Stimmung gesteigert hatte. Ohne daß es unserer Hilfe bedurfte, hatte der Experimentcomputer im Spacelab eine Reihe von Versuchen in Betrieb genommen, die inzwischen gute Daten lieferten. Es lief das Grillspektrometer, das Atmospheric Spectral Imaging und ein französisches Instrument, das Wellenstrukturen in der sogenannten OH$^-$-Schicht aufspüren sollte. Ein weiteres französisches Ultraviolettinstrument, das nach der Lyman-Alpha-Strahlung des Deuteriums suchen sollte, war in Betrieb gesetzt worden. Der natürliche Elektronenfluß in der Ionosphäre wurde bereits von einem Instrument meines Freundes Klaus Wilhelm untersucht. Dabei wurden die Elektronen nach Energie und Richtung analysiert. Das Blaue Team hatte das französische PICPAB in Betrieb genommen und das sogenannte Passive Package mit Hilfe der Schleuse in der Decke des Spacelab-Modules in den Weltraum ausgeschleust. Das Röntgenteleskop von Dieter Andresen (ESA) war in Betrieb. Der neue Gasszintillations-Zähler analysierte die Spektren verschiedener Röntgensterne, und zwar mit wesentlich besserer Auflösung als alle bisher auf Satelliten benutzten Proportionalzähler. Der sogenannte ISOSTACK von Dr. Beaujean von der Universität Kiel registrierte die Teilchen der kosmischen Strahlung. Der BIOSTACK von Professor Bücker setzte dieser Strahlung alle Arten von biologischem Material aus. Dazu gehörten Samen, Sporen, Insekteneier usw. Ein anderes biologisches Experiment von Frau Horneck von der DFVLR war erfolgreich angelaufen, mit dem die kombinierte Wirkung des Ultraviolettlichtes und des Vakuums auf die Überlebenszeit von lebendem Material studiert werden sollte.

Es war keine Frage, mit uns ging es aufwärts. Wenn es so weitergehen würde, war zu vermuten, daß die Wissenschaftler am Boden bald die ersten Flaschen entkorken würden. Zufrieden übergaben wir Spacelab an Byron und Owen. Mit dem Appetit eines Löwen machte ich mich auf den Weg zum Mitteldeck.

DER WASSERSTOFF IM KAFFEE

Vom Spacelab schwebte ich in den Tunnel. Auf den ersten Metern führte der Weg erst mit einem Knick nach unten zum Boden des Laderaumes und dann, nach einem zweiten Knick, zum Mitteldeck. Inzwischen hatte ich schon Übung, diese Slalomstrecke schnell und elegant zurückzulegen. Sobald ich um die zweite Biegung herumkam, konnte ich das helle Tunnelende sehen. Davor bewegten sich im Laufschritt kräftige Männerbeine. Ich ließ mir Zeit für den Rest des Weges und staunte beim Näherkommen nicht schlecht, John Young mit soviel Vehemenz auf dem Laufband rennen zu sehen.

Offensichtlich hatte er sich vorgenommen, seinen Kreislauf durch Sport in Schwung zu halten. Er hatte ein Gurtzeug angelegt, das ihn mit Hilfe von elastischen Gummibändern belastete und seine Beine etwa mit Normalgewicht auf das Band drückte. Sein Bestreben war, fit zu bleiben, um im Falle einer Notsituation jederzeit schnell zur Erde zurückkehren zu können. Er wollte den dabei auftretenden körperlichen Belastungen gewachsen sein. Als mich John kommen sah, signalisierte er, daß unsere Hauptmahlzeit so gut wie fertig sei. Offensichtlich hatte er sofort, nachdem ihn Brewster abgelöst hatte, die Behälter mit unserer Verpflegung in den Ofen geschoben. Es beeindruckte mich ungemein, daß dieser Mann, der nun zum sechsten Male im Weltraum war und in den Vereinigten Staaten als Nationalheld verehrt wird, wie selbstverständlich den Küchendienst übernahm. Bob und ich ließen ein paar schadenfrohe Bemerkungen fallen, daß es doch viel angenehmer sei, als Wissenschaftler im Weltraum zu arbeiten, weil man dann nicht rennen müsse. John erwiderte nur: »Wer zuletzt lacht, lacht am besten.« Er drohte damit, daß wir nun essen müßten, was er gekocht habe.

Dabei war die Bordverpflegung nicht schlecht. Es gab vier verschiedene Kategorien von Lebensmitteln. Am besten waren die frischen Dinge, wie Bananen, Karotten und Äpfel. An denen konnte schließlich nichts verdorben werden, denn kein Koch hatte sie be- oder mißhandelt. Zur zweiten Kategorie gehörten verschiedene Konserven wie Pfirsiche oder auch Schokoladenpudding. Sie waren in leicht zu öffnenden Dosen verpackt. Drittens hatten wir verschiedene Backwaren dabei wie Brot – oder was die Amerikaner Brot nennen – Knäcke, Cracker und Kekse. Die wichtigste Form der Verpflegung bestand in vorgekochten Mahlzeiten. Wir hatten einen Menüplan, in dem sich eine Woche lang nichts wiederholte. Er enthielt Shrimpscocktail, Hummer, Truthahn und Roastbeef. Dazu gab es verschiedene Gemüse wie grüne Bohnen, Erbsen oder Blumenkohl. Wir hatten sogar Spargel an Bord. Wer wollte, konnte dazu Reis oder Kartoffelpüree essen. Die Fleischportionen waren in der Regel samt Soße in Metallfolie eingeschweißt, in denen sie nur gewärmt zu werden brauchten.

Das einzig Ungewöhnliche war, daß den Beilagen durch Gefriertrocknung das Wasser entzogen worden war. Sie waren in kleine Plastikschüsseln verpackt, die mit einer dünnen Folie abgedeckt waren. Um nicht nur Gewicht, sondern auch Volumen zu sparen, waren sie unter Vakuum eingeschweißt worden. Meist konnte man

Der Wasserstoff im Kaffee

nur an Hand des Etiketts herausfinden, welcher Inhalt in der kleinen Schüssel war, denn unter der dünnen Folie lag etwas, das mehr Ähnlichkeit mit einem Pulver als zum Beispiel mit grünen Bohnen hatte. Auf dem Etikett war auch angegeben, wieviel Wasser dem Behälter zugeführt werden mußte, um daraus wieder etwas Eßbares werden zu lassen. Eines der wichtigsten Küchengeräte an Bord war demzufolge der Wasserdispenser.

John mußte jedes kleine Schüsselchen einzeln in einen Rahmen schieben. Der befand sich seinerseits auf einem kleinen Schlitten. Der Verpflegungsbehälter wurde auf diesem Schlitten in die Gally, die Bordküche, geschoben, wobei eine Art Injektionsnadel die dünne Verpackungsfolie durchstach. John mußte dann an einem Knopf die auf der Verpackung angegebene Wassermenge einstellen. Danach hatte er zwei Knöpfe zur Auswahl. Drückte er auf den blauen Knopf, wurde kaltes Wasser eingefüllt, drückte er auf den orangen Knopf, warmes Wasser. Im Training hatten wir gelernt, daß es zehn Minuten dauerte, bis die dehydrierten Mahlzeiten alles Wasser aufgenommen hatten. Sollten sie warm gegessen werden, packte sie John in unseren kleinen Ofen. Es handelte sich nicht um einen Mikrowellenherd, denn der hätte unter Umständen Strahlung abgeben können, die womöglich den Experimenten geschadet hätte. Es handelte sich um eine elektrisch beheizte Backröhre, in der das Essen ganz normal erwärmt wurde. Nachdem wir uns alle frisch gemacht hatten, wurden drei Tabletts aus Metall verteilt. Wir holten die warme Mahlzeit aus dem Ofen und klemmten die schüsselartigen Behälter in Aussparungen des Tabletts. Kleine Gummilippen hielten sie darin fest. Ein jeder von uns hatte als wichtigstes Werkzeug stets eine Schere bei sich. Wir hatten am linken Hosenbein sogar eine besondere Tasche dafür.

Mit der Schere wurde die dünne Verschlußfolie entfernt, dann konnte die Mahlzeit beginnen. Einen Tisch hatten wir nicht, denn wir lebten ja in Schwerelosigkeit. Jeder befestigte sein Tablett mit einem Klettverschluß einfach am Oberschenkel. Um beim Essen selbst nicht davonzuschweben, verankerte ich mich meist mit einem Fuß in einer Halteschleife am Boden, wie sie ähnlich auf Surfbrettern angebracht sind, und klemmte meinen Rücken gegen die Raumschiffwand.

Wir waren vornehm und benutzten Messer und Gabel. Es war natürlich angenehm, daß in der Schwerelosigkeit nichts herunterfiel und so konnte man sich auch nicht bekleckern. Andererseits war es aber viel schwieriger, den Pfirsichnachtisch aus der Konservendose zu verspeisen. Wir benutzten einen normalen Löffel, doch damit mußten wir viel sorgfältiger umgehen, als wir gewohnt waren. Die Pfirsichscheiben blieben nämlich nur dank der Adhäsionskraft ihres Saftes am Löffel haften. Der Saft selbst hing als kirschengroßer Tropfen am Löffel. Jede hastige Bewegung reichte aus, die süße Ladung auf dem Weg in den Mund zu verlieren.

Allerdings war das kein Problem, denn das verlorene Stückchen Pfirsich flog geradeaus durch das Mitteldeck weiter. Man konnte es leicht mit dem Löffel oder direkt mit dem Mund wieder einfangen. Manchmal war aber der Nachbar schneller.

Beim gemeinsamen Essen löste sich die Anspannung des Tages schnell. Der erfahrene John Young mußte das schon bei seinen früheren Missionen herausgefunden haben, denn er legte Wert darauf, daß das Rote Team

Der Wasserstoff im Kaffee

zusammen speiste. Immer wieder erheiterten uns die schönen Spielchen, die man im Weltraum miteinander spielen kann. Die Getränke zum Beispiel waren auch als trockene Masse in Verpflegungsbehältern an Bord gebracht worden. Wir hatten die verschiedensten Obstsäfte, Tee und Kaffee zur Auswahl. Doch genau wie bei den gefriergetrockneten Mahlzeiten mußten wir erst Wasser zufügen und den Behälter kräftig schütteln. Im Gegensatz zu den Speisen wurde bei Getränken die Verpackungsfolie nicht entfernt, sondern wir steckten durch das Loch, das die Nadel des Dispensers hinterlassen hatte, einen Polyäthylenschlauch, aus dem wie mit einem Strohhalm getrunken wurde.

Natürlich konnte man durch geringen Druck auf die dünne Verpackungsfolie am Schlauchende auch eine Kugel aus Orangensaft mit beliebigem Durchmesser entstehen lassen. Sie blieb am Polyäthylen hängen. Durch einen kurzen Ruck konnte man sie jedoch davon befreien. Im Raum schwebend blieb sie stehen. Nun bliesen wir sie an und setzten sie zum Nachbarn hin in Bewegung. Der nahm die Herausforderung an und verschluckte das flüssige Geschoß, blies es zurück oder antwortete mit Tomatensaft.

Wir haben beim Essen aber nicht nur ausgelassen herumgealbert, sondern auch sehr interessante und tiefsinnige Gespräche geführt. John berichtete Bob und mir, was er durch seine großen Fenster innerhalb der letzten zwölf Stunden alles gesehen hatte. Seine Sprache war nicht gerade die Sprache Hölderlins, wenn er aber fragte: »Did you see the Himalayas? Isn't that spectacular?«, dann fühlte jeder, wie sehr ihn die Schönheit dieses Gebirges berührte. Fünfmal war er vorher im Weltraum gewesen, doch keine seiner früheren Reisen hatte in eine Bahn mit einer Inklination von 57 Grad geführt. So sah auch er die großen Gebirge Asiens, den Pamir, den Himalaya, den Hindukusch und den Altai zum ersten Mal senkrecht von oben. Die Schönheit dieser Erde bewegte ihn. Seinem Tonfall und seinem Gesichtsausdruck war zu entnehmen, wie glücklich er war, hier oben zu sein. Bob und ich erzählten ihm, wie unsere Experimente funktioniert hatten und was wir an wissenschaftlichen Ergebnissen gesammelt hatten. Es freute John, daß wir ihn auf dem Laufenden hielten. Ich fühlte, wie jeder den besten Willen hatte, dem anderen zu helfen, wie jeder auch den anderen respektierte und schätzte.

John war bei zwei Gemini-Flügen dabeigewesen und danach auf Apollo 10 zum Mond geflogen. Es war die Mission, die der Landung vorausging. Die Astronauten John Young, Thomas Stafford und Eugen Cernan hatten dabei ihr Raumschiff hinter dem Mond abgebremst und sich in eine Umlaufbahn um den Erdtrabanten geschossen. Stafford und Cernan waren dann mit dem sogenannten Lunar Lander bis auf 14 km an die mit Kratern übersäte Mondoberfläche herangegangen. Welche Versuchung mag es für sie gewesen sein, einfach vollständig abzubremsen und herunterzugehen.

Der Höhepunkt in Johns Leben kam, als er mit Thomas Mathingly und Charles Duke zum zweiten Mal zum Mond geschickt wurde. Er erzählte sehr eindringlich von der Apollo-16-Mission. Diesmal war er mit Mathingly gelandet, während Duke in der Apollokapsel in der lunaren Umlaufbahn wartete. Ich lauschte seinen Worten, wenn er die Krater und die wüstenartige Landschaft auf dem Mond beschrieb. Es kam mir ganz unwirklich vor, selbst mit 27 000 km/h um die Erde zu rasen und einem Menschen zuzuhören, der ganze drei Tage auf unserem Trabanten zugebracht hatte. Immerhin waren nur zwölf Erdenbürger überhaupt dorthin gekommen.

John hat einen ausgeprägten Humor. Er erzählte von seinen Ausflügen mit dem offenen Mondauto, als sei er gerade einmal zum Einkaufen oder zur Post gefahren. Mit elektrischem Antrieb waren sie durch die staubige Landschaft gedüst. Dabei hatten sie sich so weit vom Lunar Lander entfernt, daß sie ihr Schiff nicht mehr sehen konnten, weil es von ihnen aus gesehen hinter dem Horizont verschwand. Ganz nebenbei hat John bei seinen Fahrten mit zwölf Stundenkilometern den lunaren Geschwindigkeitsrekord aufgestellt. Er berichtete über Einzelheiten, die in keiner NASA-Publikation nachzulesen waren. So habe ich zum Beispiel erstmals von John erfahren, daß es sehr schwer ist, mit der Sonne im Rücken auf dem Mond Auto zu fahren. Man kann kaum erkennen, wohin der Weg führt. Wenn die Sonne von vorne kommt, ist es natürlich noch schwerer, weil dann die Augen schmerzhaft geblendet werden. Man könnte meinen, daß es für unsere amerikanischen Freunde ein Vorteil war, nicht auf Gegenverkehr achten zu müssen. In Wirklichkeit aber sind sie vermutlich verdammt einsam gewesen.

Ich war John Young erstmals in Huntsville begegnet. Er hatte gerade mit Bob Crippen den ersten Flug eines Shuttle überhaupt unternommen, als er nach Huntsville kam, um dort über das wagemutige Unternehmen zu berichten. Niemals vorher hatte die NASA ein Raumschiff sofort mit Besatzung in die Umlaufbahn geschickt. Früher hatte es stets unbemannte Missionen zur Erprobung gegeben. Ich war beeindruckt, John und Cripp über ihr

Unternehmen reden zu hören, als sei es ein Sonntagsausflug mit Tante Frieda gewesen.

Als ich John zum zweiten Mal begegnete, war er bereits für die erste Spacelab-Mission als Commander nominiert. Ich war zur selben Sitzung eingeladen. Es wurde über eine Reihe von Experimenten unseres Fluges diskutiert. John und sein Pilot Brewster Shaw hörten aufmerksam zu. Kurz bevor sie nach Houston zurückflogen, erklärten sie, daß sie alles unterstützen würden, nur Blut für die biomedizinischen Experimente wollten sie sich nicht abnehmen lassen. Keiner in Huntsville traute sich, gegen diese Entscheidung zu protestieren.

Ich wurde John als möglicher Nutzlast-Experte auf seiner Mission vorgestellt – endgültig war ich noch nicht ausgewählt. Er würdigte mich damals kaum eines Blickes, von einem Händedruck nicht zu reden. Bei mir stellte sich sofort das ungute Gefühl ein, daß es schwer sein würde, als erster Nutzlast-Experte in der Geschichte der NASA und dazu auch noch als Ausländer mit ihm auszukommen und zu fliegen. In Houston warteten immerhin etwa achtzig Astronauten darauf, endlich eingesetzt zu werden. Manche von ihnen waren schon recht grau geworden. Ich zweifelte, und vielleicht zweifelten sie schon selbst, ob sie die Reise in den Weltraum jemals würden machen dürfen. Von ihrer Seite betrachtet, war es deshalb nicht einzusehen, daß nur Nutzlast-Experten fliegen sollten, das heißt Wissenschaftler von Institutionen außerhalb der NASA. Ich war deswegen keineswegs überrascht, daß mich der Chefastronaut John Young nicht gerade überschwenglich willkommen hieß. Doch dann hatte ein einziger Flug auf der T-38 für mich alles zum Guten gewendet. Das war eine recht eigenartige Geschichte gewesen.

Es gehörte zu den Spielregeln der NASA, daß nur die Piloten des Shuttle und die Mission Specialists auf der schnittigen kleinen Düsenmaschine T-38 fliegen durften. Für sie gehörte es zum Training, nicht aber für die Nutzlast-Spezialisten wie mich. Ich hatte wiederholt Bob oder Owen gefragt, ob ich nicht im zweiten Sitz der T-38 mitfliegen könne. Jedesmal mußten sie meine Bitte abschlagen, weil nach den Regeln des Johnson Space Centers die T-38 nur den eigenen Astronauten vorbehalten war. Um sie nicht in Verlegenheit zu bringen, hatte ich es längst aufgegeben, mich um einen Mitflug zu bemühen. Um so überraschter war ich, als ich wenige Wochen vor meinem Weltraumeinsatz auf dem Trainingsplan die Eintragung fand: »Ellington Air Field, T-38«. Ich traute im ersten Augenblick meinen Augen nicht, dachte, irgend jemand habe bei der Eintragung einen Fehler gemacht. Aber ich startete dann doch keine Rückfrage, weil ich Angst hatte, daß die geringe Chance, wirklich einen Flug in der T-38 zu bekommen, nur wieder zunichte gemacht werden könnte.

Ich ging dann also zur Ellington Air Force Base. Dort gab man mir einen Helm, eine Sauerstoffmaske, einen Fallschirm, und ich harrte der Dinge, die da kommen sollten. In der Ferne sah ich einen Mann auf mich zukommen, den ich wegen seines Ganges sofort als John Young erkannte. Ich wollte noch immer nicht glauben, daß er selbst mit mir fliegen würde. Er hatte jetzt, kurz vor dem Start, so viel um die Ohren. Und so staunte ich nicht wenig, als er mir eröffnete, daß er tatsächlich vorhatte, mich zu fliegen.

»Come on«, brummte er, »I'm going to give you a three-dollar-ride.« Er grinste. »Mit mir fliegt niemand in den Weltraum, mit dem ich nicht vorher zumindest einmal in der T-38 geflogen bin.« Ich wußte, was er mit der Drei-Dollar-Fahrt meinte. Das war nichts anderes, als die halsbrecherischste Achterbahnfahrt, die man in Disney World machen konnte, jenem riesigen Vergnügungspark, der etwa siebzig Kilometer vom John F. Kennedy Space Center auf Cape Canaveral entfernt war. Millionen von Amerikanern mit ihren Kindern kommen, speziell in den Ferien, nach Florida, besuchen zuerst Disney World und machen dann die obligatorische Sightseeing Tour auf dem Weltraumstartgelände.

Wir nahmen in der T-38 Platz, schnallten uns fest, schlossen uns an die Sauerstoffversorgung und das Kommunikationssystem an. Daß mir jetzt ein Flug bevorstand, bei dem es durch Rollen und Loopings gehen würde, wußte ich. In diesem Moment war ich der deutschen Luftwaffe besonders dankbar, daß sie mir zu Hause Gelegenheit verschafft hatte, in Düsenjägern mitzufliegen. Die Luftwaffe hatte mir dreimal die Möglichkeit gegeben, im zweiten Sitz des Starfighters und auch des Alphajets alle möglichen Manöver mitzuerleben. Tatsächlich ging John Young dann zur Sache. Er flog Loopings, Rollen, Steilkurven, daß mir sicher Hören und Sehen vergangen wäre, wenn ich dererlei das erste Mal erlebt hätte. Er folg mit größter Präzision. So nahm er etwa die Spitze einer Quellwolke aufs Korn, begann genau darüber den Looping. Dann ging es hoch in den Rückenflug, in den Sturzflug und genau an der Stelle, an der wir gestartet waren, kamen wir wieder heraus.

Ich sah mir das eine ganze Weile mit an. Ich weiß nicht,

Der Wasserstoff im Kaffee

ob John Young wußte, daß ich selbst viele hundert Flugstunden im Flugbuch hatte. Jedenfalls bat ich ihn, den Steuerknüppel für eine Weile führen zu dürfen. Der Chefastronaut war einverstanden, und wenn er dann eine Steilkurve mit vier g gezogen hatte, dann habe ich anschließend versucht, noch ein bißchen höher zu gehen. Er hat das wohl gemerkt. Denn in der T-38 ist ein sogenannter g-Messer eingebaut. Es gibt einen sogenannten Schleppzeiger, auf dem man den höchsten Wert der g-Belastung, den man erreicht hat, ablesen kann. Jedesmal, wenn die g-Belastung über den bisherigen Höchstwert ansteigt, wird der Schleppzeiger nachgeführt. Ich versuchte, Johns Wert zu überbieten. Mit Erfolg. Er merkte also, daß ich mitzuhalten suchte. Er ließ mich Steilkurven, Loopings und Rollen fliegen. Die Leichtigkeit, mit der sich die T-38 um die Rollachse drehte, überraschte mich. Im Gegensatz zu meinem Segelflugzeug drehte sich der schnittige Düsentrainer mit großer Winkelgeschwindigkeit um seine Längsachse.

Nachdem ich mich ausgetobt hatte, übernahm John wieder die Führung, um mir die Möglichkeiten der T-38 zu demonstrieren. Er jagte sie in eine Serie von Rollen hinein, bei denen eine Umdrehung weniger als eine Sekunde kostete. Es war unglaublich, wie Himmel und Erde um uns herumrasten. Darauf folgte die Demonstration des Flugverhaltens von Columbia.

John nahm die Leistung der zwei Düsentriebwerke zurück, ließ die Geschwindigkeit abfallen und fuhr dann Fahrwerk und Landeklappen aus. Für mich, der ich die meisten Flugstunden auf Segelflugzeugen geflogen war, mutete es unwirklich an, wie wir daraufhin mit einem Gleitwinkel von etwa 20 Grad auf den Ozean zustürzten.

Mit rasender Geschwindigkeit kam uns das Wasser näher. Die Zeit war im wahrsten Sinne des Wortes im Flug vergangen.

Nach einer Stunde zwang uns die Treibstoffvorratsanzeige, zum Ellington Air Field zurückzufliegen. Noch im Anflug auf die Landebahn dankte ich John und sagte ihm, daß es mir Spaß gemacht habe, mit ihm zu fliegen, und daß ich hoffte, mit ihm den Kunstflug zu wiederholen. Da schob er die Leistungshebel noch einmal ganz nach vorne und zog das Fahrwerk wieder ein. Der Sprit reichte gerade noch für eine kurze Runde, aber ich hatte verstanden, was er damit sagen wollte. Der Flug hatte alles geändert. Von Stund an war ich ein Mitglied seiner Mannschaft von STS 9. Daß ich keinen amerikanischen Paß habe, hat seither keine Rolle mehr gespielt.

Nun saßen wir im Mitteldeck von Columbia, speisten und plauderten. Wir stapelten die leeren Verpflegungsbehälter ineinander und verpackten sie in Plastiktüten, bevor sie in den Müllsack wanderten.

Nach gutem amerikanischem Brauch machte sich John inzwischen daran, den Kaffee zuzubereiten. Wieder schob er drei Behälter mit Kaffeepulver in den Rahmen des Wasserdispensers und füllte sie randvoll. Als er mir den ersten zufliegen ließ, bemerkte ich, daß kein Kaffee, sondern eher ein brauner Schaum darin enthalten war. Wir brauchten nicht lange darüber zu rätseln, was passiert war. Unser Wasser kam aus den Brennstoffzellen. Es fiel als Abfallprodukt der Energieerzeugung ab. In den Brennstoffzellen wurden Wasserstoff und Sauerstoff in einer katalytischen Reaktion auf kaltem Wege zu Wasser verbunden. Die Brennstoffzellen an Bord der Columbia arbeiteten offensichtlich mit Wasserstoffüberschuß, denn das nicht verbrauchte Gas fand sich in Form von Blasen in unserem Trinkwasser wieder. In der Schwerelosigkeit trennen sich Gasblasen nicht von selbst von der Flüssigkeit, da es keine Sedimentation gibt. Eine Mischung aus Gas und Flüssigkeit bleibt daher als Schaum bestehen. Wasserstoff hat weder Geschmack noch Geruch. Daher schmeckte der Schaum unverändert nach Kaffee.

John meinte nur: »Solange hier keiner Zigaretten raucht, könnt ihr meinen Kaffee ruhig trinken.«

Später überlegten Bob Parker und ich, wie man den Kaffee oder allgemeiner das Trinkwasser von den Wasserstoffblasen befreien könne. Als gute Physiker lösten wir das Problem, indem wir uns die Zentrifugalkraft zunutze machten. Wir füllten das blasenhaltige Wasser in eine Plastiktüte. Diese schleuderten wir am ausgestreckten Arm herum. Durch die Zentrifugalkraft wurde das schwere Wasser nach außen gedrückt. Das Problem jedoch bestand darin, daß sich Wasserstoff und Wasser bei Ende der Schleuderbewegung wieder zu vermischen begannen. Wir fanden aber heraus, daß eine Einschnürung in der Tüte mittels eines kleinen Gummiringes genügte, um das Zurückschwappen des Wassers zu verhindern. Durch die Oberflächenspannung des Wassers wurde bewirkt, daß die Flüssigkeit im unteren Teil der Tüte blieb. Obgleich unsere Methode einwandfrei funktionierte, machten wir kaum Gebrauch davon. Der Einfachheit halber tranken wir unseren Kaffee in aller Regel mit Wasserstoffblasen.

Der Wasserbedarf der sechsköpfigen Besatzung war klein im Vergleich zur Wasserproduktion in den Brennstoffzellen. Der Überschuß wurde in einem Tank gesammelt. Wenn er einen bestimmten Füllstand erreichte, wurde das Wasser über Bord gepumpt. Die Öffnung der Leitung vom Tank nach außen befand sich an der linken Bordwand von Columbia. Damit das Wasser nicht einfrieren konnte, wurde die Leitung samt Austrittsdüse zunächst elektrisch geheizt. Mehrmals ergab es der Zufall, daß ich bei Brewster im Cockpit war, wenn er den Tank leerte. Es war geradezu unglaublich anzusehen, wenn die Sonne von der Seite den austretenden Wasserstrahl beleuchtete. Die Tropfen gefroren zu Eis. Jeder einzelne streute das Licht und leuchtete vor dem schwarzen Hintergrund des unendlichen Weltraums, als sei es ein Stern. Myriaden solcher Sterne flogen von uns in die Dunkelheit davon. Die kleinen Hagelkörner sublimierten im Vakuum rasch und lösten sich sozusagen in nichts auf. Das überflüssige Frischwasser, das Brauchwasser und das Kondenswasser aus Spacelab waren die einzigen Dinge, die wir im Weltraum über Bord pumpten. Alle anderen Abfälle einschließlich des Toiletteninhaltes blieben an Bord und wurden zur Erde zurückgebracht.

Die Toilette selbst funktionierte nach dem Staubsaugerprinzip. Sie wurde ganz ähnlich wie zu Hause benutzt. Wollte einer von uns seine Notdurft verrichten, nahm er auf einer etwas kleineren Brille als üblich Platz, nachdem er den Toilettenmotor eingeschaltet hatte. Der sorgte dafür, daß ein kräftiger Luftstrom von der Brille in den Toilettentank alle Fäkalien einschließlich des Toilettenpapiers mitriß. Nach Gebrauch betätigten wir einen Hebel, mit dem ein Plattenventil direkt unterhalb der Brille geschlossen wurde. Damit war die Toilette hermetisch dicht. Gleichzeitig wurde der Tank, der wie eine große Vakuumkammer gebaut war, über eine Leitung zum Weltraum geöffnet. Durch das im Tank entstehende

Der Wasserstoff im Kaffee 153

Vakuum wurde der Inhalt vakuumgetrocknet. Außerdem wurde das Wachstum von Bakterien unterbunden oder zumindest erheblich verlangsamt. Auf diese Weise kam es zu keinerlei Geruchsbelästigung, selbst dann nicht, wenn das Plattenventil geöffnet wurde. Bevor das Plattenventil bewegt werden konnte, war es natürlich notwendig, den Tank zuerst zu belüften. Das besorgte ein kleines Belüftungsventil, das über den großen Hebel betätigt wurde und in der offenen Stellung den Tank mit Kabinenluft füllte.

Die Toilette selbst funktionierte ausgezeichnet, obgleich es natürlich einiger Gewöhnung bedurfte, daß man sich mit Hilfe von Haltebügeln einen festen Sitz besorgen mußte. Das eigentliche Problem war der Lärm, den der Motor für den Luftstrom verursachte. John Young hatte uns deswegen schon vor der Mission eingehämmert, daß es einer gewissen Disziplin bedürfe, um die schlafende Besatzung nicht zu häufig aufzuwecken. Während des Fluges verhielt sich John aber anders, als ich erwartet hatte. Solange die Kiste nur in den lautesten Tönen ähnlich wie eine Sirene jaulte, war er zufrieden. Glaubte er aber, die Tonhöhe, sprich die Drehzahl des Motors, sei auch nur um ein halbes Hertz abgefallen, sprang er entsetzt aus dem Bett und befürchtete das Schlimmste. Er mußte am besten wissen, was es bedeutete, wenn dieses Gerät ausfällt. Die alten Apolloschiffe waren nicht so komfortabel ausgerüstet wie die Columbia.

Glücklicherweise ist das »Disaster«, von dem John sprach, nicht eingetreten, obgleich das Waste Collection System auf Grund der sechsköpfigen Besatzung und der zehntägigen Mission niemals vorher und seither auch nie wieder so strapaziert wurde wie auf unserer Mission. Das stille Örtchen hatte statt einer Tür einen Vorhang. Es war auch der Platz, um sich zu waschen, die Zähne zu putzen und sich zu rasieren. Jeder von uns hatte ein Fach mit allen wichtigen Toilettenutensilien. Ich hatte mich zum Beispiel vor dem Flug für einen Trockenrasierer entschieden. Er hatte keinen elektrischen Antrieb, sondern enthielt ein Federwerk. Vor der Rasur wurde er aufgezogen wie die alte Wanduhr meiner Großeltern. Ich muß gestehen, daß ich die Rasiererei nicht übertrieb. Ich benutzte den ehrwürdigen Barthobel nur jeden zweiten Tag.

Die Zähne dagegen putzte ich mir ganz regelmäßig. Es funktionierte ganz genau so wie zu Hause, wir drückten die Zahnpasta auf die Bürste und begannen zu bürsten. Wo man am Ende aber mit dem Schaum hinsollte, der dabei entstand, ist mir rätselhaft geblieben. Ich schluckte das Zeug einfach hinunter und war fertig. Ich nehme an, meine Gefährten waren auf denselben eleganten Trick gekommen.

Um uns zu waschen, befeuchteten wir ein Handtuch und rieben uns damit ab. Danach seiften wir uns mit einem Waschlappen ein und arbeiteten mit dem nassen Handtuch ein zweites Mal nach. Mit einem anderen Handtuch trockneten wir uns ab. Es stellte sich heraus, daß diese Methode hervorragend funktionierte. Handtücher hatten wir genug an Bord. Außerdem war die Temperatur im Spacelab auf niedrige Grade eingestellt, so daß wir eigentlich nie ins Schwitzen kamen.

John erzählte uns natürlich, wie die bemannte Weltraumfahrt in der Pionierzeit betrieben wurde. Es bestand kein Zweifel, wir lebten mit Komfort.

Jeder von uns hatte seinen eigenen Kasten mit Wäsche und Kleidung. Dazu hatte die NASA jedem einen kleinen

Kassettenrecorder eingepackt, mit drei oder vier Kassetten eigener Wahl. Zum Recorder gehörten ein Kopfhörer und ein Paar Minilautsprecher. Man konnte sie wahlweise betreiben. Mit Rücksicht auf den Rest der Besatzung benutzte ich im Mitteldeck ausschließlich meine Kopfhörer. Ich hatte den kleinen Walkman in der Seitentasche meiner Koje verstaut. Wenn ich ins Bett kroch, war ich meistens hundemüde, denn nach jedem Abendessen verbrachte ich mindestens noch zwei Stunden bei Brewster. Trotzdem nahm ich mir meistens noch die Zeit, wenigstens zehn Minuten Musik zu hören. Ich hatte alle Brandenburgischen Konzerte und eine Kantate von Johann Sebastian Bach zur Auswahl. Von Wolfgang Amadeus Mozart hatte ich zwei seiner späten Symphonien, nämlich die Haffner und die Linzer Symphonie mitgenommen, dazu das großartigste Klavierkonzert, das ich kenne: Nummer 27, B-Dur, KV 595. Dazu kamen die Violinkonzerte Nummer 3 und 5. Die 3. und 7. Symphonie von Beethoven vervollständigten meine Sammlung. Im Laufe meines Lebens war ich für die makellose Schönheit dieser Kunstwerke ohnehin immer empfänglicher geworden, doch in der Umgebung des Alls, in der wir nur durch eine künstlich hergestellte Atmosphäre überleben konnten, bewegten mich die klassischen Klänge in ganz besonderem Maße.

In der dritten Nacht schlief ich kurz, aber fest und tief. Ich befreite mich auch endgültig von den Elektroden, die an meinem Schädel ohnehin nicht mehr richtig hielten, da die nachwachsenden Haare sie wegdrückten.

Harakiri und die japanische Strahlenkanone

Mit Schichtbeginn begann für mich wieder die Arbeit am Werkstofflabor. Ich sollte das Fluid Physics Module aktivieren. Das Instrument konnte man aus dem Werkstofflabor herausziehen. Damit es aber nicht schon beim Start herausrutschte, war es mit drei Schrauben gesichert. Eine dieser Schrauben war von vorne hineingedreht. Ihr Kopf befand sich in einem schmalen Spalt, etwas zurückversetzt. Mit einem normalen Schraubenschlüssel kam man daher nicht heran. Man brauchte eine sogenannte Nuß, um die Schraube zu lösen. Ich fand sie im Werkzeugkasten des Spacelab. Zu meinem großen Entsetzen stellte sich heraus, daß sie im Außendurchmesser zu groß war und nicht in den Spalt paßte. Ich stand zunächst ratlos da und wußte nicht, wie ich sie loskriegen sollte. In dieser Sekunde fühlte ich Zorn über ESA und NASA. Zahllose Tests hatten wir am Boden durchgeführt. Die für das Werkstofflabor verantwortlichen Ingenieure hatten dabei jeweils ihre eigene Nuß benutzen müssen, weil der Spacelab-Werkzeugkasten versiegelt worden war, um die Werkzeuge zu schonen. Deshalb konnte ihnen nicht auffallen, daß die dort vorhandene Nuß zu dick war. Es half alles nichts, ich mußte jetzt das Experiment freimachen. So griff ich zur Zange. Ich wußte, mit welcher Sorgfalt unsere Ingenieure die Fluggeräte gebaut und behandelt hatten. Ich fühlte mich miserabel, so roh mit ihnen umzugehen, aber es gab keine andere Wahl, die Schraube mußte heraus.

Als ich das Fluid Physics Module frei hatte und zu mir heranzog, geschah etwas völlig Unglaubliches. Ich sah, wie sich in seinem hinteren Teil ein glänzendes Werkzeug bewegte. Ich guckte einmal hin, noch einmal und traute meinen Augen nicht. Heraus schwebte eine 8-Millimeter-Nuß, die man dort vor langer Zeit verloren haben mußte. Sie war schlank und paßte problemlos auf die Schraube, die ich eben nur durch rohe Gewalt hatte lösen können.

Das Flüssigkeitsphysik-Module war eine von Fiat gebaute Maschine, um das Verhalten von Flüssigkeiten in der Schwerelosigkeit zu untersuchen. Sie bot die Möglichkeit, zwischen zwei kreisförmigen Platten eine Flüssigkeitssäule herzustellen. Wir benutzten Silikonöl für unsere Untersuchungen, denn es ist ungiftig und nur schwer brennbar.

Insgesamt war geplant, sieben verschiedene Experimente mit dem Flüssigkeitsphysik-Module durchzuführen. Die meisten wollten das Verhalten einer Flüssigkeitssäule verschiedener Länge und verschiedener Form untersuchen. Das ging nur in der Schwerelosigkeit, weil sich nur dort eine größere Ölmenge zwischen den kreisförmigen Endscheiben halten läßt. Auf der Erde würde das Öl wegen seines Gewichtes heruntertropfen. Die Apparatur von Fiat erlaubte nicht nur, die Länge der Säule zu variieren und ihre Form entweder zylindrisch, bauchig oder in der Mitte verjüngt zu gestalten, sondern auch die Säule mit verschiedener Drehgeschwindigkeit rotieren zu lassen. Selbst axiale Schwingungen konnten aufgebracht werden. Wir konnten eine elektrische Spannung anlegen und schließlich die Säule von einer Seite heizen. Die beabsichtigten Untersuchungen waren nicht nur von theoretischem Interesse, sondern von praktischer Bedeutung. Die meisten Einkristalle werden nämlich aus der Schmelze gezüchtet. Um genau zu verstehen, wie sie wachsen, ist deshalb das Verständnis der flüssigen Phase wichtig.

Das Flüssigkeitsphysik-Module war nun einsatzfähig. Mit der eigentlichen Arbeit begann ich allerdings erst am nächsten Tag, denn vorerst befanden wir uns in der richtigen Lage zum irdischen Magnetfeld, um die plasmaphysikalischen Experimente durchführen zu können. Bob begann damit, den Elektronenbeschleuniger des japanischen SEPAC vorzubereiten, um alsbald einen Elektronenstrahl in die Ionosphäre zu schießen. SEPAC war eines der anspruchsvollsten Instrumente im ganzen Spacelab. Es konnte für fünf Sekunden einen Elektronenstrahl einer Stromstärke von 1,6 Ampere und einer Spannung von 7500 Volt entsprechend einer Leistung von 12 Kilowatt erzeugen. Es erlaubte während der Elektronenemission zusätzlich Argonionen zu schießen oder in den Elektronenstrahl neutrales Stickstoffgas zu blasen.

Dazu kam eine große Zahl verschiedener Diagnoseinstrumente. Sie hatten die Aufgabe, das umgebende Plasma zu analysieren. Die Elektronendichte, Elektronentemperatur, das Potential des Shuttle gegenüber dem umgebenden Plasma wurde gemessen. Ein Frequenzanalysator sollte herausfinden, welche Frequenzen in der Ionosphäre durch das Ausschießen geladener Teilchen angeregt werden. Zum SEPAC-Instrumentarium gehörte eine eigene auf der Palette montierte Fernsehkamera. Selbstverständlich sollten zusätzlich auch die Diagnoseinstrumente des französischen PICPAB mitbenutzt werden.

Als erstes stellten wir uns die Frage, ob der Elektronenstrahl scharf gebündelt blieb? Das war nicht selbstverständlich, denn alle Elektronen sind negativ geladen. Somit stoßen sie sich gegenseitig ab, wodurch der Strahl divergent würde. Wir suchten die Antwort, indem wir die Leistung des Strahles schrittweise erhöhten. Mit der Fernsehkamera konnten wir das Ausbreitungsverhalten bei Nacht beobachten, weil das umgebende Plasma von den Elektronen zu einem schwachen Leuchten angeregt wurde. Es stellte sich heraus, daß der Strahl bis zu einer Stromstärke von 10 mA und einer Spannung von 300 Volt scharf gebündelt blieb. Oberhalb dieser Grenze aber leuchtete die gesamte Nutzlastbucht des Shuttle hell auf, so daß die Beobachtung des Strahles nicht mehr möglich war. Diese Beobachtung war aber für sich interessant. Aus ihr folgte, daß in der Umgebung des Shuttle eine Glimmentladung gezündet wird. Die zweite Frage war, ob sich beim Ausschießen von Elektronen der Shuttle positiv aufladen würde.

Normalerweise ist der Raumtransporter im Hinblick auf das umgebende Plasma neutral. Doch wenn man Elektronen ausschießt, dann verliert der Shuttle negative Ladung und müßte sich positiv aufladen. Andererseits gibt es in der Ionosphäre sehr viele freie Elektronen, die vom positiv geladenen Shuttle angezogen würden, wodurch sofort Neutralisation einsetzte. Ob das passieren würde, war aber fraglich, weil der Raumtransporter für den Wiedereintritt fast überall mit hitzebeständigen Kacheln belegt ist, die elektrisch nicht leitend sind. Die einzigen großen freiliegenden leitenden Metallteile sind die Hauptmotoren am Heck des Shuttle. Wir stellten fest, daß sich Columbia gegenüber dem umgebenden Plasma positiv auflud, wenn der Elektronenstrahl ausgeschossen wurde. Bei Stromstärken bis zu 100 mA verhielt sich das Potential des Shuttle linear zur Stromstärke, darüber blieb es bei etwa 800 Volt konstant. Als drittes untersuchten wir die Energieverteilung der zum Shuttle zurückfließenden Elektronen und erhielten ein gänzlich unerwartetes Resultat. Wir fanden Elektronen, die mit mehr kinetischer Energie zum Shuttle zurückkehrten, als die ausgeschossenen. Daraus folgt, daß sie nicht nur durch elektrostatische Anziehung auf Tempo gebracht worden sein konnten, sondern es mußte zusätzlich einen anderen Beschleunigungsmechanismus in der Nähe des Strahles geben. Diese Beobachtung wurde durch ein Experiment meines Freundes Klaus Wilhelm vollständig bestätigt. Er hatte ein Gerät auf der Palette, mit dem man die Energie der Elektronen im natürlichen Plasma untersuchen kann. Zusätzlich konnte auch noch die Richtung bestimmt werden, aus der die Elektronen einfielen. Sein primäres Ziel lag darin, die natürlichen Elektronen zu untersuchen, kurz bevor sie in der Nähe der magnetischen Pole auf die Atmosphäre auftreffen und Nordlichter erzeugen. Klaus wollte den immer noch nicht verstandenen Anregungsmechanismus des Polarlichtes aufklären. Es gelang uns, den Elektronenfluß über Hunderte von Kilometern in der Nähe des magnetischen Pols zu beobachten. Wir erhielten ausgezeichnete Energie- und Richtungsspektren. Eine Überraschung war, daß in der Nähe des magnetischen Äquators ein hoher Elektronenfluß auftritt, dessen Intensitätsmaximum bei einer Energie von immerhin 8 keV liegt. Selbstverständlich hatten wir den Elektronenanalysator auch in Betrieb, als SEPAC aktiv Elektronen ausschoß. Wie berichtet, konnten wir Elektronen beobachten, die mit viermal mehr Energie zum Shuttle zurückkamen als die, die wir ausgeschossen hatten. Die Plasmaphysiker und die Magnetosphärenleute gerieten ganz aus der Fassung. Es war klar, daß der Elektronenstrahl zumindest bei höheren Leistungen eine starke Wechselwirkung mit dem umgebenden Plasma haben mußte. Diese Wechselwirkung war vermutet worden und konnte nun erstmals experimentell bestätigt werden.

Durch das Aufladen des Shuttle wurde natürlich – wegen der Anziehungskraft zwischen positiver und negativer Ladung – die effektive Leistung des Elektronenstrahles vermindert. Unser viertes wissenschaftliches Ziel bestand darin, die positive Aufladung künstlich zu verhindern. Dafür hatten wir einen Generator an Bord, der kurze, aber starke Pulse von Argonionen erzeugen und in das umgebende Plasma schießen konnte. Dadurch sollte die positive Überschußladung, die durch das Ausschießen von Elektronen entstand, abgeführt werden. Der Trick funktionierte hervorragend, innerhalb einer Millisekunde konnten wir die Aufladung von Columbia durch einen Argonionenpuls vollständig neutralisieren. Wir fühlten uns damit gerüstet, nunmehr den Strahl mit höchster Leistung auszuschießen und nach unten auf die Atmosphäre zu richten. Wir wollten erstmalig ein künstliches Nordlicht erzeugen. Dieses sollte eigentlich mit der AEPI-Fernsehkamera beobachtet werden, aber es kam nicht dazu.

Der große wissenschaftliche Vorteil hätte darin gelegen, daß die Elektronen, die das künstliche Polarlicht anregen, alle einheitliche Energie gehabt hätten. Auf diese Weise wollten wir zusätzliche Einblicke in den

Harakiri und die japanische Strahlenkanone 163

Anregungsmechanismus des Nordlichtes gewinnen. Wir wollten die Energie der anregenden Elektronen verändern, um herauszufinden, welche Einschußenergie am wirksamsten die zauberhaften Leuchteffekte hervorbringt. In der Natur nämlich haben die Elektronen, die in die hohe Atmosphäre eindringen und dort die herrlichen Polarlichter anregen, verschiedene Energien. Es ist deshalb bisher nicht gelungen, herauszufinden, wie der Anregungsmechanismus im Detail funktioniert. Leider sind wir bis zu diesem Experiment nicht gekommen, denn unsere Elektronenkanone fiel nach 140 Schüssen plötzlich aus.

Nach dem Flug wurde im Institut von Professor Obayashi in Tokio der Fehler gefunden. In der Elektronenkanone war irgendwann bei der Montage eine kleine Mutter verlorengegangen oder vergessen worden. Die hatte sich in der Schwerelosigkeit selbständig gemacht und hatte an einer empfindlichen Stelle des Gerätes einen Kurzschluß verursacht. Dadurch fielen alle Funktionen aus. SEPAC war von Beginn an als Gerät konzipiert worden, das mehrfach eingesetzt werden sollte. Der nächste Flug war bereits geplant. Insofern schien das Pech trotz aller Enttäuschung nicht zu groß zu sein. Doch das japanische Wissenschaftsministerium war damit nicht zufriedengestellt. Als ich ein halbes Jahr nach unserer Mission Obayashi in Tokio besuchte, berichtete er mir bekümmert, daß er aufgefordert worden sei, den Mitarbeiter namentlich zu identifizieren, der seinerzeit die kleine Mutter übersehen hatte, anderenfalls würde die Regierung künftige Flüge nicht finanzieren. Seither habe ich Professor Obayashi nicht wiedergesehen, und ich weiß nicht, was aus der Aufforderung des Ministeriums geworden ist, die mich irgendwie an die japanische Tradition des Harakiri erinnerte.

Durch den Kurzschluß in der Elektronenkanone wurde das SEPAC-Experiment keineswegs beendet. Wir setzten die plasmaphysikalischen Untersuchungen mit den funktionierenden Geräten fort. Das französische Experiment PICPAB enthielt ja ebenfalls eine Elektronenkanone. Sie war weniger leistungsfähig, aber sie funktionierte. Eine hochinteressante Entdeckung machten wir auch, als wir neutrales Stickstoffgas in den Weltraum bliesen. Ohne daß gleichzeitig geladene Teilchen ausgeschossen wurden, zeigten unsere Geräte an, daß die Dichte des uns umgebenden Plasmas, also die Zahl geladener Teilchen, um das zehn- bis hundertfache anstieg. Dies geschah allerdings nur dann, wenn der Stickstoff in Vorwärtsrichtung freigesetzt wurde, und nicht, wenn wir ihn nach hinten entließen. Diese unerwartete Entdeckung konnte damit erklärt werden, daß der Shuttle in der Ionosphäre auf Grund seiner enormen Geschwindigkeit von etwa acht Kilometern pro Sekunde vorne eine Turbulenzzone erzeugt, in der die Elektronen im umgebenden Plasma so weit aufgeheizt werden, daß sie den neutralen Stickstoff ionisieren können.

Die plasmaphysikalischen Untersuchungen wurden ausschließlich durchgeführt, wenn um uns herum Nacht war. Nur dann war gewährleistet, daß das Ultraviolettlicht von der Sonne unsere Daten durch Photoionisation nicht verfälschte. Während der Tagesphasen war ich damit beschäftigt, das Werkstofflabor mit neuen Proben zu beschicken. Hier handelte es sich um Laborantenarbeit, denn die im Weltraum bearbeiteten Materialien konnten von uns nicht an Ort und Stelle untersucht werden. Ich kümmerte mich außerdem um meine Sonnenblumen. Zusätzlich hatte ich ein Experiment durchzuführen, das die Fähigkeit des Menschen untersuchte, Massenunterschiede festzustellen. Wir hatten eine Kiste an Bord, in der sich 24 Kugeln gleicher Größe und gleichen Aussehens befanden. Sie waren alle etwa drei Zentimeter groß und wogen im Mittel um die fünfzig Gramm. Genauer besehen hatten sie aber alle verschiedene Masse. Die Aufgabe bestand darin, nach Anweisung eine bestimmte Kugel in die linke Hand zu nehmen und zu schütteln. Der Widerstand, den die Kugel der Bewegung entgegensetzte, verschaffte uns einen Eindruck von ihrer Masse. Nun bewegten wir nach Anweisung die zweite Kugel hin und her. Meist war es nicht möglich, mit Sicherheit zu sagen, welche der Kugeln die schwerere ist. Wir mußten mehrere Dutzend solcher Massevergleiche machen, und jedesmal auf einem Blatt ein Kreuz hinter derjenigen Kugel machen, die wir für die schwerere hielten. Es stellte sich heraus, daß der Unterschied mindestens acht Gramm betragen muß, um die schwerere Kugel zuverlässig zu finden. Auf der Erde dagegen genügte schon ein Unterschied von nur vier Gramm. Der Grund ist einfach: Am Boden haben die Kugeln Gewicht. Die Kugel mit großer Masse liegt schwerer in der Hand als die mit kleiner Masse.

Am Ende meiner Schicht beeilte ich mich, ins Cockpit zu Brewster zu kommen. Wir befanden uns bereits im 49. Umlauf. Dieser führte über Glasgow, die Nordsee, die Insel Texel, den Teutoburger Wald, Göttingen, Erfurt und meine Heimatstadt Greiz. Von dort verlief er über das Erzgebirge nach Prag. Ich hatte den ersten Überflug über meine Heimatstadt versäumt, weil ich mit Professor von

Baumgartens Vestibularexperimenten beschäftigt war. Diesmal war ich zur Stelle. Obgleich Brewster bereits begonnen hatte, den Shuttle auf einen Stern auszurichten, sah ich den Thüringer Wald und das Erzgebirge unter uns liegen. Zwischen beiden eingeschlossen lag das Vogtland. Dort lebten Verwandte und viele meiner Freunde. Ich wußte, sie hatten wie jeder Mensch ihre Freuden und Sorgen. Es rührte mich, wie schnell ich über sie hinwegzog. Ich befand mich in einer anderen Welt, doch ich fühlte mehr noch als sonst das Glück über ihre treue Freundschaft. »Wenn der große Wurf gelungen, eines Freundes Freund zu sein«, hatte der junge Friedrich Schiller gejubelt. Es dämmerte in meinem Kopfe, daß Freunde zu haben, für mich wohl das größte Geschenk im Leben ist. Wieder wanderten die Gedanken zurück nach Thüringen und Württemberg.

Wie ich Astronaut wurde

In Stuttgart wohnte ich längere Zeit in einem Studentenheim. Es war die Zeit der Studentenrevolte.

Die Bundesrepublik Deutschland hatte bis Ende der sechziger Jahre die meisten materiellen Schäden des Zweiten Weltkrieges beseitigt. Dank des Fleißes ihrer Bürger war ihre Wirtschaft schneller als erwartet gesundet und zu neuer Blüte gelangt. Wir Studenten profitierten davon, denn die Hochschulen waren großzügig ausgebaut worden. Doch in der Gesellschaft waren zu viele ethische und geistige Prinzipien im Laufe dieser Aufbauphase verkommen oder ganz verlorengegangen. Zwar wurde das in der Präambel des Grundgesetzes ausgesprochene Wiedervereinigungsgebot von der Regierung ständig bemüht, aber in der Praxis hatte Bundeskanzler Adenauer eine Politik der Westintegration betrieben und damit die Wiedervereinigung erschwert. Täglich wurde von den Brüdern und Schwestern auf der anderen Seite des Eisernen Vorhangs gesprochen, aber jegliche rationale Politik tätiger Hilfe, nämlich eine Annäherung in kleinen Schritten, wurde unterlassen.

Es kommt mir nicht zu, Konrad Adenauers politisches Leitbild der »Wiedererstehung des christlichen Abendlandes« zu kritisieren. Immerhin hat seine Politik nach jahrhundertelangen Auseinandersetzungen zur Aussöhnung mit unserem Nachbarland Frankreich geführt. Doch eines ist gewiß, seine politische Glaubwürdigkeit und die seiner Nachfolger war für meine Generation erschüttert.

Hinzu kam, daß in Westdeutschland der pure Materialismus herrschte. Die Baulöwen und Makler hatten ihre größte Zeit. Mit der Hilfe allzu willfähriger Architekten wurde gebaut und schnelles Geld gemacht; und zwar so, daß sich einem beim Anblick jener Wohnsilos auch heute noch der Magen umdreht. Was die Bomben des Krieges von den schönen alten Stadtbildern übriggelassen hatten, wurde nun durch brutale Betonarchitektur zerstört. Auf die bedrohte Natur wurde keine Rücksicht genommen. Begriffe wie »Wachstum« oder »freie Marktwirtschaft« wurden in den parlamentarischen Debatten benutzt, als seien sie Teil des Grundgesetzes oder gar Werte an sich.

Das Mißtrauen der Studenten gegenüber der sich restaurativ entwickelnden Politik und Gesellschaft entlud sich erstmalig 1967 in einer Demonstration in Berlin. Sie richtete sich gegen den Besuch des Schahs von Persien in der geteilten Stadt. Als dabei der Student Benno Ohnesorg durch eine Polizeikugel getötet wurde, löste sich landesweit eine Lawine. Unsere Auseinandersetzungen waren sehr vielschichtig und fruchtbar. Im Laufe zahlloser Diskussionen festigte sich bei mir die Überzeugung, daß die Bundesrepublik Deutschland zwar dringend einer Neuorientierung bedürfe, daß aber ihre staatliche Verfassung eine der besten, wenn nicht die beste ist, die das deutsche Volk jemals hatte. Es schien mir dringend erforderlich, eine redlichere Politik zu beginnen, mehr Toleranz zu üben und von der Maxime des ungezügelten Wachstums und Profits abzugehen. Allerdings war ich nicht bereit, mit mir über das Grundgesetz verhandeln zu lassen. In Artikel 14 hatte man festgeschrieben, daß Eigentum verpflichtet und daß sein Gebrauch dem Wohle der Allgemeinheit dienen soll. Der Begriff »freie Marktwirtschaft«, den die skrupellosesten Geschäftemacher für sich reklamierten, war dagegen an keiner Stelle erwähnt. Es bestand kein Zweifel darüber, daß die Verfassung von der Regierung ganz anders hätte mit Leben erfüllt werden können, als es tatsächlich geschah. Aber man konnte die Verfassung nicht für die Regierung verantwortlich machen.

Unsere Diskussionen erschöpften sich jedoch nicht in den Themen Staat und Gesellschaft, sondern schlossen auch andere Bereiche wie die Rolle der Wissenschaft, der Kunst und des Sports mit ein. Sie verschafften mir viele neue Einsichten und halfen mir, mich gegenüber Menschen mit anderer Meinung in Toleranz zu üben. Daß wir uns gegenseitig nichts schenkten und vergaben und trotzdem zu Freunden wurden, dazu hat nicht zuletzt das Ambiente unseres Hauses beigetragen. Wir wohnten in einem Nebengebäude des Schlosses Solitude, das Herzog Karl Eugen außerhalb von Stuttgart hatte anlegen lassen. Seit seiner Fertigstellung im Jahre 1767 war nichts mehr an ihm verändert worden. Nur die Bäume waren inzwischen zu ehrwürdigen Riesen gewachsen. Das zauberhafte Schloß war im Rokoko-Stil erbaut worden, zeigte aber schon klassizistische Elemente. Es stellte einen kulturhistorischen Ort ersten Ranges dar, denn seit 1770 beherbergten die Nebengebäude die »Militärpflanzschule«, die 1775 nach Stuttgart verlegt und zur »Karls-Akademie« erhoben wurde. Friedrich Schiller hatte ihr seit seinem dreizehnten Lebensjahr als Zögling angehört. Als er am 17. September 1782 vor seinem Landesvater nach Mannheim floh, gab der Herzog, wie von Schillers Jugendfreund Andreas Streicher überliefert wurde, auf Schloß Solitude gerade ein Fest zu Ehren des Großfürsten Paul von Rußland.

Ich persönlich hatte Schiller stets besonders gern gelesen. Deswegen gefiel es mir natürlich, an gleicher Stelle wie er zu leben. Auch innerhalb des Max-Planck-Institutes für Metallforschung beschäftigten wir uns nicht nur mit Festkörperphysik und Metallkunde. Einige meiner Kollegen entpuppten sich als profunde Kenner guter Küche und schwäbischer Weine. Es machte Vergnügen, mit ihnen zu arbeiten, aber auch mit ihnen die Freizeit zu teilen. Manfred Rühle, einer der besten Wissenschaftler unter ihnen, verfügte außerdem noch über genaue Kenntnisse der klassischen Musik und ihrer Geschichte. Von seiner Bereitschaft, dieses phänomenale Wissen mit anderen zu teilen, habe ich selbst großen Gewinn gehabt. Er wies mich auf viele verborgene formale Schönheiten in Bachs h-Moll Messe und der Matthäuspassion hin. Er brachte das Kunststück fertig, neben seiner sehr erfolgreichen wissenschaftlichen Arbeit sich auf jede musikalische Aufführung vorzubereiten. Ich war ihm dankbar, daß er mich und andere mit einbezog. Soweit ich dazu in der Lage war, versuchte ich, seine Freundschaft zu erwidern. So lud ich ihn einmal zu einer Reise nach Thüringen ein.

Meine eigene wissenschaftliche Arbeit machte mir großen Spaß. Sie war eingebettet in ein übergreifendes Programm und wurde ergänzt durch Berührungspunkte zur Musik, zum Sport und zu anderen Menschen. Es freute mich, in einer Gemeinschaft von vielseitig interessierten Intellektuellen zu leben.

Ich war fünfunddreißig Jahre alt geworden, hatte eine zauberhafte Frau und eine kleine Tochter. Am Institut hatte ich eine feste Stelle. Mit anderen Worten, es gab keinen äußeren Grund, mich zu verändern. Es lag ausschließlich an meiner angeborenen Neugierde, daß ich mir damals die Frage stellte, ob ich die Arbeit am Max-Planck-Institut bis zu meiner Pensionierung fortsetzen oder wissenschaftlich noch etwas ganz Neues anfangen sollte.

Um mir zunächst einen Überblick darüber zu verschaffen, welche Möglichkeiten sich in Forschung, Wissenschaft oder in der Industrie boten, begann ich damals, Stellenanzeigen in den *Physikalischen Blättern*, in der *Zeit* und in der *Frankfurter Allgemeinen Zeitung* anzuschauen. Und dann fand ich plötzlich im April 1977 eine Stellenausschreibung der Deutschen Forschungs- und Versuchsanstalt für Luft- und Raumfahrt (DFVLR). Die Annonce lautete:

»Das Europäische Weltraumlaboratorium Spacelab wird ab 1980 mit dem amerikanischen Weltraumtransporter zu wissenschaftlichen Aufgaben in den Weltraum starten. Auch deutsche Wissenschaftler sollen an Bord unter Schwerelosigkeit arbeiten. Gesucht werden Bewerber mit wissenschaftlichen Qualifikationen auf folgenden Gebieten: Werkstoffkunde; Atmosphärenforschung; Biowissenschaften; Erdbeobachtung und Erderkundung; Astronomie; Sonnenphysik; Technologie.

Die Bewerber sollen nicht älter als 47 Jahre sein, Körpergröße: zwischen 1,53 und 1,90 Meter, perfekte Englischkenntnisse, guter Gesundheitszustand, wissenschaftliche oder technische Hochschulausbildung oder vergleichbarer Berufsweg.«

Das Angebot erschien mir verlockend, und ich beschloß, mich zu bewerben. Meine Unterlagen schickte ich etwa Anfang Mai ab. Die Frist lief im Juni aus. Ich hörte von der DFVLR jedoch nichts, nicht einmal, daß meine Bewerbung eingegangen sei. Ich ließ die Sache jedoch nicht auf sich beruhen, sondern rief an. Dabei stellte sich zu meiner Verblüffung heraus, daß meine Unterlagen infolge einer kleinen Schlamperei irgendwo liegengeblieben waren. So bin ich – quasi als Nachzügler – noch in das Bewerbungsverfahren aufgenommen und an der Auswahl beteiligt worden.

Allerdings war das ganze Verfahren einigermaßen kompliziert. Denn im Grunde war es nicht die DFVLR, die Wissenschaftsastronauten suchte, sondern die Europäische Weltraumorganisation ESA. Sie wollte das Weltraumlabor Spacelab bauen lassen und suchte jetzt drei Astronauten, von denen nur einer auf der ersten Spacelab-Mission mitfliegen sollte. Die ESA hatte seinerzeit elf Mitgliedstaaten, und jedes Land sollte fünf Kandidaten melden. Ferner wollte auch die ESA selbst noch fünf Aspiranten beisteuern. Aus diesen insgesamt sechzig Bewerbern sollten zunächst sechs ausgesucht werden, und ein halbes Jahr später sollte aus ihnen die endgültige Dreiergruppe gebildet werden.

Was die DFVLR jetzt also in Deutschland veranstaltete, war nichts anderes als eine rein nationale Vorauswahl. Dabei kamen allein aus der Bundesrepublik 700 Bewerbungen, aus denen die DFVLR fünf Spitzenkandidaten aussuchen sollte. Ähnliche nationale Vorentscheidungen gab es auch in den anderen zehn Mitgliedstaaten der ESA, so daß ich mir ausrechnen konnte, wie minimal meine Chance war, in die Endauswahl zu gelangen.

Bei der DFVLR wurden alle Bewerbungsunterlagen zunächst gründlich unter die Lupe genommen. Dabei schied schon der größte Teil der Kandidaten aus, weil sich auf Grund der eingereichten Unterlagen ergab, daß sie nicht alle gestellten Bedingungen erfüllten. Trotzdem blieben noch etwa hundert Bewerber allein in der Bundesrepublik übrig. Und zu diesen einhundert gehörte auch ich. Eigentlich hatte ich erwartet, daß man mich zumindest zu einem Vorstellungsgespräch einladen würde, denn ich erfüllte alle Bedingungen, die gestellt waren. Es gab bei mir nur einen Schwachpunkt: Weder in meinem Abiturzeugnis noch mit irgendeinem anderen Zertifikat konnte ich nachweisen, daß ich der englischen Sprache mächtig war. In der DDR hatte ich keine einzige Stunde Englischunterricht gehabt. Dafür gab es bei uns Russisch. Ich hatte mir meine Englischkenntnisse nur nebenbei erworben.

Wir hatten in Stuttgart an der Universität eines der ersten Sprachlabors, und dort hatte ich mir, dank der Unterstützung des freundlichen Personals, gute englische Sprachkenntnisse angeeignet. Im Verlauf des Studiums stellte sich immer mehr heraus, daß ich viele Fachartikel, Lehrbücher und dergleichen nur auf Englisch bekam und deshalb Englisch lesen mußte. Ich konnte also Englisch, hatte aber keinen Nachweis.

Die erste schwere Hürde mußten wir in Hamburg nehmen. Dort sollten wir bei einer Außenstelle der DFVLR, die die Piloten der Lufthansa auswählt, eine psychologische Prüfung absolvieren. Mit einer gehörigen Portion Skepsis flog ich nach Hamburg. Dort begann alles ganz harmlos.

Ich kam an, fragte mich durch und gelangte schießlich zu einem Klassenzimmer. Vor der Tür begrüßte uns einer der Psychologen. In der Klasse selbst gab es eine Reihe kleiner Tische, an denen die einzelnen Kandidaten getrennt voneinander Platz nehmen mußten. Wir bekamen ein paar einleitende Erklärungen, und dann wurden die schriftlichen Aufgaben an uns verteilt. Auf ein Kommando hin wurden die Hefte, die mit den Aufgaben vor uns lagen, aufgeklappt. Und dann ging es zur Sache. Alle Aufgaben waren in einem vorgegebenen Zeitraum zu erledigen. Kontrolliert wurde mit einer Stoppuhr. Man sagte uns, wieviel Zeit uns zur Verfügung stünde, und danach hieß es: fertig, abliefern. Das Ganze erinnerte mich an Klassenarbeiten in der Schule.

Wer geglaubt hatte, daß wir hier eine zweistündige Prüfung absolvierten und dann wieder frei sein würden, der hatte sich getäuscht. Die Prüfungen nahmen nicht nur einen, sondern drei Tage in Anspruch. Dabei wurde jeden Tag sieben bis acht Stunden lang gearbeitet. Die Aufgaben waren so gestellt, daß niemand, auch nicht der Beste, sie in der vorgegebenen Zeit schaffen konnte. Ich glaube, das gehörte zur Natur dieser Tests. Man wollte die Kandidaten von vornherein unter Streß setzen, um ihre Leistungsfähigkeit unter solchen Bedingungen prüfen zu können.

Die Aufgaben waren höchst unterschiedlich. Es gab geometrische Figuren, mit denen die Fähigkeit zum dreidimensionalen Denken überprüft werden sollte. Andere Tests betrafen die Gedächtnisleistung oder die Fähigkeit, aus einer Folge von Zahlen ein logisches Gesetz abzuleiten. Beispiel: »2, 4, 8, 16... Schreiben Sie die nächste Zahl auf, die dieser Folge entspricht.« Aber so einfach waren natürlich nicht alle Aufgaben. Außerdem gab es Tests, die sich mit dem kognitiven Erfassen beschäftigten, also mit der Fähigkeit, auch bei einem unvollständigen Bild zu erkennen, was es wohl darstellen könnte. Mit anderen Aufgaben wiederum wurde die Fähigkeit getestet, sich zu konzentrieren und unter Streß eine Aufgabe fehlerfrei zu erledigen.

Natürlich wurden auch Fragen zur Persönlichkeitsstruktur gestellt. Man wollte herausfinden, welchen Charakter der Kandidat oder die Kandidaten hatten, wie sie sich später in ein Team einordnen würden, wie sie ihre Arbeit generell angingen und dergleichen mehr. Der Kandidat sollte dabei unter anderem auf folgende Merkmale hin untersucht werden: Mathematik und logisches Denken; Merkfähigkeit; Aufmerksamkeit und Wahrnehmung; schnelles und sicheres Aufnehmen von Informationen; Raumorientierung; Psychomotorik; Leistungsmotivation; Flexibilität und Rigidität; Mobilität; Verwöhnung; Extrovertiertheit oder Introvertiertheit; Feindseligkeit; Dominanzstreben; emotionale Stabilität; Vitalität.

Es war vollkommen einleuchtend, daß man zum Beispiel Personen mit einem hohen Dominanzstreben nicht gebrauchen konnte, wenn es um Teamarbeit einer kleinen Gruppe in einem geschlossenen Raum ging. Dominanzstreben konnte da nur zu Reibereien führen. Ebenso hatte man keinen Bedarf an zu peniblen Persönlichkeiten, die sich in Einzelheiten verbeißen würden und den Gesamtzusammenhang aus den Augen verlören. Ebensowenig war man an einem zu legeren Charakter interessiert. Boheme im All, das ging nicht, da würden automatisch die wissenschaftlichen Leistungen abfallen.

Was am Morgen so harmlos angefangen hatte, erwies sich bald als anstrengend. Keiner von uns schaffte es, alle gestellten Aufgaben fertig zu bekommen. In der Mittagspause wurde ein erster Teil der Kandidaten aussortiert. Einer der Psychologen kam nach dem Essen herein und sagte ganz trocken: »Wir haben jetzt eine Vorauswahl getroffen, und diejenigen, deren Namen ich jetzt vorlese, können sofort nach Hause gehen.«

Am Morgen waren wir noch etwa zwanzig Mann in der Klasse gewesen, und mittags wurden die ersten fünf Bewerber recht unsanft abgeschoben. Ich glaube allerdings, man hat sie nur deshalb so unhöflich vor der versammelten Mannschaft verabschiedet, um uns unter psychologischen Druck zu setzen. Später hörte ich, daß draußen auf dem Korridor Psychologen bereitstanden, die die Hinausgeschickten abfingen und ihnen sagten: »Ihr seid ja gar nicht so schlecht gewesen. So schlimm ist das alles nicht. Aber wir können bloß ein paar nehmen, da nicht für alle Platz ist.«

Ich war eigentlich sehr skeptisch nach Hamburg gefahren, weil ich nicht so recht überzeugt davon war, daß man mit psychologischen Methoden bei der Auswahl von Weltraumkandidaten sehr weit kommt. Dann bin ich jedoch zu einer anderen Überzeugung gelangt. Immerhin hat die Lufthansa zwanzig Jahre oder länger derartige Tests durchführen lassen, so daß diese heute durch eine umfangreiche Statistik über Tausende von Menschen abgesichert sind.

Das führte dazu, daß die Hamburger Psychologen relativ genau wissen, wie sich verschiedene Begabungen prozentual in der männlichen Bevölkerung der Bundesrepublik verteilen. Sie könnten also etwa auf Grund ihres umfangreichen und genauen statistischen Materials, das sie über zwei Jahrzehnte hinweg gesammelt haben, sagen, ob jemand im Vergleich zur Gesamtbevölkerung ein gutes oder schlechtes Gedächtnis hat.

Man kann auf diese Weise auch andere Talente wie mathematische Fähigkeiten, logisches Denken und dergleichen mehr beurteilen. Auf der anderen Seite weiß man aber auch, nach welchen Charakteristika eines Kandidaten man sucht und wie hoch jedes einzelne dieser Merkmale im Hinblick auf den späteren Raumflug zu bewerten ist. So verfügt man über ein sehr dichtes Netz an Kriterien zur Auswahl der Kandidaten.

Hinzu kommt noch etwas anderes. Die Lufthansa, die ihre Piloten und Angestellten seit Jahrzehnten mit Hilfe von Psychologen aussucht, hat inzwischen viel Erfahrung gesammelt, wie diejenigen, die alle Tests erfolgreich absolviert haben, sich später im Beruf bewähren. Dabei stellte sich heraus, daß diejenigen, die man ausgewählt hatte, so gut wie in keinem einzigen Fall später im Beruf versagt haben.

Am zweiten Tag wurden wieder einige Kandidaten aussortiert. Es wurden dann auch noch Tests durchgeführt, mit denen ich eigentlich nicht gerechnet hatte. So wurde die Fingerfertigkeit, die Koordinationsfähigkeit, das Geschick der Hände untersucht. Es waren fast Taschenspielerstückchen. So mußte man ganz kleine Unterlegscheiben aufheben und sie auf einen Dorn auffädeln. Dabei wurde geprüft, wieviel jeder von uns davon in neunzig Sekunden schaffte. Auch Nieten mußten umgesteckt und andere Fingerfertigkeitsarbeiten absolviert werden.

Am Abend des zweiten Tags wurden keine weiteren Kandidaten nach Hause geschickt. Wer ihn überstand, der blieb bis zum Ende des dritten Tags. Dann kam das Abschlußgespräch, bei dem erneut — wahrscheinlich wieder aus psychologischen Gründen — recht direkt vorgegangen wurde. Bei mir war das nicht anders. Der Psychologe klopfte herablassend mit den Fingern auf meine Papiere und sagte: »Das Zeug hier, was sollen wir denn jetzt damit machen? Sollen wir Sie durchlassen?« —

»Klar«, sagte ich, »klar sollen Sie mich durchlassen.« – »Na, dann lassen wir Sie eben durch«, war die Antwort. Damit hatte ich offenbar die erste schwere Hürde auf meinem Weg in den Weltraum genommen. Der Umgang mit den Psychologen war nicht immer ganz einfach gewesen, denn man wußte nie so recht, was sie von einem erwarteten. Man wußte auch nie, wie man sich verhalten sollte, um ihren Vorstellungen zu entsprechen. Ich habe ganz einfach versucht, mich so natürlich wie nur möglich zu geben. Rückblickend glaube ich, daß das der einzig richtige Weg war.

Tatsächlich sind die meisten in den psychologischen Tests hängengeblieben. Insgesamt hatten 103 Kandidaten die Tests begonnen, 100 Männer und drei Frauen, von denen nur dreißig Männer weitergekommen sind. Dabei waren die psychologischen Tests nur die allererste Hürde. Denn jetzt kamen die gründlichen medizinischen Untersuchungen an die Reihe. Bestimmt hatte man diese Reihenfolge mit Vorbedacht so festgelegt, da die psychologischen Befragungen noch ein vergleichsweise einfaches Verfahren waren. Bei den medizinischen Untersuchungen entstanden nämlich erheblich höhere Kosten. Die dreißig Kandidaten, die jetzt in Deutschland noch von den ursprünglich mehr als 700 übriggeblieben waren, wurden nach Fürstenfeldbruck in der Nähe von München geschickt. Dort hatte die Luftwaffe ihr Zentrum für fliegerärztliche Untersuchungen, in dem auch die Qualifikation von Starfighter- oder Phantom-Piloten überprüft wurde.

In Fürsty, so nannten die Piloten Fürstenfeldbruck im Fliegerjargon, hatten sie sich eine sehr effektive Methode ausgedacht. Jeder Weltraumkandidat bekam dort als erstes einen kleinen Koffer mit einem Zahlenschloß in die Hand gedrückt. Dann wurde man von einem Koordinator in verschiedene Laboratorien und Untersuchungsstellen geschickt. Nach jeder Untersuchung wurden einem die schriftlichen Ergebnisse in den Koffer gelegt. Dabei wußte natürlich keiner der Kandidaten, mit welcher Zahlenkombination der eigene Koffer zu öffnen war. Man lief also von einer Untersuchung zur anderen, und die schriftlichen Resultate im Aktenköfferchen mehrten sich. Es ging vom Labor zum Ohrenarzt, vom Ohrenarzt zum Augenarzt, von dort zum Zahnarzt, dann zum Internisten, zum Röntgen, auf das Fahrradergometer, zum Belastungs-EKG und zu vielen anderen Untersuchungen. Danach kehrte man jeweils zum Koordinator zurück. Der wußte dann immer, welcher Arzt gerade frei war, und schickte einen dorthin. Der Koffer wurde im Laufe der Zeit immer schwerer. Bei den Untersuchungen wurde eine gewisse logische Reihenfolge eingehalten. Wenn man zum Beispiel zum Fliegerarzt kam, waren im Koffer natürlich schon die Ergebnisse des Labors, denen er entnehmen konnte, wie das Blutbild aussah und welche anderen Parameter gemessen worden waren.

Beim Röntgen stand vor allem die Wirbelsäule im Mittelpunkt des Interesses. Das hatte wohl weniger mit der Weltraumfahrt zu tun als mit den Standarduntersuchungen an Piloten von Jagdmaschinen. Für Jägerpiloten ist das außerordentlich wichtig, weil in der Fliegerei hohe Überbelastungen auftreten. So kann der Pilot eines Jagdflugzeugs kurzfristig bis zu sieben oder acht g ausgesetzt sein. Sie tragen bei ihren Flügen zwar Spezialanzüge, die den Kreislauf unterstützen, aber dem Skelett überhaupt nichts nützen. Andererseits würde für die Shuttle-Astronauten die Belastung nie mehr als drei g betragen, da beim Aufstieg des Raumtransporters die Triebwerke zeitweilig gedrosselt werden.

Die fliegerärztliche Untersuchung in Fürstenfeldbruck dauerte zwei Tage. Dabei ging es offenbar darum, eine allgemein sehr gute Gesundheit nachzuweisen. Man brauchte keineswegs über große Muskelpakete zu verfügen oder ein physischer Supermann zu sein. Auf der anderen Seite ging es aber auch nicht, irgendeine physiologische Schwäche mit einer körperlichen Stärke auf einem anderen Gebiet zu kompensieren. Das heißt, man mußte im großen und ganzen mit seiner Gesundheit über der des Durchschnitts liegen.

Ich war sehr glücklich, als ich am Ende der Untersuchung hörte, daß von medizinischer Seite aus keinerlei Bedenken für meine Verwendung als Wissenschaftsastronaut geltend gemacht wurden. Im Gegenteil, ich kam bei der Einstufung meiner Gesundheit in die höchste Kategorie. Das freute mich sehr.

Damit hatte ich die zweite wichtige Hürde im Auswahlverfahren genommen. Von den dreißig Kandidaten, die nach Fürstenfeldbruck gekommen waren, blieb nur noch ein Dutzend übrig. So verlief die Entwicklung für mich vorab erst einmal erfreulich. Schon vor der psychologischen Untersuchung in Hamburg hatte ich mir gesagt, du machst das einmal mit, denn auch für dich als Max-Planck-Mitarbeiter ist ein solcher psychologischer Test eine große Erfahrung, und wenn es nicht klappt, so bist du um eine Erfahrung reicher. Mit dieser Einstellung bin ich dann auch in alle übrigen Tests gegangen. Meiner Neugier wegen hielt ich solche Tests und Untersuchungen auf jeden Fall für wertvoll, gleichgültig, ob man nun das angestrebte Ziel erreichte oder nicht. Profitiert hatte man auf jeden Fall. Ich glaube, ich würde auch so darüber denken, wenn ich in der psychologischen oder in der medizinischen Untersuchung steckengeblieben wäre.

So gründlich wie in Füstenfeldbruck war ich in meinem ganzen Leben noch nicht untersucht worden. Und nun hatte ich es schwarz auf weiß, daß ich vollkommen gesund war, sehr viel gesünder zumindest, als der große Durchschnitt der Allgemeinheit. Selbst wenn ich jetzt nicht weiterkomme, dachte ich mir, war das doch eine ganz erfreuliche Sache.

Die Leute in Fürstenfeldbruck waren da ganz trocken. Nachdem alles vorbei war, ging ich zum Fliegerarzt. Der guckte sich alle Papiere an und sagte: »Na also, wir haben nichts finden können. Alles sieht ausgezeichnet aus, so wie es sein soll. Na, dann gehen Sie mal nach Hause.«

Allerdings waren mit den Untersuchungen in Fürstenfeldbruck noch nicht alle medizinischen Hürden genommen. Wir mußten anschließend nach Bad Godesberg, zum Institut für Flugmedizin der Deutschen Forschungs- und Versuchsanstalt für Luft- und Raumfahrt (DFVLR). Dort sollten wir die Spezialuntersuchungen absolvieren. In Füstenfeldbruck war es um den allgemeinen Gesundheitszustand gegangen und um die hohen Beanspruchungen, denen Flugzeugpiloten ausgesetzt sind. Nun ging es aber um die Belastungen beim Weltraumflug.

Im Flugmedizinischen Institut der DFVLR fand die erste Untersuchung auf der Zentrifuge statt. Dabei handelte es sich um einen etwa fünf Meter langen metallenen Arm, an dessen Ende eine kleine Kabine aufgehängt war, in der man Platz nehmen mußte. Dieser Arm drehte, ähnlich wie bei einem Karussell, die Kabine mit immer größer werdender Geschwindigkeit im Kreis herum. Bei dieser Drehbewegung entstand eine Belastung von 3 g, also etwa so viel, wie später auch beim Start des amerikanischen Raumtransporters auf uns einwirken würde. Diese Belastung wurde zehn bis zwanzig Minuten aufrechterhalten, wobei eine Reihe von Sensoren die körperliche Reaktion auf die Beschleunigung registrierte.

Es machte mir keine Schwierigkeiten, die Belastung von 3 g zu ertragen. Immerhin wurden die Hände schwer, und wenn man zum Beispiel noch einen Fotoapparat halten sollte, dann mußte man die Muskeln anspannen, damit er nicht gegen den Körper gedrückt wurde. Durch die Beschleunigung wird das Blut in die unteren Extremitäten gedrückt, was das Herz mit erhöhter Schlagzahl zu kompensieren hat. Außerdem empfiehlt es sich, den Kopf stillzuhalten, damit das Gleichgewichtsorgan im Innenohr nicht stimuliert wird. Andernfalls ergeben sich durch Corioliskopplung subjektive Sinneseindrücke, die mit der Realität nicht übereinstimmen. Dieses Phänomen macht zum Beispiel auch Piloten zu schaffen, die durch Wolken fliegen und den Horizont nicht mehr sehen. In einem solchen Fall haben sie keine Möglichkeit mehr, die wahre Lage des Flugzeugs mit ihren Sinnen zu erfassen. Der Pilot darf sich dann nur auf seine Instrumente verlassen, nicht aber auf sein eigenes Gefühl, wenn er nicht riskieren will, in eine unkontrollierbare Fluglage zu geraten.

Die Zentrifuge ist in erster Linie ein Test für den Kreislauf. In dem Maße, in dem mehr Blut als normal in den Unterkörper sackt, sollte das Herz seine Schlagzahl steigern, um auch in den Oberkörper noch genügend Blut zu pumpen, damit vor allem das Gehirn richtig versorgt wird. Denn das Gehirn ist auf den Sauerstoff, der mit dem Blut herantransportiert wird, dringend angewiesen. Das Herz muß also durch eine Erhöhung der Pumpleistung dafür sorgen, daß es nicht zu einer Unterversorgung des Gehirns mit Sauerstoff und damit eventuell sogar zu einer Ohnmacht kommt. Deshalb spielt die Zentrifuge bei der Untersuchung auf Raumflugtauglichkeit eine wichtige Rolle. Für mich war das kein Problem. Anders muß es mit den ersten Astronauten gewesen sein, die kurzfristig sehr hohen g-Überlastungen ausgesetzt wurden, weil in den Pionierzeiten beim Raketenstart höhere Beschleunigungen auftraten als heute.

Eine andere Untersuchung, die wir über uns ergehen lassen mußten und die speziell auf die Raumfahrt zugeschnitten war, wurde im sogenannten Schneewittchensarg (Lower Body Negative Pressure Box) durchgeführt. Bei diesem Test bekommt der Kandidat eine Gummidichtung rund um den Bauch, etwa in Gürtelhöhe, gelegt. Der untere Teil des Körpers, der in einem geschlossenen gläsernen Kasten liegt, wird dann einem Unterdruck ausgesetzt. Dadurch wird, ähnlich wie auf der Zentrifuge, Blut aus dem Oberkörper in den Unterkörper abgesaugt. Von diesem Glaskasten rührt auch der Name Schneewittchensarg her. Der Unterdruck ist so groß, daß man in den Kasten förmlich hineingesaugt wird. Um das zu verhindern, ist in dem Schneewittchensarg ein Fahrradsattel angebracht, auf dem man sitzt, so daß man nicht weiter hineinrutschen kann. Man spürt den Unterdruck am Unterkörper, auch wenn das in keiner Weise schmerzhaft ist. Legt man zum Beispiel um die Beine Dehnungsmeßstreifen an, dann sieht man, daß die Beine um etwa fünf

Prozent dicker werden. Außerdem rötet sich der Unterkörper leicht, wie es etwa bei der Haut von Händen geschieht, die man eine Zeitlang in heißes Wasser getaucht hat.

Im Schneewittchensarg wurde eine Druckdifferenz von 50 Torr herbeigeführt. Das heißt, der Druck in diesem Glaskasten war um eine fünfzehntel Atmosphäre geringer als der äußere Luftdruck. Dadurch strömte etwa ein Liter mehr Blut als normal in den Unterkörper.

Die nächste raumfahrtspezifische Untersuchung fand auf dem Drehstuhl statt. Das ist ein gut gelagerter Stuhl, der schnell um die Hochachse gedreht werden kann. Auf ihm wurde das für die Orientierung im Weltraum so wichtige Vestibularorgan untersucht. Es besteht bei genauerem Hinsehen aus zwei Organen, nämlich aus den beiden Otolithen, Uticulus und Sacculus, und aus den drei senkrecht zueinander orientierten Bogengängen.

Die Otolithen sind jene Organe, die auf der Erde die Neigung des Kopfes gegenüber der Senkrechten, also der Wirkungsrichtung der Erdanziehungskraft, wahrnehmen. Sie dienen auch zur Bestimmung von linearer Beschleunigung, und zwar sowohl auf der Erde wie im Weltraum, während sie die Kopfneigung im Weltraum nicht mehr wahrnehmen können, da es dort keine Schwere gibt.

Die Bogengänge, mit deren Hilfe sich Drehbeschleunigungen bestimmen lassen, sollten auf dem Drehstuhl untersucht werden. Vor allen Dingen wollte man herausfinden, ob sie auf Drehungen im Uhrzeigersinn und auf Drehungen gegen den Uhrzeigersinn symmetrisch reagierten. Aus diesem Grund wurde der Kandidat mit konstanter Drehzahl eine Zeitlang um seine Hochachse gedreht, nämlich so lange, bis die Endolymphe in seinen

Bogengängen mit gleicher Geschwindigkeit rotierte wie der Bogengang und sein subjektives Drehempfinden verschwunden war.

Dann wird der Drehstuhl abrupt im dunklen Raum gestoppt. Die Endolymphe dreht weiter und ruft erstens den Nystagmus hervor, das Augenflackern, von dem schon die Rede war, und zweitens ein subjektives Drehgefühl in der Gegenrichtung. Der Nystagmus wird so lange mit Hilfe von Elektroden registriert, bis er abgeklungen ist.

Die Abklingzeit wird festgehalten und mit der Abklingzeit verglichen, die bei einem Stopp aus einer Drehung in entgegengesetzter Richtung auftritt. Sie sollten möglichst gleich lang sein.

Dann gab es noch das altbewährte Laufband, auf dem man bei steigender Belastung, das heißt bei steigender Aufwärtsneigung und Geschwindigkeit, so lange wie möglich laufen mußte. Auf diese Weise wurde der Kreislauf bis zu seiner äußersten Grenze belastet.

Bei diesem Test bekam man eine Atemmaske aufgesetzt, die wie eine Gasmaske aussah. Mit einem speziellen Analysegerät wurde der Gasaustausch gemessen. Dabei konnte man anhand der eingeatmeten Sauerstoffmenge einerseits und der ausgeatmeten Luft sowie der in ihr enthaltenen Menge von Kohlenstoffdioxid andererseits feststellen, bis zu welchem Grad die Atemtätigkeit genügend Sauerstoff für die Muskelarbeit herbeischaffen konnte.

Läßt man das Laufband noch schneller laufen oder stellt es noch steiler, dann wird irgendwann der Moment erreicht, an dem in den Muskeln mehr Arbeit geleistet wird, als durch Sauerstoffaufnahme abgedeckt ist. Das heißt, man beginnt, anaerob zu arbeiten. Das Blut fängt an, den Säurewert, den pH-Wert, zu ändern. Man übersäuert, und dann machen die Muskeln einfach nicht mehr mit. Man muß aufhören. Dieser Augenblick, an dem die Sauerstoffaufnahme nicht mehr genügt, den Sauerstoffbedarf der Muskelarbeit zu befriedigen, gibt genauen Aufschluß über den körperlichen Trainingszustand eines Testkandidaten. Das Ziel des Tests mit dem Laufband war also, herauszufinden, wie weit jeder von uns das, was er an physikalischer Arbeit leistete, durch den eingeatmeten Sauerstoff voll kompensieren konnte.

Erst später erfuhr ich, daß es gar nicht erwünscht war, den Trainingszustand eines Hochleistungssportlers zu haben. Es hatte sich nämlich herausgestellt, daß dabei die sogenannte Orthostase-Toleranz abnimmt. Darunter versteht man die Fähigkeit des Körpers, den Blutdruck konstant zu halten. Da der Weltraum den Körper weniger belastet als die normale Situation, war Hochleistungsfähigkeit nicht wichtig.

Ein letzter Spezialtest bestand darin, daß wir in einem Flugzeug einer Serie von Parabelflügen ausgesetzt wurden. Bei diesem Versuch wurden wir daraufhin überprüft, ob die Schwerelosigkeit – wenn auch immer nur für 10 Sekunden – uns Probleme bereiten würde. Es war beabsichtigt, uns auf diesem Wege luftkrank zu machen. In meinem Fall hatte man damit allerdings keinen Erfolg.

Bei den raumflugmedizinischen Untersuchungen waren weitere Kandidaten herausgefallen, so daß wir nur noch zu acht waren. Dann erhielt ich eine Nachricht, die mich etwas erschreckte. Ich sollte mich nämlich in Hürth einfinden, um am dortigen Sprachenamt der Bundesregierung, das unter anderem für die Sprachausbildung der

Diplomaten zuständig ist, einen Englischtest abzulegen. Zusammen mit mir mußte noch ein zweiter Kandidat aus dem Kreis der letzten acht antreten. Dieser Mitbewerber hatte mir gegenüber jedoch den Vorteil, daß er Englisch bis zum Abitur in der Schule gelernt hatte. Aber auch bei der Englischprüfung kam ich glatt durch. Ich war sogar ein wenig stolz darauf, daß ich in der Prüfung ein weitaus besseres Ergebnis erzielte als der andere Kandidat. So war denn auch diese Schwierigkeit überwunden.

Doch die Testmühle lief weiter. Nach den psychologischen, den flug- und den raumflugmedizinischen Untersuchungen sowie dem Sprachtest stand jetzt ein Kreuzverhör durch maßgebliche Wissenschaftler bevor. Die acht Weltraumkandidaten, die von den ursprünglich mehr als 700 Bewerbern übriggeblieben waren, wurden dazu in das Bundesministerium für Forschung und Technologie nach Bonn eingeladen. Dort hatte man eine Gruppe von Spezialisten aus dem Forschungsministerium, aus der DFVLR sowie aus mehreren Forschungs- und Universitätsinstituten gebildet, die uns jetzt einige Fragen stellen sollten. Zwar hatte ich alle wissenschaftlichen Kriterien und Bedingungen erfüllt; das ging aus meinen Unterlagen hervor. Doch jetzt wollte man feststellen, wie es mit der wissenschaftlichen Allgemeinbildung aussah. Schließlich sollten wir später im Weltraum Experimente aus allen möglichen Forschungsbereichen und nicht nur aus unserer eigenen Fachrichtung überwachen und durchführen. Mir wurde eine Reihe von Fragen gestellt, die ich alle beantworten konnte. Unter anderem mußte ich erklären, wie ein Raster-Elektronenmikroskop funktioniert.

Andere Fragen hingegen verwunderten mich etwas.

Sie zielten auf meine Vergangenheit in der DDR und meine dortigen Verwandten ab. Offensichtlich gab es zusätzliche Bedenken, die außerhalb der Wissenschaft lagen. Mir wurde klar, daß es meine Lage nicht erleichterte, nicht im Bundesgebiet die Schule besucht zu haben.

Bei diesen Prüfungen in Bonn waren weitere drei Kandidaten herausgefallen. Jetzt hatte man also jene fünf deutschen Weltraumanwärter zusammen, die man bei der Europäischen Weltraumorganisation ESA nominieren wollte. Und ich war, trotz meiner Vergangenheit, einer von ihnen.

Meine Aussichten, tatsächlich in den Weltraum zu gelangen, schätzte ich aber immer noch nicht sehr hoch ein. Unter uns fünf, die wir im August 1977 der ESA gemeldet wurden, galt für mich Dietmar Sängespeik klar als Favorit. Er war Testpilot bei VFW-Fokker, jener deutsch-niederländischen Firma, die das 44sitzige Kurzstreckendüsenflugzeug VFW-614 gebaut hatte. Sängespeik hatte die Maschine mit ausgetestet und erprobt, und mit dieser fliegerischen Erfahrung konnte keiner von uns anderen aufwarten. Außer Sängespeik waren noch drei Physiker im Rennen: Reinhard Furrer von der FU Berlin, Ernst Messerschmid von der DFVLR, Reiner Schwenn vom Max-Planck-Institut für Extraterrestrische Physik in Garching bei München und ich selbst.

Meine Aussichten waren also durchaus nicht gut, denn jedes der elf Mitgliedsländer der ESA und die ESA selbst hatte je fünf Kandidaten auswählen dürfen. Wie sich schließlich herausstellte, gingen 53 Bewerber in das von der ESA veranstaltete Auswahlverfahren. Damit zu rechnen, daß ich unter all den Kandidaten als einziger übrigbleiben würde, erschien mir vermessen.

Nun begann die Testmühle wieder von vorne zu laufen. Der Unterschied war nur, daß man andersherum anfing. An die erste Stelle traten dieses Mal technisches Wissen und wissenschaftliche Qualifikation. Um uns darauf hin zu prüfen, wurden wir zweimal zur ESA nach Paris eingeladen.

Dort wurde jeder von uns in einen Raum geführt, in dem an einem großen Tisch etwa zwanzig Wissenschaftler aus mehreren europäischen Nationen und den Vereinigten Staaten saßen. In einem etwa zweistündigen Interview wurde mir eine Reihe von Fragen zu verschiedenen wissenschaftlichen Disziplinen gestellt. Die Fragen zielten auch dieses Mal eindeutig darauf ab, ein breites wissenschaftliches Allgemeinwissen unter Beweis zu stellen. Ein in die Tiefe gehendes Spezialwissen war nur in der eigenen Fachdisziplin, bei mir in der Festkörperphysik, gefragt. Wert wurde auch darauf gelegt, daß man große experimentelle Erfahrung nachweisen konnte. Dabei waren von vornherein nur solche Leute zu den Interviews geladen worden, die mindestens fünf Jahre lang als eigenständige Experimentatoren in Instituten und Labors wissenschaftlich gearbeitet hatten. Wichtig war auch, mehrere Jahre an Erfahrung im Umgang mit Computern mitzubringen. Die Interviews, die auf Englisch geführt wurden, waren erheblich länger und gründlicher als die in Bonn.

Die Gruppe der Interviewer setzte sich zum Teil aus jenen Wissenschaftlern zusammen, deren Experimente später an Bord von Spacelab durchgeführt werden sollten. Diese Principle Investigators waren natürlich sehr daran interessiert, herauszufinden, ob man genug wissenschaftliches Talent und die nötigen Kenntnisse besaß, um später mit den komplizierten Versuchsanordnungen vernünftig umzugehen und sich richtig in die Fragestellungen, die den Experimenten zugrunde lagen, hineinzudenken.

Als ich an die Reihe kam, war mir, als mache ich meine Diplomprüfung noch einmal. Der Unterschied war nur, daß man hier in vielen wissenschaftlichen Disziplinen Bescheid wissen mußte. Ich sollte zum Beispiel den Lebensweg der Sterne erklären. Dabei wurde ich nach Schwarzen Löchern gefragt. Darüber hinaus mußte ich die Funktionsweise des Vestibularorgans im Innenohr und vieles andere mehr beschreiben. Die ganze Sache wurde ziemlich gründlich und streng betrieben, so streng, daß nach zwei Gesprächsrunden von den 53 Weltraumanwärtern nur noch rund ein Dutzend übriggeblieben war. Herausgefallen waren von den deutschen Bewerbern Reinhard Furrer, Ernst Messerschmid und Dietmar Sängespeik. Nur Reiner Schwenn und ich, beide von der Max-Planck-Gesellschaft, waren eine Runde weitergekommen.

All die Dinge, die wir schon einmal hinter uns gebracht hatten, gingen nun wieder von vorne los. Es war ermüdend. Als nächstes standen wieder die psychologischen Untersuchungen auf dem Programm, die ich noch einmal in Hamburg absolvieren mußte. Bei der flugmedizinischen Untersuchung gab es dann wenigstens einen Unterschied. So reisten die deutschen Bewerber zur Königlich Niederländischen Luftwaffe nach Holland; die Engländer und Holländer schickte man nach Paris. Die Special Tests, die dann folgten, wurden zum Teil bei der DFVLR in Godesberg absolviert, zum Teil aber auch bei der Royal Air Force in Farnborough. Das waren dann wieder die Geschichten mit der Zentrifuge, dem Schneewittchensarg und dem Laufband. Man prüfte und prüfte und prüfte mit dem Ziel, am Schluß die gewünschten sechs Kandidaten gefunden zu haben. Diese sollten dann für ein halbes Jahr von ihren Arbeitgebern freigestellt werden, damit die ESA sie während dieser Zeit bei der Arbeit, im Training und bei wissenschaftlichen Untersuchungen beobachten konnte, um abschließend drei von ihnen als Wissenschaftsastronauten unter Vertrag zu nehmen.

Nach Abschluß aller Untersuchungen und Testreihen hatte die ESA schließlich nicht sechs, sondern nur vier Kandidaten, die in jedem einzelnen Punkt den gestellten Kriterien genügten. Es handelte sich um den Italiener Franco Mallerba, den Schweizer Claude Nicollier, den Niederländer Wubbo Ockels und mich.

Die ESA hatte sich mit jedem einzelnen Kandidaten ziemlich viel Zeit genommen, so daß sich die Untersuchungen von Oktober bis Mitte Dezember 1977 hinzogen. Als die vier letzten Kandidaten feststanden, lieh sich die ESA sie in aller Form von ihren Arbeitgebern aus. Das Training begann im Januar 1978.

Den Anfang machte die sogenannte Orientation Phase. Dazu bekamen wir einen fast zentnerschweren Berg von Papier mit den Beschreibungen der einzelnen Experimente vorgelegt. Es war klar, daß man das nicht alles durcharbeiten konnte. Viele der Principle Investigators hatten es sich einfach gemacht. Sie hatten eine Reihe ihrer Originalarbeiten kopiert und uns zugeschickt, wobei noch anzumerken ist, daß diese Arbeiten zum Teil nicht gut ausgewählt und auch nicht immer leicht verständlich waren.

Gott sei Dank beließ man es nicht bei dem schriftlichen Material. Wir wurden zu den verschiedenen Experten und Wissenschaftlern geschickt, um in die einzelnen wissenschaftlichen Disziplinen eingeführt zu werden. So schickte man uns unter anderem nach Oxford, damit wir uns einen Überblick über die Atmosphärenphysik verschafften, nach Utrecht wegen der Astronomie, zu ESTEC wegen einer Einführung in die Plasmaphysik und ins Flugmedizinische Institut der DFVLR wegen der medizinischen Experimente. Bei der ESA wurden wir vorzüglich über die Magnetosphäre instruiert, also über die Struktur des Erdmagnetfeldes. Wir lernten, daß es von der Sonne sehr stark beeinflußt wird und daß es von einem Dipolfeld durch die verformende Kraft des Sonnenwindes abweicht.

Professor Rudolf von Baumgarten, mit dem wir später noch sehr viel zu tun haben sollten, informierte uns an der Universität Mainz ausführlich über das Gleichgewichtsorgan des Menschen, das Vestibularorgan im Innenohr.

Im Mai 1978 wurden wir zum ersten Mal nach Huntsville in Alabama geschickt, wo die Investigators Working Group tagte. Anwesend waren so gut wie alle Experimentatoren, die Versuche auf dem Spacelab fliegen sollten. Es war sozusagen das Parlament all der Wissenschaftler, die Beiträge zu dem Unternehmen beisteuerten. Diese Investigators hatten jedoch keineswegs leichtes Spiel, denn sie mußten sich beständig gegen die Bürokraten und Ingenieure der NASA und der ESA behaupten, die wieder ganz andere Interessen verfolgten.

Während dieser ganzen Zeit hing die Entscheidung, wer von uns Vieren noch ausgeschieden werden sollte, wie ein Damoklesschwert über uns. Lange hatte ich den Wettbewerb um den Platz des ersten Europäers an Bord von Spacelab als Sport betrachtet. Doch jetzt, nachdem ich unter die letzten vier geraten war, hatte mich der Ehrgeiz gepackt.

Außerdem konnten wir auch in Amerika noch durch das Raster fallen. Denn die NASA hatte sich vorbehalten, bei der Auswahl des ersten Westeuropäers für einen Platz an Bord des amerikanischen Raumtransporters ein Wörtchen mitzureden.

Praktisch lief also die Testmühle in den Vereinigten Staaten noch einmal an. Wir mußten nach Houston und wurden nach allen Regeln der Kunst medizinisch untersucht. Für mich war das mein drittes ausgedehntes Rendezvous mit den Luft- und Raumfahrtmedizinern. Auch eine abermalige psychologische Untersuchung blieb mir nicht erspart. Sie war allerdings in keiner Weise vergleichbar mit der Qualität der psychologischen Untersuchungen, die wir in Hamburg absolviert hatten. Es wurden geradezu absurde Fragen gestellt, die nur für in Amerika geborene Kandidaten einen Sinn ergaben. So mußten wir zum Beispiel die amerikanischen Präsidenten aufzählen. Eine andere Testfrage bezog sich auf amerikanische Sprichwörter, die wir aufsagen mußten. Auch die übrigen Untersuchungen waren beileibe nicht aussagefähige oder spezifische Tests. Die Gedächtnisleistung, die Konzentrationsfähigkeit und die Intelligenz wurden kaum getestet. Statt dessen kamen psychologische Fragen, wie etwa die: »Wenn Sie jetzt ein Tier sein müßten, welches Tier wären Sie gerne?« und dergleichen Unsinn mehr. Dies alles entsprang recht abseitigen Psychologenphantasien, die wenig gemein hatten mit den realitätsbezogenen und handfesten Tests, mit denen die Lufthansa ihr Personal aussuchen läßt.

Kein Wunder, daß sich schon viele Astronauten und außenstehende Kritiker darüber lustig gemacht hatten. Die berühmte italienische Journalistin Oriana Fallaci hatte sich ebenso darüber amüsiert wie ein Angehöriger des Astronautencorps selbst. Man hatte ihm ein weißes Blatt hingelegt mit der blödsinnigen Aufforderung, zu sagen, was er darauf sehe. Daraufhin hatte der Weltraumpilot dem Psychologen trocken ins Auge gesehen und behauptet, das weiße, völlig unbeschriebene Blatt liege verkehrt herum. Der Psychologe war vollkommen irritiert und starrte nun seinerseits verständnislos auf das Blatt. Er überlegte lange, was diese Bemerkung wohl zu bedeuten habe.

Wie auch immer, ich brachte diese eher lächerliche Prozedur hinter mich. Die amerikanischen Prüfungen dauerten bis etwa Juni 1978. Nachdem ich ein Jahr lang und dreimal hintereinander durch psychologische, medizinische und viele andere Tests gelaufen war, fühlte ich mich urlaubsreif. Ich wartete die endgültigen Ergebnisse nicht mehr ab, sondern flog nach Hause, setzte mich ins Auto und fuhr mit meiner Familie nach Südfrankreich. Aus dem Urlaub rief ich in Paris bei der ESA an und fragte nach, wie die Auswahlverfahren verlaufen seien. Man sagte mir, daß die ESA nun die ursprünglich avisierten drei Weltraumkandidaten als Wissenschaftsastronauten unter Zeitvertrag nehmen werde. Die Namen, die man mir durchgab, lauteten: Nicollier, Ockels und Merbold.

Ich war glücklich, denn ich hatte es geschafft. Es war ein schöner Erfolg. Und es wurde ein schöner Urlaub. Dennoch, es würde nur ein Westeuropäer im Spacelab mitfliegen dürfen. Wer das sein würde, das sollte erst wenige Monate vor dem Flug von der NASA und der ESA gemeinsam entschieden werden. In zwei Jahren, so hoffte ich, würde ich wissen, ob ich dabei sein würde oder nicht. Der erste Einsatz des Spacelab war für Ende 1980 geplant. Zumindest bis dahin würde es keine weiteren europäischen Anwärter auf den ersten Spacelabflug mehr geben.

Als nur noch zwölf Kandidaten übrig waren, hatten wir uns ein nettes Spielchen ausgedacht, das die Psychologen bestimmt interessiert hätte. Dabei hatte jeder von uns die Namen von den drei Kandidaten auf ein Stück Papier zu schreiben, von denen er annahm, daß sie das Rennen um die Endausscheidung für sich entscheiden würden. Das Verblüffende war nun, daß genau die drei, die am häufigsten genannt worden waren, das Auswahlverfahren gewannen: Merbold, Nicollier und Ockels.

Zum 1. Juli 1978 erhielt ich von der ESA einen Zeitvertrag als Wissenschaftsastronaut. Das Max-Planck-Institut für Metallforschung beurlaubte mich bis zum ersten Spacelabflug. Noch war es allerdings nicht so weit, da ich nicht wußte, welche Schikanen in den Vereinigten Staaten noch auf mich warteten.

FLÜSSIGE SÄULEN

Über den Gedanken und Erinnerungen an die zahllosen Tests, die ich zu absolvieren hatte, fielen mir die Augen zu. Beim Hinübergleiten in den Schlaf bemerkte ich, wie schon in den vergangenen Nächten, blaue Blitze. Ich wußte, daß sie in der Netzhaut oder in meinen Sehnerven durch Kernreaktionen verursacht wurden. Immer, wenn ein schweres und energiereiches Teilchen der kosmischen Strahlung, wie zum Beispiel ein schneller Eisenkern, mit einem anderen Kern in meiner Netzhaut zusammenstieß, kam es zur Kernzertrümmerung. Dabei wurden viele Elementarteilchen freigesetzt, die, wie man mit fotographischen Emulsionen und einem Mikroskop zeigen kann, sternförmig auseinanderfliegen. Die an die Netzhaut oder den Sehnerv übertragene Energie ist so groß, daß subjektiv der Eindruck eines blauen Aufblitzens entsteht. Bestimmt werden dabei auch einige Zellen zerstört, aber schön ist der Eindruck allemal.

Ein ganzes Paket von speziellen Kernemulsionen und verschiedenen Detektorfolien zum Nachweis energiereicher, kosmischer Strahlung befand sich auf der Palette des Spacelab. Dort wurden die Teilchen registriert, und zwar so, daß ihre Masse, ihre Energie und auch der Zeitpunkt ihres Aufpralls festgestellt werden konnten, wann sie auftraten. Dr. Beaujean von der Universität Kiel hatte das Isotopic Stack genannte Experiment vorgeschlagen.

Inzwischen hatte ich meinen Schlafrhythmus gefunden. Mit vier bis fünf Stunden pro Tag kam ich aus. Als ich am nächsten Morgen meinen Dienst wieder aufnahm, stand vor allem die Untersuchung von Flüssigkeiten auf meinem Arbeitsplan. Dies war eine hochinteressante Aufgabe, denn wie sich Flüssigkeiten in der Schwerelosigkeit verhalten würden, war mittlerweile von mehreren Forschergruppen theoretisch untersucht worden und hatte zu aufregenden Ergebnissen und Einsichten geführt. Nun aber war die Zeit gekommen, die Theorien experimentell zu bestätigen. Ich fand es bemerkenswert, wie viele wissenschaftliche Untersuchungen allein durch die Ankündigung ausgelöst worden waren, mit dem Spacelab Experimente in der Schwerelosigkeit machen zu können.

Ich begann mit dem Experiment des Briten John Padday, der als Wissenschaftler in den Laboratorien der Firma Kodak in Harrow bei London arbeitete. Bei der Herstellung von Filmemulsionen hatte sich der Verdacht erhärtet, daß es in der Grenzfläche zwischen einem festen Körper und einer Flüssigkeit weitreichende Van-der-Waals-Kräfte, schwache Wechselwirkungen zwischen Molekülen, geben kann. Dieser Verdacht sollte durch das Experiment bewiesen werden; und wenn möglich, sollte die Stärke der Kraft gemessen werden. Dazu mußte ich zuerst Silikonöl zwischen zwei Platten bringen. Die eine Platte hatte einen Durchmesser von annähernd 15 cm und war als flacher Kegel aus Titan gefertigt. Die zweite Platte aus Aluminium war eben und hatte nur etwa drei Zentimeter Durchmesser. Damit man sie bei der Montage nicht mit den Fingern berührte, war um sie herum ein zusätzlicher Ring aus Plexiglas von etwa fünf Zentimetern Durchmesser angebracht. Die Idee war, als erstes eine kurze Säule aus Silikon mit bauchiger Form herzustellen.

Flüssige Säulen

Dabei gab es die erste Überraschung, denn das Silikonöl breitete sich nicht nur bis zum Rand der Aluminiumplatte aus, sondern kroch über deren Rand und benetzte auch den Ring aus Plexiglas.

Für John Padday und mich war es sehr hilfreich, daß ich mit ihm im Bodenkontrollzentrum direkt reden konnte. Wubbo Ockels hatte Johns Mikrophon auf die Funkverbindung zum Spacelab aufgeschaltet. Nach kurzer Diskussion kamen wir zu dem Ergebnis, daß das geplante Experiment trotzdem durchführbar sein müsse; wir mußten die Säule nur länger machen. Es war nämlich wichtig, daß sie die Form eines Katenoids bekam, einer speziellen, nach innen verjüngten Flüssigkeitssäule. Das war auch mit dem etwas größeren Plexiglasring möglich, nur mußte die Säule dann verlängert werden. John hatte sich überlegt, daß, sollte es die vermuteten Kräfte wirklich geben, das Katenoid am äußersten Rand des Titankegels etwas verzerrt sein müßte. Tatsächlich trat die Verzerrung auch auf. Anhand von Fotos konnte John außerdem die Stärke der Kraft bestimmen. Er war mit diesem Ergebnis hochzufrieden.

Ein anderes Experiment aus der Disziplin der Flüssigkeitsphysik sollte experimentell die Stabilitätsgrenzen einer zylindrischen Säule bestimmen. Professor da Riva und Dr. Martinez von der Technischen Universität Madrid hatten hierzu bereits ausführliche theoretische Studien vorgelegt. Neben dem rein wissenschaftlichen Reiz hatte diese Untersuchung auch praktische Bedeutung. Viele Einkristalle werden aus zylindrischen, mehrkristallinen Rohlingen des jeweiligen Materials nach dem sogenannten Zonenschmelzverfahren hergestellt. Dabei wird mit einem Heizer ein Stückchen des Stabes geschmolzen, und es entsteht die Schmelzzone. Sie hängt auf Grund von Oberflächenkräften zwischen den beiden festen Stabhälften. Der Heizer wird nun millimeterweise entlang des Stabes bewegt, so daß auf einer Seite festes Material schmilzt und auf der anderen Seite erstarrt. Meist kann man durch eine geschickte Wahl der Ziehgeschwindigkeit erreichen, daß das erstarrende Material einkristallin wächst.

Im Weltraum versprach man sich von dieser Technik besonders viel, weil dort in der flüssigen Zone keine Konvektion ablaufen sollte. Da beim Kristallwachstum der Stofftransport nur noch durch Diffusion erfolgen kann, erhoffte man sich Einkristalle höchster Qualität. Es war natürlich interessant, wie lang eine Schmelzzone in der Schwerelosigkeit höchstens sein durfte, bevor sie abriß. Vor mehr als hundert Jahren war von dem blinden Physiker Plateau vorhergesagt worden, daß die größte Länge gleich dem Umfang ist. Auf der Erde hatte das bisher niemand überprüfen können, weil hier das Gewicht der Flüssigkeit die flüssige Zone schon bei kürzeren Längen zum Heruntertropfen bringt. Bei vielen Zonenschmelzverfahren werden die Kristallstäbe aber im Heizer gedreht, um eine gleichmäßige Temperatur im Stab zu erhalten.

Da Riva und Martinez hatten sich mit dieser zusätzlichen Störung und Komplikation beschäftigt. Dabei hatten sie herausgefunden, daß kurze Säulen oberhalb einer kritischen Drehgeschwindigkeit wegen der Zentrifugalkraft zur Seite ausbauchen und schließlich brechen müßten. Bei langen Säulen aber tritt eine andere Instabilität vorher ein. Bei ihnen schnürt sich die Säule an einer Stelle ein und baucht dafür an einer anderen aus, aber so, daß sie symmetrisch um ihre Achse bleibt. Die erste Instabilität nannten sie den C-Mode, weil die ausgelenkte Säule von der Seite betrachtet dem Buchstaben C ähnelte, die zweite Instabilität — ebenfalls wegen seiner Form — den Amphora-Mode.

Die experimentelle Überprüfung dieser überaus verfeinerten Theorie schien mir eine besondere Aufgabe zu sein. Beim ersten Versuch, einen zunächst kurzen und nicht rotierenden Zylinder aus Silikonöl zu formen, erlebte ich jedoch eine Enttäuschung. Wir verwendeten auch hier ebene Endplatten aus Aluminium, und wieder kroch das Silikonöl über den Plattenrand. Bei der Herstellung eines Zylinders muß der Kontaktwinkel des Öls zur Platte ein rechter sein. Wie sich bei weiteren Versuchen jedoch herausstellte, ließen sich mit unserem Fluid Physics Module Kontaktwinkel von höchstens 80 Grad erreichen. Das hieß, wir konnten nur Säulen mit einer Einschnürung herstellen, aber keine Zylinder.

Das unerwartete Kriechen des Öls über den Plattenrand bedeutete zunächst, daß wir das Experiment abbrechen mußten, um das Module von dem überall in der Experimentierkammer vorhandenen Öl zu reinigen. Das kostete Dutzende von Kleenex-Tüchern, einige Handtücher und viel Zeit.

Damit deutete sich aber ein generelles Problem an, denn wir hatten angenommen, daß sogar Kontaktwinkel von mehr als 90 Grad möglich wären, so daß selbst bauchige Säulen geformt werden konnten. Von John Paddays Versuch wußten wir aber, daß der Ring aus Plexiglas das Öl gehalten hatte. Wir hatten jedoch keine Zeit, unser Fluid Physics Module schon jetzt mit Bordmitteln zu modifizieren. Byron Lichtenberg ist es am letzten Tag unseres Flugs gelungen, irgendwo im Spacelab zwei Scheiben aus Plexiglas zu finden, die fast denselben Durchmesser hatten und die zu diesem Zeitpunkt niemand mehr brauchte. Er befestigte sie mit doppelseitig klebender Folie auf den Aluminiumscheiben, so daß wir den Versuch doch noch durchführen konnten. Die C-Mode-Instabilität, nämlich das seitliche Ausbauchen, konnte dabei beobachtet werden.

Ein drittes Experiment war von Professor Napolitano von der Universität Neapel vorgeschlagen worden. Erstmalig in der Geschichte der Physik sollte in einer Flüssigkeitssäule von sechs Zentimetern Durchmesser und etwa gleicher Länge die sogenannte Marangonikonvektion sichtbar gemacht werden.

Dabei handelt es sich um eine Strömung, die von der Oberflächenspannung angetrieben wird. Die Oberflächenspannung einer Flüssigkeit nimmt normalerweise mit zunehmender Oberflächentemperatur ab. Ist die Oberflächentemperatur an einem Ende der Säule höher als am anderen, dann sollte eine Strömung vom wärmeren zum kälteren Ende hin einsetzen und in einer oberflächennahen Schicht mit vehementer Geschwindigkeit ablaufen. Im Innern der Säule mußte dann eine langsamere Rückströmung auftreten. Auf der Erde waren Experimente dieser Art nicht möglich, weil dort stets auch die normale Konvektion auftritt, die von Auftriebskräften angetrieben wird.

Ich stellte eine Säule von sechs Zentimetern Durchmesser und etwa gleicher Länge her. Von den vorhergehenden Versuchen wußte ich, daß es mir nicht gelingen würde, ihr eine zylindrische Form zu geben. Deshalb versuchte ich, dem Zylinder so nahe wie möglich zu

Flüssige Säulen 203

kommen. Allerdings handelte es sich hierbei um ein qualitatives Experiment, das die Zylinderform nicht unabdingbar zur Voraussetzung hatte. Eine eingeschnürte Zone würde später lediglich die Auswertung erschweren, aber den Effekt als solchen nicht verändern. Um die Oberflächenspannung entlang der Mantelfläche auf der einen Seite zu vermindern, schaltete ich den Heizer in der einen Endplatte ein. Ich hatte eine Fernsehkamera aufgebaut, die ein Bild der Ölsäule zur Bodenkontrollstation übertrug. Die Beleuchtung war so gewählt, daß Licht von der Seite in die Säule einfiel. Im Öl fanden sich kleine Partikelchen, die von der Strömung mitgenommen werden sollten. Sie streuten das Licht in die Kamera. Kurz nach Beginn des Heizens setzten sich die Teilchen in Bewegung. Genau wie vorhergesagt begannen sie, an der Oberfläche entlang von der warmen zur kalten Platte hin zu jagen und im Innern des Öls langsam zurückzuwandern. Professor Napolitano, der den Verlauf des Experiments gespannt am Bildschirm verfolgte, war zuerst sprachlos, dann brach es aber mit süditalienischem Temperament aus ihm heraus. Woran er lange Jahre gearbeitet hatte, sah er nun bestätigt. Für mich war es herrlich, einen seriösen Professor über die Funkverbindung überschäumend vor Begeisterung und Freude zu erleben. Er jubelte mir zu: »You are a great scientist, you are a great scientist.«

Insgesamt hatten wir sieben verschiedene Experimente mit Flüssigkeiten durchzuführen. In allen Fällen stellte sich heraus, daß die Zeit nicht ausreichte, die uns laut Terminplan zur Verfügung stand. Andererseits muß hinzugefügt werden, daß uns das Experimentieren mit dem Fluid Physics Module besonderen Spaß machte, denn hier hing alles von uns Wissenschaftlern ab. Die gesamte Disziplin der Flüssigkeitsphysik stand am Anfang ihrer Entwicklung. Da über das Verhalten des Silikonöls in der Schwerelosigkeit nur wenig bekannt war, konnte ein mit fünf wachen Sinnen ausgerüsteter Mensch und routinierter Experimentator entschieden mehr gute Ergebnisse herausholen als jedes Computersystem. In einem rechnergesteuerten Experiment kann immer nur das durchgeführt werden, was im Programm enthalten ist. Eine solche Maschine kann bis heute noch nicht selbst lernen und deswegen auch nicht intelligent auf erste Beobachtungen reagieren.

Mit meinem Partner und Freund Robert Parker hatte sich ein hervorragendes Zusammenspiel entwickelt. Immer, wenn ich mit der Flüssigkeitsphysik mehr Zeit brauchte oder die eine oder andere Messung wiederholen wollte, erledigte Bob die restlichen Arbeiten alleine. Wir brauchten darüber nicht einmal zu reden. Am Fluid Physics Module waren ausschließlich Byron und ich beschäftigt. Unsere Versuche fanden schließlich nicht nur deshalb ein Ende, weil unser Flug zu Ende ging, sondern auch, weil wir fast kein Silikonöl mehr übrig hatten. Ursprünglich war vorgesehen, das Öl nach jedem Experiment in das sogenannte Reservoir zurückzusaugen, und wir taten auch unser Bestes. Trotzdem hatten wir bei den vielen Versuchen etwa zwei Liter Öl verloren. Mehrere Handtücher und Kisten voller Papiertücher waren damit getränkt. Aber auch das Innere des Spacelab glänzte mittlerweile matt, weil wir es an vielen Stellen mit ölverschmierten Händen angefaßt hatten.

Bei allen Experimenten mit dem Fluid Physics

Flüssige Säulen

Module mußten wir zuerst spezielle Teile installieren, wobei wir eigens konstruierte Werkzeuge verwendeten.

So vorteilhaft es war, daß man sich in der Schwerelosigkeit beim Essen nicht bekleckern konnte, so lästig war es nun, auf den ganzen Kleinkram aufpassen zu müssen. Man konnte die Teile nirgends hinlegen, da sie sich sofort selbständig machten. Ich versuchte, aller dieser scheinbar »lebenden« Dinge dadurch Herr zu werden, daß ich stets eine große Rolle grauen Klebebands bei mir in der Hosentasche trug. Jedesmal, wenn ich ein kleines Werkzeug nicht verlieren wollte, riß ich von dem Klebeband ein Stückchen ab und befestigte das Werkzeug damit irgendwo im Spacelab.

Mein Leben lang hatte ich Probleme mit kleinen Dingen wie Wohnungsschlüsseln, Ausweisen, Geldbeuteln. Wenn ich sie zu Hause verliere, brauche ich nur auf dem Tisch, den Stühlen oder auf dem Fußboden nach ihnen zu suchen. Geht im Weltraum jedoch ein kleines Teil verloren, wird es viel schwieriger, es zu finden, denn nun muß dreidimensional gesucht werden. Da kann es manchmal lange dauern, bis die Suche zum Erfolg führt. Benötigt man einen verlorengegangenen Schraubenschlüssel nicht sofort wieder, wartet man am besten einige Stunden ab und sieht zuerst im Filtersystem des Lebenserhaltungssystems nach, ob er dort angekommen ist. Durch die Zwangsumwälzung der Luft finden sich alle Teile irgendwann dort wieder. Meistens aber braucht man seine Werkzeuge sofort. Deswegen habe ich stets großen Wert darauf gelegt, sie nicht aus den Augen zu verlieren.

Spätestens am vierten Tag schien bei den Wissenschaftlern im Bodenkontrollzentrum Euphorie um sich zu greifen. Nicht nur die Italiener, sondern fast alle anderen gerieten langsam aus dem Häuschen, und die Stimmung stieg weiter. An Bord des Spacelab liefen die Experimente hervorragend ab und erbrachten Daten sehr guter Qualität.

Die Besatzung an Bord war ebenfalls bester Dinge. Wir hatten unseren Verbrauch an Energie, sprich flüssigem Sauerstoff und Wasserstoff, und den Verbrauch an Treibstoff für die Lagerregelung überwacht und wußten schon, daß wir mehr davon übrig hatten, als bei der Planung der Mission für den vierten Tag angenommen worden war. Deshalb waren wir auch nicht gänzlich überrascht, als wir davon hörten, daß im Bodenkontrollzentrum überlegt wurde, die Mission um einen Tag zu verlängern.

Im Spacelab waren natürlich alle dafür. Wir Wissenschaftler wollten die Experimente nachholen, die bisher noch nicht geklappt hatten. Die Regel der NASA besagt aber, daß zum nominellen Endpunkt eines Raumflugs noch genügend Treibstoff und Energie vorhanden sein müssen, um bei einem unvorhergesehenen Notfall zwei zusätzliche Tage in der Umlaufbahn bleiben zu können. Als uns am Tag darauf die befreiende Nachricht erreichte, daß wir zehn Tage fliegen dürften, brach an Bord Jubel aus.

Der himmlische Ausblick

Nach beendeter Arbeit und dem gemeinsamen Abendessen mit John und Bob beeilte ich mich wie jeden Tag, zu Brewster zu gelangen. Er hatte längst aufgehört, sich über mich zu wundern. Die ersten Tage ließ er wiederholt die Bemerkung fallen, ob ich nicht besser ins Bett steigen sollte. Ich dachte mir aber, daß zum Schlafen in meinem Leben noch genügend Zeit blieb. Ich wollte soviel wie möglich sehen.

Für den Ausblick aus den Fenstern des Cockpits gab es keine Worte. Vor allem die Schönheit unseres Heimatplaneten Erde raubte mir den Atem.

Aus unserer Höhe von 250 km betrug die Entfernung bis zum Horizont 1800 km. Wir konnten also nicht die gesamte Erde sehen, sondern überblickten eine Scheibe von etwa 3500 km Gesamtdurchmesser. Die Nähe der Erde gab uns das Gefühl, noch immer ihren mütterlichen Schutz zu genießen. Das war zwar trügerisch, aber im Falle einer Notsituation wären wir immerhin in der Lage gewesen, innerhalb weniger Stunden am Boden zu sein. Wie anders mögen sich die zwölf Amerikaner auf dem Weg zum Mond gefühlt haben? Sie hätten nicht einfach umkehren können. Erst mußten sie zum Mond fliegen, da seine Anziehungskraft die Apollo-Kapsel wieder zur Erde zurückschleuderte. Die vielen Bilder zeigen, daß für sie die Erde zu einer kleinen Scheibe schrumpfte. Sie sahen die Heimat als einen fernen Körper am Firmament.

Trotz der relativen Nähe unserer Umlaufbahn sahen

wir die Krümmung des Horizonts. Darüber erstreckte sich der pechschwarze, unendliche Weltraum. Darunter aber leuchtete unser Heimatplanet in den Farben weiß und blau. Das Blau rührt von den großen Ozeanen, das Weiß von den Wolken her.

Um den Horizont zieht sich ein königsblauer Saum von geradezu hinreißender Schönheit. Er ist hauchdünn und wird von der irdischen Atmosphäre, der Lufthülle, gebildet.

In meiner Kindheit hatte ich öfter Ausdrücke wie Luftozean oder Luftmeer gehört. Sie suggerierten eine fast unbegrenzte Mächtigkeit der Lufthülle. Nun rührte es mich wie ein Donnerschlag, wie wenig davon um den Erdball vorhanden ist. Immerhin hängt das Leben davon ab.

Die Sonne erstrahlt als gleißender Stern. Vom Weltraum aus gesehen steht sie mitten im Schwarzen. Ich konnte sie nicht ohne Augenschutz betrachten, weil mir vor Helligkeit die Augen schmerzten. Das tiefe Schwarz des Weltraums und die gleißende Sonne bildeten den extremsten Gegensatz, den ich überhaupt gesehen hatte.

Außer der Sonne stehen natürlich auch Sterne am Himmel. Man kann sie aber mit dem bloßen Auge nicht erkennen, weil sie vom Licht der Sonne und der Erde überstrahlt werden.

Um die Sterne zu sehen, brauchten wir nicht lange zu warten, denn innerhalb von 90 Minuten umrundete unser Raumschiff die Erde. In dieser Zeit geht die Sonne auf und wieder unter. Der Sonnenauf- und -untergang verläuft sechzehnmal schneller als am Boden. Es ist faszinierend, diesem Schauspiel zuzusehen. Es wird sehr rasch dunkel, so, als würde in einer romantischen Oper der

Der himmlische Ausblick

Beleuchtungsmeister die Bühnenbeleuchtung ausgehen lassen. Kurz bevor die Sonne endgültig versinkt, leuchtet der dünne Saum der Atmosphäre nochmals in allen Farben des Regenbogens auf.

Ist die Sonne untergegangen, sieht man den Sternenhimmel leuchtend klar. Von der Schönheit der hellen Wintersterne – wie Sirius – und ihrer Sternbilder waren wir alle beeindruckt. Sie standen am Himmel, ohne zu funkeln. Von unserer Position aus betrachteten wir sie nicht durch die Atmosphäre hindurch, so daß die Lichtbrechung keine Rolle mehr spielte. Viel deutlicher als am Boden konnten wir ihre Farben unterscheiden. Der Stern Riegel im Sternbild Orion leuchtete zum Beispiel blau, während Beteigeuze, der linke Schulterstern des Orion, in rötlichem Licht erstrahlte.

Eine Überraschung erlebte ich, als ich Sterne beim Untergehen beobachtete. Erst verschwanden sie, dann tauchten sie nochmals auf, und wenig später waren sie endgültig untergegangen. Ich litt keineswegs an Halluzinationen, sondern des Rätsels Lösung liegt in der OH^--Schicht, von der bereits im Zusammenhang mit dem AEPI-Experiment die Rede war. Nähert sich ein Stern dem Horizont, dann sinkt er durch diese in etwa 85 km Höhe liegende Schicht hindurch. Sein Schein wird dabei vom hellen Infrarotlicht, das von ihr ausgeht, überdeckt. Hat der Stern diese Schicht passiert, nimmt ihn das Auge wieder wahr, bis er unter dem wirklichen Horizont verschwindet.

Zum nächtlichen Firmament möchte ich noch anmerken, daß das menschliche Auge von der Erde aus vermutlich denselben Reichtum an Sternen sehen kann, wenn man den Himmel fernab von Streulichtquellen, also vom

Hochgebirge oder von hochliegenden Wüsten aus, beobachtet. Im sichtbaren Spektralbereich ist unsere Atmosphäre vollständig durchlässig, sofern sie nicht zu sehr von Aerosolen verunreinigt ist.

Betrachtet man die Erde bei Nacht, gewinnt man einen direkten Eindruck von der Bevölkerungsdichte auf Grund der künstlichen Beleuchtung. Die großen Städte schienen mir durch das Meer ihrer Millionen von Lichtern zum Greifen nahe zu sein. Sie leuchteten zu uns herauf, als wollten sie die Sterne des Himmels verblassen lassen. Wie am Beispiel Italiens schon erwähnt, kann man an Hand der künstlichen Beleuchtung sogar die Küstenlinien eines Landes ausmachen.

Ein anderes spektakuläres Schauspiel boten uns die Erdölfelder. Die Flammen, in denen das ausströmende Gas abgefackelt wird, sind die hellsten Lichtquellen überhaupt. Sie sind so intensiv, daß man ihren roten Schein sogar durch Wolkendecken hindurch wahrnehmen kann.

Sehr dramatisch und zugleich ästhetisch schön kamen mir die Kaltfronten vor, die Grenzzonen der Atmosphäre, in denen kalte Luft auf warme trifft. Welche ungeheuren Energien dabei frei werden, veranschaulichen überaus deutlich die linienartig aufgereihten Gewitter. In den gewaltigen Wolkenmassen blitzt es ständig irgendwo. Dabei werden die Wolken von innen heraus erleuchtet. Wenn man die Energie, die sich hier in einer oft 1000 km langen Linie entlädt, fassen könnte, ließe sich vermutlich der ganze Erdball damit versorgen. Von oben bieten die Gewitter ein gewalttätiges, aber herrliches Schauspiel. Beim zuckenden Schein der Blitze dachte ich jedesmal: bloß nicht mit einem Flugzeug in einen solchen Hexenkessel geraten!

Der himmlische Ausblick

In der Regel blieb uns aber keine Zeit, am Fenster unseren Gedanken nachzuhängen. Auf Grund unserer hohen Geschwindigkeit jagte ein Wunder das nächste. Kamen wir zum Beispiel in die Nähe der magnetischen Pole, sahen wir bei Nacht die Nordlichter schräg von oben. Zweifellos gehören sie zu den grandiosesten Phänomenen, die die Natur hervorbringt. Sie werden dadurch erzeugt, daß schnelle Elektronen in die hohe Atmosphäre eindringen, in etwa 110 km Höhe durch Stoßprozesse ihre Energie abgeben und die Luft zum Leuchten bringen.

Von uns aus gesehen erschienen die Nordlichter wie märchenhaft leuchtende Gardinen. Sie waren ständig in Bewegung und änderten auch ihre Farbe. Vielleicht ist es nur einem Dichter möglich, in Sprache wiederzugeben, welche Saiten der menschlichen Seele durch ihren Anblick in Schwingung versetzt werden. Auf mich wirkten die Leuchtphänomene wie elfenartige Wesen. Sie haben keine scharfen Formen, und auch ihre Farben sind zart und pastellartig. Auf der anderen Seite machten sie auf mich wegen ihrer riesenhaften Dimensionen und energiegeladenen Dynamik auch den Eindruck roher Gewalt. Ich sah ihnen mit staunenden Augen zu und fühlte mich klein dabei. Einem Matthias Claudius, einem Novalis, einem Goethe, einem Eichendorff oder einem Rilke fiele es bestimmt leichter als mir, die Wunder dieser Welt zu beschreiben.

Ich selbst wäre oft gern geblieben, um das gigantische Schauspiel der Natur länger in mich aufnehmen zu können, aber der Shuttle duldete kein Verweilen. Unerbittlich ging es mit 27 000 km in der Stunde vorwärts. So löschte der rasche Sonnenaufgang die Nordlichter aus.

Doch auch dieser betörte die Sinne. Für uns gab es keine Dämmerung. Mit einem Mal war die Sonne da und »förderte neues Leben«. Jedesmal, wenn ich sie heraufsteigen sah, kamen mir die Worte in den Sinn, die Goethe Faust in den Mund gelegt hat: »Ich eile fort, ihr ew'ges Licht zu trinken, / Vor mir den Tag und hinter mir die Nacht, / Den Himmel über mir und unter mir die Wellen. / Ein schöner Traum, indessen sie entweicht . . .« So kam es auch mir vor. Doch es war keiner, ich träumte nicht.

Solange die Sonne noch tief stand, waren die Wolkentürme über den Tropen in ihrer dritten Dimension zu sehen. Sie reichten bis an die Stratosphäre und hatten häufig eine Höhe von 15 000 Metern. Im Licht der flachen Sonne warfen sie Schatten auf die Erde, die gut und gern mehrere hundert Kilometer lang gewesen sein mögen.

Von unserem Raumschiff aus konnten wir öfter Flugzeuge ausmachen. Natürlich waren sie mit bloßem Auge nicht zu erkennen, sondern verrieten sich durch die Kondensstreifen, die sie am Himmel zurückließen. Das Auge besitzt die bemerkenswerte Fähigkeit, lineare Strukturen sofort zu erfassen. Die Kondensstreifen von Flugzeugen, die in großer Höhe flogen, warfen manchmal eine Schattenlinie auf tieferliegende Schichten von Stratuswolken. Das war hübsch anzuschauen. Manchmal sahen wir aber auch zwei Kondensstreifen, die völlig parallel zueinander verliefen. War zum Beispiel ein Flugzeug von Hawaii nach Los Angeles geflogen und hatte einen Streifen zurückgelassen, wurde dieser durch den Höhenwind seitlich verschoben. Folgte ein zweites Flugzeug wenig später auf demselben Weg nach, entstand das parallele Muster.

Wir konnten ohne Mühe erkennen, daß die Luft über

den großen Ozeanen klar und sauber war, über den dichtbesiedelten Industriegebieten der nördlichen Halbkugel dagegen öfter grau und weniger transparent. Auf Grund dieser Tatsache konnten wir vermutlich die Inseln im Pazifischen Ozean sehr gut erkennen. Ganz besonders eindrucksvoll erschien mir die türkisgrüne Farbe des flachen Wassers in den Lagunen der Atolle. Eigentlich war ich etwas enttäuscht, daß die großen tropischen Regenwälder nicht grün aussahen. Sie schienen eher eine graugrüne oder graublaue Färbung zu haben. Um so erfreulicher war natürlich der Anblick jener tropischen Inseln in der Südsee, die schon so viele Reisende, Schriftsteller und Maler begeistert hatten. Wir sahen aber auch einige, auf denen es vor lauter Flugplätzen kaum noch Vegetation zu geben schien. Viele der Inseln, wie die Galapagosgruppe, sind vulkanischen Ursprungs. Bei unseren Überflügen konnten wir direkt in ihre Krater schauen. Gut ließen sich auch jüngere Lavaströme ausmachen, da sie dunkler waren als das übrige Gestein. Überhaupt sahen wir viele Vulkane.

Der Vulkan San Cristobal in Nicaragua wurde während unseres Flugs aktiv. Dabei ereignete sich glücklicherweise nichts Schlimmes, aber von oben sahen wir eine Rauchfahne, die am Anfang des Flugs nicht vorhanden war. Manche der Vulkankegel beeindruckten uns durch ihre klassische Schönheit. Den allerschönsten unter ihnen, den Fuji, sah ich leider nicht, dafür aber den Mount Egmont auf der Nordinsel Neuseelands. Er hat dieselbe makellose Kegelform wie der Fuji, wie wir an seinem ebenmäßigen Schattenwurf unschwer feststellen konnten. Der Mount Egmont war in seinem oberen Teil von Schnee bedeckt, aber zusätzlich war um ihn herum in angemessenem Abstand ein Kreis gezogen. Wir machten natürlich Fotos, um zu beweisen, daß es diesen merkwürdigen Ring tatsächlich gab. Die Spezialisten der NASA fanden schnell heraus, daß es sich um die Wirkung eines Zauns handelte, der ein Naturschutzgebiet um den Mount Egmont vom angrenzenden Weide- und Ackerland trennt. In Naturschutzgebieten ist jegliche Landwirtschaft verboten. Daher sehen sie anders aus als die von Bauern bewirtschafteten Regionen. Am eindrucksvollsten erschienen mir jedoch die Vulkane auf der Halbinsel Kamtschatka. Sie waren auf Grund der winterlichen Jahreszeit bis zu ihrem Fuß verschneit. Es waren viele, einer neben dem anderen und einer schöner als der andere. Bei ihrem Anblick gerieten wir geradezu in einen Fotografierrausch.

Überhaupt hatten es mir die Berge angetan. Die großen Gebirge dieser Erde, die Alpen, die Rocky Mountains, die Anden und die Gebirge Asiens, verschlugen mir von allen Wundern meiner Reise am meisten den Atem. Einige unserer Umläufe führten uns südlich um Afrika herum und dann über den Indischen Ozean. Wie im Pazifik sahen wir auch hier tropische Inseln. Namen wie Mauritius oder die Malediven seien stellvertretend genannt. Darauf folgte der indische Subkontinent. Für mich war das alles großartig, aber dann kamen die Götterberge des Himalaja. Wir hatten überhaupt keine Mühe, sie auch in der dritten Dimension zu erfassen. Die Sonne, die nur flach einfiel, warf Schatten und bildete das Relief plastisch ab. Der Himalaja erhebt sich in Indiens Norden zu einer Barriere von 2000 Kilometer Länge. Doch er wird fortgesetzt vom Karakorum, vom Pamir und vom Hindukusch. In allen diesen Gebirgen erreichen die Berge eine Höhe von mindestens 6000 Metern.

Der himmlische Ausblick

Das Hochland von Tibet überraschte mich, weil es dort viele Seen gibt. Offenbar war es in dieser Region kalt, denn wir konnten unschwer ausmachen, daß die meisten Seen zugefroren waren. An vielen Stellen lag Schnee. Je weiter nördlich wir kamen, desto dicker schien die weiße Decke zu sein. Doch nirgends glich die Winterlandschaft Asiens einer weißen Öde, da es überall Berge und Täler gab. Sie verliehen allen Regionen eine interessante Struktur. Selbst die Wüsten, wie die Wüste Gobi oder die inneren Regionen der Mongolei, schienen reich gegliedert zu sein. Auf dem Gebiet der Sowjetunion hatte es uns neben den Vulkanen Kamtschatkas der riesige Baikalsee angetan.

Zu den überwältigenden Schönheiten der asiatischen Gebirge stellte ich mir noch den Reichtum der Kultur vor. Ich hatte viel über die verschiedenen Regionen Asiens und ihre Riten gehört und gelesen. Mein Verlangen wurde nun noch mehr gesteigert, irgendwann einmal selbst dorthin zu reisen. Unter meinen Büchern bewahre ich eines auf, das mir ein Freund bei der Entlassung aus der Schule geschenkt hat. In ihm werden die Reisen der großen Entdecker beschrieben. Für mich war es ein leichtes, Marco Polos Reiseweg mit einem Blick zu erfassen. Er war in Asien von 1271 bis 1295 unterwegs gewesen. Wir brauchten nur zehn Minuten, um dasselbe Gebiet zu durchmessen.

Die NASA hatte uns einen guten Atlas mitgegeben. Zusammen mit einem kleinen Computer, der auf einer Weltkarte zu jedem Zeitpunkt unsere Position anzeigte, war das eine große Orientierungshilfe. Wie sich herausstellte, reichten meine geographischen Kenntnisse über den Fernen Osten nicht aus, um eine Feinorientierung zu ermöglichen. Im europäischen Raum war es damit besser bestellt. Die Alpen, in denen ich mich sehr gut auskenne, zogen wie ein aufgeschlagenes Buch unter uns hindurch. Bis ins feinste Detail konnten wir die landschaftliche Gliederung erkennen. Um sich zurechtzufinden, suchte man zuerst die großen Randseen der Alpen und die Haupttäler, da sie leicht zu identifizieren sind. Danach ist es ein Kinderspiel, die Nebentäler auszumachen. Hat man zum Beispiel das Inntal lokalisiert, finden sich das Zillertal, die Auffahrt zum Brenner, das Stubai- und das Ötztal wie von selbst.

Viel schwieriger ist es, Städte zu finden. In einer schneebedeckten Landschaft verraten sie sich noch am ehesten als graue Flecken im strahlenden Weiß. In einer schneefreien Gegend jedoch heben sie sich nicht durch einen anderen Farbton von ihrer Umgebung ab. Auch hier braucht man gute Geographiekenntnisse, um mit Hilfe von Gebirgen, Flüssen, Seen oder anderen natürlichen Merkmalen wie Küstenlinien eine Stadt auszumachen. Suchte ich zum Beispiel München, dann schaute ich nach dem Starnberger See, den Alpen und vielleicht nach dem Chiemsee. Damit fand ich die Isar, und die wiederum führte mich zur bayrischen Metropole. Bei Nacht ist es ein Kinderspiel, eine Stadt zu erkennen.

Was den Farbenreichtum der Erde angeht, so sahen wir außer ihren Erkennungsfarben weiß und blau auch alle Erdtöne. Vor allem die Wüsten zeigten sie in allen Schattierungen – angefangen vom dunklen Braun über Hellbraun, Rost, Ocker bis zum fast makellosen Weiß ausgetrockneter Salzseen.

Alles in allem machte die Erde auf mich einen zauberhaften, einen wundervollen, zugleich aber auch verletz-

Der himmlische Ausblick 217

lichen Eindruck. Man denke nur daran, wie dünn die Lufthülle ist, von der alles Leben abhängt. Außerdem bewirkte der Umstand, daß es uns nur neunzig Minuten kostete, einmal unseren Heimatplaneten zu umrunden, daß er zusammenschrumpfte. In den Tagen meiner Kindheit brauchten fast einen ganzen Tag, um mit der Bahn von Greiz zu meinen Verwandten nach Erfurt zu fahren. Entsprechend selten wurde die Reise unternommen. Wenn wir uns aber einmal aufmachten, wurde schon am Vortag gerüstet. Damals lag Amerika für mich auf einem anderen Stern, so unvorstellbar weit war es weg. Nun ging mir auf, daß der Erdball nur eine kleine Kugel ist. Sie ist ein Raumschiff für die Menschen und alle anderen Lebewesen.

Ein westeuropäisches Land von der Größe Frankreichs oder der Bundesrepublik Deutschland wird innerhalb einer Minute überflogen. Wenn man herunterschaut, erkennt man alle Strukturen der Natur und sogar die von Menschenhand geschaffenen Veränderungen wie zum Beispiel die Kanäle. Man bemüht sich allerdings vergeblich, die Grenzlinien zu finden, die in allen Landkarten so überdeutlich eingezeichnet sind. Seither habe ich mich immer wieder gefragt, warum mein Großvater im Ersten Weltkrieg als Soldat in unser Nachbarland marschierte und warum mein Vater im Zweiten Weltkrieg dieselbe Torheit wiederholte. Ebensowenig konnte ich verstehen, warum französische Soldaten im Laufe der Geschichte immer wieder in unser Land eingefallen sind. Bis heute konnte ich keine Antwort finden. Es kam mir vor wie ein Alptraum, daß auf der Kugel unter uns noch immer bewaffnete Auseinandersetzungen geführt werden und daß es in weiten Teilen katastrophalen Hunger gibt. Der

Zorn über soviel Dummheit hat mich seither nicht wieder verlassen.

Die Hochrüstung erscheint mir seit meinem Weltraumflug als die groteskeste Entgleisung der menschlichen Vernunft. Mit der Vernichtungskraft der von den Supermächten angehäuften Waffen würde das Leben auf diesem schönen Planeten vernichtet werden. Das Furchtbare ist, daß kein Bewohner der Erde dieser existentiellen Bedrohung entrinnen kann, weil es beim Raumschiff Erde kein Aussteigen gibt.

Seither berührt es mich viel mehr als früher, wenn Völker eine jahrhundertealte Feindschaft beenden. Als sich der Präsident Frankreichs und der Kanzler der Bundesrepublik Deutschland über den Gräbern der Gefallenen die Hände zur Versöhnung reichten, empfand ich das als ein hoffnungsvolles Zeichen. Angesichts der Zerbrechlichkeit und geringen Größe unseres Planeten gibt es für alle Politik die Pflicht zum Frieden. Auf Grund dieser Einsicht hatte die christliche Botschaft zum Weihnachtsfest 1983: »Friede sei auf Erden« für mich neue, existentielle Dimensionen bekommen.

Das Blaue vom Himmel

Die irdische Atmosphäre hatte mich in ihrer verletzlichen Schönheit beeindruckt und erschreckt.

Deshalb verfolgte ich mit besonderer Aufmerksamkeit alle unsere Experimente, mit denen sie wissenschaftlich untersucht werden sollte. Außer dem Atmospheric Emissions Photometric Imaging hatten wir noch vier andere leistungsfähige Instrumente an Bord, die über die Atmosphäre Daten sammeln sollten. Die langgedienten Astronauten der NASA hatten mehrheitlich berichtet, daß die Atmosphäre heute schmutziger sei als noch vor fünfzehn Jahren. Ich hielt es deshalb für überfällig, daß die uns schützende Luftschicht wissenschaftlich unter die Lupe genommen wurde.

Das interessanteste Instrument war das Grillspektrometer. Es stammte von einer belgisch-französischen Forschergruppe, die sich um Professor Ackermann aus Brüssel und Dr. Girard aus Paris scharte. Dieses Team hatte sich die Aufgabe gestellt, die Atmosphäre im Hinblick auf Verunreinigungsgase zu analysieren. Die Konzentrationen der Spurengase Ozon, Kohlendioxid, Kohlenmonoxid, Methan, Wasserdampf und der verschiedensten Stickstoffoxide sollten in Abhängigkeit von der Höhe bestimmt werden. Viele dieser Stoffe werden heute im Zusammenhang mit den Umweltschäden, wie dem Waldsterben, genannt. Unter den Experten besteht auch Einvernehmen darüber, daß sie schon in kleiner Konzentration großen Einfluß auf die komplizierte Dynamik der

Atmosphäre ausüben können. Sie können zum Beispiel den Ablauf von photochemischen Reaktionen verändern und damit vielleicht auf die Ozonschicht einwirken, die uns vor den ultravioletten Anteilen des Lichts schützt. Vom Kohlendioxid nimmt man an, daß es die Wärmeabstrahlung der Erde in den Weltraum verhindert, wenn seine Konzentration einen kritischen Wert übersteigt. Dies könnte eine Veränderung des Klimas zur Folge haben.

Für mich gab es keinen Zweifel darüber, wie wichtig die geplanten Untersuchungen waren. Außerdem begeisterte mich die Methode, mit der die gewünschten Daten gewonnen werden sollten. Das Grillspektrometer benutzte die sogenannte Absorptionsspektroskopie. Diese Methode macht davon Gebrauch, daß alle interessierenden Verunreinigungsgase im nahen infraroten Spektralbereich bei ganz charakteristischen Wellenlängen Licht absorbieren. Sollte zum Beispiel die Kohlendioxidkonzentration in Abhängigkeit von der Höhe gemessen werden, stellten wir als erstes das Spektrometer auf eine Wellenlänge, die vom Kohlendioxidmolekül absorbiert wird. Dann ließen wir die Sonne als Lichtquelle mit Hilfe von Spiegeln in das Spektrometer einfallen. Da wir über der Atmosphäre flogen, wurde die Intensität des Sonnenlichts bei dieser bestimmten Wellenlänge ohne jede Absorption gemessen. Nun brauchten wir nur noch bis kurz vor Sonnenuntergang zu warten, da der Weg des Lichts dann tangential durch die Lufthülle führte. Die Kohlendioxidmoleküle stellten sich in seinen Weg und absorbierten einen Teil der Infrarotstrahlung, so daß unser Detektor eine kleinere Intensität empfing. Diese zu beobachtende Abnahme und die Zahl der absorbierten

Moleküle waren direkt proportional zueinander. Somit konnte ihre Konzentration bestimmt werden. Je tiefer die Sonne sich auf den Horizont zu bewegte, desto länger wurde der Lichtweg durch die Luft. Dies erlaubte uns, die Konzentration in Abhängigkeit von der Höhe zu ermitteln.

Schwierigkeiten bereitete uns nur die Tatsache, daß die Sonne für uns so schnell unterging. Zur Bestimmung der Konzentration vom Boden bis in 140 km Höhe standen uns lediglich drei Minuten Meßzeit zur Verfügung. Um aussagefähige Daten zu liefern, konnten wir nur ein Instrument mit hoher Luminosität gebrauchen, das heißt ein optisches Instrument, das viel Licht zum Detektor durchläßt. Wir konnten eine geringe Lichtdurchlässigkeit nicht dadurch ausgleichen, daß wir längere Messungen vornahmen. Denn die Columbia raste unerbittlich weiter.

Ein einfacher Trick, die Luminosität zu erhöhen, hätte darin bestanden, den Spalt des Spektrometers breit zu machen. Das hat leider den Nachteil, daß darunter das Auflösungsvermögen leidet und die verschiedenen Absorptionslinien nicht mehr voneinander getrennt werden können. Dieser Vorschlag kam also nicht in Frage, weil wir das Kohlendioxid dann nicht mehr sauber von anderen Spurengasen hätten trennen können. Die besondere Leistung Girards bestand darin, daß er den normalen Spalt durch einen Grill von vielen hyperbelförmigen Spalten ersetzt hatte. Dadurch wurde der Lichtdurchfluß um das Hundertfache erhöht, ohne daß deswegen Auflösungsvermögen verlorengegangen wäre.

Die verschiedenen Absorptionsspektren wurden über

die Telemetrie in das Bodenkontrollzentrum übertragen. Als man dort die ersten aufschlußreichen Daten empfing, brach Jubel aus.

Inzwischen wurde der größte Teil der 6000 gemessenen Spektren ausgewertet. Für die Gase Kohlendioxid, Kohlenmonoxid, N_2O, NO, NO_2, Methan und Wasserdampf liegen die Konzentrationen in Abhängigkeit von der Höhe vor.

Darüber muß man froh sein, denn auf Grund dieser Messungen ist der Zustand der Atmosphäre im Dezember 1983 bis in große Höhen erstmalig erfaßt worden. Es kommt nun darauf an, die Messungen zu wiederholen. Auf diesem Wege läßt sich feststellen, ob sich ein Trend zu zunehmender Verschmutzung beobachten läßt, oder ob die Selbstreinigungskraft der Atmosphäre ausreicht, mit der Belastung durch Industrie, Verkehr und die Haushalte fertig zu werden.

Darüber hinaus sind solche vollständigen, empirisch zum gleichen Zeitpunkt gewonnenen Datensätze auch sehr wichtig, um aus ihnen ein mathematisches Modell unserer Atmosphäre zu entwickeln. Würden wir nämlich über eine annähernd genaue Theorie verfügen, könnten die Folgen einer Anreicherung eines Verunreinigungsgases mit dem Computer simuliert werden. Dann wären Hochrechnungen und vielleicht sogar Aussagen darüber möglich, wo die kritischen Grenzkonstellationen liegen.

Ein anderes Experiment, das ebenfalls im Rahmen französisch-belgischer Zusammenarbeit erdacht, gebaut und geflogen wurde, suchte nach Deuterium in der Atmosphäre. Von den Wissenschaftlern um Dr. J. L. Bertaux vom Service d'Aéronomie du C. N. R. S. in Verrières bei Paris wurde ebenfalls eine optische Nachweismethode gewählt. Die Suche nach Deuterium, dem schweren Isotop des Wasserstoffs, gleicht der Suche nach der berühmten Nadel in einem Heuhaufen. Erstens ist die Wasserstoffmenge in der hohen Atmosphäre ohnehin klein, und zweitens beträgt die Deuteriumkonzentration im Meerwasser nur 0,016 Prozent der Wasserstoffkonzentration. Darüber hinaus verhält sich der Wasserstoff chemisch vollkommen gleich wie das Deuterium.

Im optischen Spektrum zeigt sich ein winziger Unterschied. Die sogenannte Lyman-Alpha-Linie, die charakteristisch ist für den Übergang des Elektrons vom ersten angeregten Energieniveau auf das Grundniveau des Wasserstoffatoms, liegt beim isotopenreinen Wasserstoff bei 12,1566 nm, also im fernen Ultravioletten. Die Linie des Deuteriums liegt wegen des schwereren Kerns aber bei 12,1533 nm. Es wäre völlig aussichtslos gewesen, mit Hilfe eines kleinen, leichten, konventionellen Spektrometers die winzige Linie des Deuteriums in der hellen und dadurch auch breiten Linie des Wasserstoffs finden zu wollen. Deswegen benutzte das französisch-belgische Forscherteam Absorptionszellen, die hoch selektiv sind und wie ein ganz schmalbandiges Filter wirken. Damit die Doppler-Verschiebung der Linien auf Grund unserer hohen Bewegungsgeschwindigkeit keine Rolle spielte, konnten wir die Suche nach dem Deuterium nur senkrecht zu unserer Bewegungsrichtung beginnen. Tatsächlich wurde Deuterium in der Mesosphäre festgestellt. Es zeigte sich, daß in 110 km Höhe etwa 2500 Deuteriumatome pro Kubikzentimeter vorhanden sind.

Diese Entdeckung trug dazu bei, die Stimmung im Bodenkontrollzentrum weiter ansteigen zu lassen. Genauere Analysen ergaben, daß in der Mesosphäre der

Anteil des Deuteriums gegenüber dem normalen Wasserstoff etwa doppelt so hoch ist wie im Seewasser. Diese Beobachtung stimmt mit der Theorie überein, die besagt, daß der Wasserstoff etwas leichter in den Weltraum entkommen kann als das schwere Deuterium, so daß es prozentual zu einer Anreicherung des schwereren Isotops kommt.

Mich erfüllte die Untersuchung der lebensspendenden Lufthülle mit der Hoffnung, daß wir etwas dazu beitragen konnten, unseren schönen Heimatplaneten auch für künftige Generationen bewohnbar zu erhalten.

Drei andere Experimente, die ebenso wie die Untersuchungen aus dem Bereich der Atomsphärenphysik meist vom Bodenkontrollzentrum aus betrieben wurden, beschäftigten sich mit Problemen der Astronomie. Am sechsten Tag unseres Flugs bekamen Bob und ich die Anweisung, das größte der drei Instrumente, die Very Wide Field Camera, in Betrieb zu nehmen. Sie befand sich noch in einem Schrank im hinteren Teil des Modules und war ihres zentnerschweren Gewichts wegen dort mit dicken Schrauben befestigt worden. Mit Hilfe dieser Kamera sollte der Himmel im ultravioletten Licht beobachtet werden. Diese Art von Astronomie kann vom Erdboden aus nicht betrieben werden, weil das kurzwellige und für das Auge unsichtbare Licht auf seinem Weg durch die Atmosphäre absorbiert wird. Die Astronomie mit Ultraviolettlicht wurde deshalb erst im Zeitalter der Raumfahrt möglich. Naturgemäß war sie noch nicht so weit entwickelt wie die klassische Astronomie, die schon seit Menschengedenken und seit Galileo Galilei unter Verwendung des Fernrohrs betrieben wird.

Es war deshalb naheliegend, zunächst ein Instrument

Das Blaue vom Himmel

zu bauen, mit dem Übersichtsaufnahmen des Himmels im Ultravioletten gemacht werden konnten. Genau dieses Ziel hatten sich Professor Courtes, Dr. Viton und ihre Mitarbeiter vom berühmten Laboratoire d'Astronomie Spatiale in Marseille gesetzt. Von der Idee bis zur Realisierung war es ein weiter Weg gewesen, da noch niemand zuvor eine Kamera gebaut hatte, die den Himmel mit einem Bildwinkel von 56 Grad im ultravioletten Spektralbereich einwandfrei abbildete. Es war klar, daß man sie nicht aus Glaslinsen aufbauen konnte, weil Glas ebenso wie die Luft die kurzwellige Strahlung absorbiert. Aus demselben Grund konnte sie nicht vom Innern des Spacelab-Modules aus betrieben werden.

Unsere erste Aufgabe bestand darin, die Kamera durch die wissenschaftliche Schleuse aus dem Module in den freien Weltraum zu bringen. Bis zum sechsten Tag der Mission hatte die Schleuse dazu gedient, die verschiedenen Detektoren des französischen PICPAB zur Untersuchung des uns umgebenden Plasmas nach draußen zu befördern. Sie mußten wir also zuerst in das Module zurückholen. Zu diesem Zweck kurbelten wir die Experimentiertafel, auf der die PICPAB-Instrumente montiert waren, in den Zylinder der Schleuse zurück. Nun konnte die äußere Luke geschlossen werden. Daraufhin ließen wir das Detektorpaket erst einmal einige Stunden ruhen, um eine vollständige Angleichung seiner Temperatur an die der Schleuse zu ermöglichen. Dann erst wurde die Schleusenkammer mit Stickstoff geflutet. Die innere Luke konnte nun geöffnet und der Austausch des Detektorpakets mit der Very Wide Field Camera durchgeführt werden.

Nachdem wir das schwere Gerät installiert hatten und

alle Kabel angeschlossen waren, entriegelten wir den Filtermechanismus und den Verschluß der Kamera.

Insgesamt konnten wir drei Interferenzfilter und ein Beugungsgitter in den Strahlengang bringen. Die Aufgabe der Filter war, aus dem Spektrum des Ultraviolettlichts Bereiche herauszuschneiden, um monochromatische Aufnahmen mit drei verschiedenen Farben herzustellen. Der Mechanismus mußte natürlich fernbedient werden. Um sicher zu sein, daß er funktionierte, probierten wir ihn aus.

Außerdem lösten wir den Verschluß zweimal aus und überprüften den Filmtransport. Erst als wir sicher waren, daß alles funktionierte, entfernten wir den Schutzdeckel des primären Spiegels. So schnell wie möglich kurbelten wir die Kamera aus dem Module in das Innere der Schleuse und setzten deren inneren Deckel auf. Dies geschah, um den Spiegel nur so lang wie unbedingt nötig der Feuchtigkeit in der Atemluft auszusetzen. Außerdem hatte es John nicht gern, wenn der innere Deckel der Schleuse längere Zeit geöffnet war, da die äußere Luke durch den Luftdruck im Module nach außen gedrückt wurde. Ein Mechanismus aus zahlreichen Haken zog sie zwar nach innen und preßte sie auf die Dichtung, doch John traute dem Gerät nicht ganz. So bestand er auch darauf, daß immer dann, wenn die innere Luke offen war, die Tür im Tunnel verschlossen werden mußte. Sollte es im Spacelab einmal zu einem rapiden Druckverlust kommen, dann wollte er wenigstens den Shuttle und seine Besatzung davor schützen.

Die französischen Wissenschaftler hatten sich beim Entwurf des optischen Systems für Spiegel entschieden. Das ist nichts Außergewöhnliches, denn Spiegel haben gegenüber Linsen den Vorteil, daß sie ohne chromatische Fehler arbeiten. Unser primärer Spiegel aber hatte eine hyperbolische Form. Das schien mir insofern bemerkenswert zu sein, als ich in meiner ganzen beruflichen Laufbahn noch nie gehört hatte, daß man damit ein abbildendes System aufbauen kann.

Wie sich herausstellte, kann man daraus sogar ein erstklassiges System machen – nämlich eine Optik ohne nennenswerte Bildfehler.

Wir ließen die Luft aus der Schleuse entweichen, öffneten mit Hilfe von zwei langen Hebeln die äußere Luke und konnten bei Einbruch der Nacht das Instrument nach außen fahren.

Dann schalteten wir die Stromversorgung und die Hochspannung für den Bildverstärker ein. Alles funktionierte auf Anhieb. Bob zeigte sein strahlendstes Gesicht. Er hatte früher an der Universität als Astrophysiker gelehrt, und es lag ihm viel daran, unseren gemeinsamen Freunden in Marseille gute Bilder mitzubringen. Ich glaube, sie konnten sich am Ende nicht beklagen. Die spektakulärsten Bilder zeigten die südliche Milchstraße und die Himmelsregion mit der Großen und der Kleinen Magellan-Wolke. Auf einigen Fotos waren 6000 Sterne zu sehen.

Das zweite astronomische Instrument, das FAUST-Teleskop, arbeitete ebenfalls im Ultravioletten, das dritte jedoch mit Röntgenstrahlung. Inzwischen sind der Wissenschaft mehrere tausend Sterne bekannt, die Röntgenlicht abstrahlen. Das Röntgeninstrument von Dr. Andresen hat in vielen Fällen die Spektren dieser Sterne registriert. Auch dabei sind Beobachtungen gelungen, die zur Euphorie im Bodenkontrollzentrum beitrugen.

Die Röntgenquelle X-3 in Centaurus hatte zunächst ein Spektrum gezeigt, wie es für ein heißes Plasma typisch ist. Es war eigentlich nichts Aufregendes daran. Doch knapp eine halbe Stunde später hatte es sich völlig verändert und zeigte nun ein breites Intensitätsmaximum bei einer Fotoenergie von etwa 12 keV, bei der vorher so gut wie keine Strahlung emittiert wurde. Auf das Sonnenlicht bezogen bedeutete dies, daß unser Zentralgestirn seine Farbe innerhalb von Minuten ändern würde. Von diesem Ergebnis hörten wir allerdings erst nach dem Flug. Doch ich bin fest davon überzeugt, daß die theoretischen Astrophysiker weit erstaunter waren als ich. Vermutlich sind sie noch damit beschäftigt, eine Erklärung dafür zu finden.

Bei Bob und mir kehrte Ruhe ein. Wir hatten nicht nur die geplanten Arbeiten erledigt, sondern auch eine Reihe unvorhergesehener Probleme gemeistert. Inzwischen wußte ich, daß meine Bedenken kurz vor dem Start unbegründet waren, ob wir unserer Verantwortung gewachsen sein würden. Wir waren gut trainiert. Meine Gedanken wanderten wieder in die Vergangenheit.

DIE GROSSE TOUR

Nachdem wir drei, der Schweizer Claude Nicollier, der Holländer Wubbo Ockels und ich, im Juli 1978 Zeitverträge von der Europäischen Weltraumorganisation ESA erhalten hatten, bekamen wir als erstes ein großes gemeinsames Büro bei der »Deutschen Forschungs- und Versuchsanstalt für Luft- und Raumfahrt« (DFVLR) in Köln-Porz zugewiesen.

Dann begann unser langjähriges Weltraumtraining, das in fünf Phasen aufgeteilt war. Das erste nannte sich Orientierungsphase und bestand im wesentlichen aus dem Studium der einschlägigen Fachliteratur und der Einführung in die verschiedenen wissenschaftlichen Disziplinen, in denen Experimente an Bord von Spacelab durchgeführt werden sollten. Zu diesem Zeitpunkt stießen auch schon die beiden amerikanischen Nutzlast-Spezialisten Mike Lampton von der Berkeley University und Byron Lichtenberg vom MIT (Massachusetts Institute of Technology, Boston) zu uns. Ebenso wie bei uns drei Westeuropäern, von denen nur einer mitfliegen konnte, war auch bei den Amerikanern vorgesehen, daß nur einer, entweder Lampton oder Lichtenberg, im Spacelab arbeiten würde. Die endgültige Entscheidung sollte also auch bei ihnen erst kurz vor dem Flug gefällt werden.

Wir versuchten in dieser Zeit natürlich auch, möglichst viel über den Shuttle und das Spacelab zu lernen. Beide existierten damals noch nicht in Form von flugtauglichen Geräten, sondern nur auf dem Papier.

Nach der Orientierungsphase kam die Einführungsphase in die einzelnen Experimente. Wir reisten zum erstenmal zu den Experimentatoren, obwohl die meisten von ihnen ihre Versuchsanordnungen noch gar nicht fertiggestellt hatten. Deshalb ließen wir uns die Planung für jedes einzelne Experiment erklären. Die einführenden Seminare sollten uns darüber informieren, was beabsichtigt war, warum ein Experiment im Weltraum gemacht werden sollte und wie der Principal Investigator zum Ziel zu gelangen beabsichtigte. Wir ließen uns aber auch zeigen, welche Korrekturmöglichkeiten wir später haben würden, wie das Experiment zu überwachen war, welches Softwareprogramm für den Computer dazugehörte und ähnliche Fragen mehr. Wir lernten eine Menge von den Wissenschaftlern, doch konnten wir in vielen Fällen auch ihnen helfen, aus dem Trägersystem Spacelab den größten Nutzen zu ziehen.

Die interessanteste Trainingsphase war die dritte, das Hands-on-Training. Diese Phase begann, nachdem die meisten Experimentatoren Ingenieur- oder Qualifikationsmodelle ihrer Experimente gebaut hatten. Wir wiederholten unsere große Tour durch alle wissenschaftlichen Institute und Universitäten, die am Spacelab-Projekt beteiligt waren. In der Zwischenzeit war schon eine Reihe von Versuchsanordnungen entweder vollständig oder teilweise fertig geworden, so daß wir sie versuchsweise bedienen konnten. Dabei machte ich eine interessante Erfahrung. Die Arbeit direkt an den Geräten erschien mir viel effektiver als alle Theorie, die wir auf dem Papier getrieben hatten. Es stellte sich heraus, daß man mit den Händen offenbar sehr viel schneller und besser lernt als in der reinen Abstraktion. Kann man etwas anfassen oder mit den Händen bewirken, prägt sich das erheblich schneller, leichter und intensiver ein als alle Überlegungen in der grauen Theorie.

Sehr viel später kamen dann die zwei letzten Trainingsphasen. Die vierte bestand aus dem integrierten Training mit den Simulatoren. Zu diesem Zeitpunkt befanden sich schon alle Experimentalanordnungen auf Cape Canaveral. Wir trainierten jedoch in Huntsville in einem »naturgetreuen« Spacelab-Modell, in dem sich alle Schalter an der richtigen Stelle befanden; die Experimente hinter den Frontplatten fehlten jedoch noch. Die Stellungen der verschiedenen Schalter wurden in einen Computer übermittelt, der über ein mathematisches Modell all die Experimente simulierte. Das heißt, wir konnten in diesem Versuchsmodell praktisch schon genauso arbeiten wie später im Spacelab. Der Computer übernahm die Funktionen, die später im Weltraum die Experimente selbst hatten, und gab auch dementsprechende Rückmeldungen, wie das für den tatsächlichen Spacelab-Flug geplant war. Hatten wir bis dahin alles nacheinander trainiert, konnten wir nun mehrere Experimente simultan ablaufen lassen.

Die fünfte und letzte Trainingsphase fand kurz vor dem Start statt. Dabei wurde das Flugmodell des Spacelab mit allen Experimenten beim sogenannten Mission Sequence Test für ein kurzes Training benutzt.

Doch die interessantesten Trainingsabschnitte waren für mich die Phasen zwei und drei, in denen wir in der ganzen Welt herumreisten, um die Experimente kennenzulernen. Und nicht nur das. Auf Grund des internationalen Zuschnitts der ersten Spacelab-Mission hatten wir die Möglichkeit, ausländische Wissenschaftler bei der Arbeit zu beobachten. Jeder von uns konnte dabei seine Vorurteile überprüfen und manches korrigieren.

Über die reine Wissenschaft hinaus haben wir alle sehr viel gelernt. Ich habe dabei die Erkenntnis gewonnen, daß Europa zu großen Leistungen fähig ist. Es müßte sich nur entschlossener zusammenschließen. Zusätzlich, so scheint es mir, bietet es seinen Bürgern eine Lebensqualität, die einzigartig ist. Neben großartigen Landschaften begegnen wir hier einem unglaublichen Reichtum an Kultur.

Die längste Reise in dieser Trainingsphase unternahmen wir nach Tokio. Dort hatten die Japaner SEPAC fertiggestellt. Zwei Wochen trainierten wir an diesem Experiment in Tsukuba, einer Wissenschaftsstadt in der Nähe von Tokio. Die Japaner verfügten dort über eine riesige Vakuumkammer, die die Größe eines Benzintanks hatte, wie man sie bei Raffinerien im Freien stehen sieht. Diese Kammer wurde evakuiert, bis sie Hochvakuum hatte. Anschließend arbeitete man in ihr mit der Elektronenstrahl-Kanone.

Die Halle, in der man den großen Vakuumbehälter errichtet hatte, war voll von Mitarbeitern und Assistenten. Ich hatte beinahe das Gefühl, daß für jedes Ventil dieser Anlage gleich zwei Leute zuständig waren. Da es sehr viel zu lernen gab, arbeiteten wir täglich von frühmorgens bis abends um halb acht.

Der Principal Investigator war Professor Obayashi, ein untersetzter, kräftiger Mann mit originellen Ideen. Er legte Wert darauf, daß wir jeden Abend zusammen essen gingen. In den meisten Fällen wählte er ein typisch japanisches Restaurant aus. Man mußte auf dem Boden sitzen und hatte ganz kleine Tische. Als Vorspeise gab es regelmäßig rohen Fisch und dann irgendein japanisches Gericht. Alles wurde mit Stäbchen gegessen. Dazu wurde viel getrunken, Bier, Reiswein und andere alkoholische Getränke.

Sobald die Mahlzeit vorüber war, fing Obayashi mit seinem Lieblingsspiel an: dem Singen von Liedern. Die meisten Anwesenden waren natürlich Japaner. Aber zu unserer Gruppe gehörten auch Amerikaner, der Holländer Wubbo Ockels und ich. Obayashi bat jeden von uns, ein Lied aus seinem Heimatland zu singen. Ich bin weiß Gott kein guter Sänger. Trotzdem sang ich, als ich an der Reihe war, brav die erste Strophe des Volkslieds *Die Gedanken sind frei*. Weiter kam ich leider nicht, da ich den folgenden Text nicht kannte.

Und jetzt passierte das Unerhörte. Obayashi nahm die Melodie auf und sang das Lied auf Deutsch zu Ende. Er kannte eine ganze Menge deutscher Volkslieder. Wahrscheinlich hatte er irgendwann einmal in Deutschland studiert. Für mich war dieser Vorfall sowohl überraschend als auch beschämend. Manchmal schleppte er auch noch seine Tochter an. Die mußte dann *Heideröslein* singen, und zwar von Anfang bis Ende. Obayashi war ganz versessen auf deutsche Volkslieder.

Ein Glück, daß Wubbo Ockels mit dabei war, der sich auf der Gitarre ganz gut auskennt. Er eroberte die Gunst der Japaner, als er ihnen einen holländischen Matrosentanz zum Mitsingen beibrachte.

Eine andere Begebenheit, die nicht im direkten Zusammenhang mit den Experimenten stand, trug sich zwischen meinem Kollegen Mike Lampton und Professor Courtes zu; beide sind Astrophysiker.

Bei der Diskussion, die sie miteinander führten, ging es

um die Frage, wieviel Wochen Urlaub sich ein erstklassiger Wissenschaftler im Jahr wohl leisten darf. Der Amerikaner Lampton argumentierte, daß zwei Wochen pro Jahr schon ein sehr großer Luxus seien. In der Wissenschaft, meinte er, passiere so viel, daß man in zwei Wochen schon eine ganze Menge versäumen könne. Mehr sei einfach nicht drin.

Der Franzose Courtes war da ganz anderer Ansicht. »In meinem Institut muß jeder mindestens vier Wochen Urlaub im Jahr machen«, sagte er, »weil ich von jedem verlange, daß er von seinen täglichen Problemen einmal Abstand gewinnt. Nur dann, wenn er völlige Freiheit und Ruhe hat und sich mit ganz anderen Dingen beschäftigt, fällt ihm irgend etwas Neues ein. Im Alltagstrott, in der täglichen Routine schleift er sich ab und verliert jegliche Kreativität. Eine längere Pause muß einfach sein.«

Hier standen sich zwei Welten gegenüber. Ich persönlich glaube, daß eher der Franzose recht hatte. Denn während unseres ganzen Trainings fiel mir immer wieder auf, welch hervorragende Wissenschaftler die Franzosen haben. Das hatte ich vorher noch gar nicht bemerkt. Vermutlich kam es daher, weil die Franzosen sehr viel in ihrer eigenen Sprache publizieren und es nicht ins Englische übersetzen. Jedenfalls war ich über den hervorragenden Stand der Franzosen in verschiedenen Fachdisziplinen sehr überrascht. Bei meinen Besuchen in den Instituten in Marseille oder in Paris wurde mir immer wieder klar, daß ich die französische Wissenschaft bislang sehr unterschätzt hatte. Obwohl die Franzosen nicht so verbissen und hartnäckig arbeiten wie die Amerikaner, waren ihre Ergebnisse von hohen Niveau.

Gerade diese Trainingsphase, die Besuche bei den

Forschern und Institutsleitern an vielen Universitäten in der ganzen Welt, hat mir viele neue Einblicke in Land und Leute und andere Denkweisen eröffnet. Mehr noch als während der Auswahlphase, als ich all die Prüfungen bestehen mußte, mit denen der Weg eines Astronauten nun einmal gepflastert ist, war mir bewußt, daß dies einen großen Gewinn für mich bedeutete. Obgleich ich nach wie vor damit rechnen mußte, nicht in den Weltraum zu gelangen – immerhin waren wir ja noch drei Kandidaten – wußte ich, daß sich meine Beteiligung an der Vorbereitung der vielen neuen Erfahrungen wegen lohnen würde.

Ein angenehmer Nebeneffekt der vielen Reisen war, daß man von den ortsansässigen Wissenschaftlern oft in die besten Restaurants geführt wurde. Das galt für Marseille und Paris ebenso wie für Rom und viele andere Plätze wie Kopenhagen und Freiburg im Breisgau.

Viele der Wissenschaftler erwiesen sich als große Persönlichkeiten. Entweder waren sie weit gereist oder gute Musiker und exzellente Gelehrte, die uns durch umfassende Bildung beeindruckten. Einer der herausragendsten Wissenschaftler war Professor Gauer. Er hatte in der Physiologie einen hervorragenden Namen und war ein großer Experte auf dem Gebiet des Herz-Kreislauf-Systems. Er hatte grundlegende Beiträge zur Volumenregulation des Bluts geleistet. Von ihm hieß es, daß seine Arbeiten nobelpreiswürdig seien. Vielleicht war es ein Handicap für ihn, daß seine Erkenntnisse während des Kriegs Bedeutung im Hinblick auf die Belastbarkeit von Jagdflugzeugpiloten der deutschen Luftwaffe gewonnen hatten. Nach dem Krieg haben ihn die Amerikaner sofort in die Vereinigten Staaten geholt und von seinem großen

Fachwissen profitiert. Erst sehr viel später kehrte er nach Berlin an die Freie Universität zurück.

Der nach ihm benannte Henry-Gauer-Reflex war für die Raumfahrt von großem Interesse. Wie wir an uns selbst beobachten konnten, kam durch die Verschiebung der extrazellulären Flüssigkeiten Lymphe und Blut vom Unter- in den Oberkörper die Diurese in Gang. Gauer hatte eine ähnliche Wirkung dadurch erreicht, daß er Versuchspersonen in ein Wasserbad setzte.

Er hatte sich überlegt, daß er damit den hydrostatischen Druck im Gefäßbett des Menschen kompensieren konnte, weil durch das Wasserbad ein gleich großer Druck von außen auf den Körper einwirkt.

Gauer konnte die Verschiebung der Körperflüssigkeit beobachten, und er bemerkte als erster, daß der gesunde Körper dieser Veränderung dadurch entgegensteuert, indem er durch die Niere Wasser ausscheidet.

Ihn interessierte nun die Frage, weshalb in der Schwerelosigkeit mehr Flüssigkeit verschoben wird als im Wasserbad. Von der Messung des zentralen Venendrucks hatte er sich Aufschluß erhofft. Leider hat er die Ergebnisse selbst nicht mehr erhalten, da er während der Vorbereitungszeit verstarb.

Gauer war ein großer Gelehrter alten Stils. Er war weißhaarig und sah eindrucksvoll aus. Er gab sich besondere Mühe mit uns und erzählte einmal, wie er sich als junger Mann Gedanken über den Blutkreislauf gemacht habe und wie er dann auf die Idee gekommen sei, die Schwerkraft künstlich zu erhöhen, indem man eine Testperson auf eine Zentrifuge setzte und sie zusätzlich zum Gewicht der Zentrifugalkraft aussetzte. Gauer war denn auch der erste, der schon in den dreißiger Jahren eine

Zentrifuge bauen ließ, um damit den menschlichen Blutkreislauf unter erhöhter Belastung zu untersuchen.
Er hat uns einen Film vorgeführt, der seine wissenschaftliche Pionierleistung belegte. Gauer hatte einen Affen auf die Zentrifuge gesetzt – und zwar vor eine Röntgenröhre. Dabei zeichnete sich ab, daß bei höherer Beschleunigungsbelastung das Herz des Affen immer kleiner wurde. Mit anderen Worten: Das Herz als elastischer Muskelbeutel wird kleiner, es schrumpft, weil in seine Herzkammern nicht mehr genügend Blut gelangt, das es dann wieder hinauspumpen soll. Dennoch versucht das Herz, dem physiologischen Programm, das ihm aufgegeben ist, Genüge zu leisten. Es will die gleiche Menge Blut umpumpen, obwohl bei jedem Herzschlag erheblich weniger Blut transportiert wird als am Erdboden. Die Folge davon ist, daß das kleinere Herz anfängt zu rasen. Es pumpt und pumpt, um genügend Blut im Umlauf zu halten.

Diesen Sachverhalt kann man mit einer langen und einer kurzen Fahrradluftpumpe vergleichen. Will man mit der kurzen Luftpumpe in der gleichen Zeit genausoviel Luft in den Fahrradschlauch bringen wie mit der langen Pumpe, muß man mit der kurzen Pumpe sehr viel schneller pumpen. Was bei der langen Pumpe mit einem Pumpstoß in den Schlauch geht, dazu benötigt die kurze Pumpe unter Umständen zwei oder mehr Stöße.

Gauer war also ein Mann, ohne dessen wissenschaftliche Arbeit der Raumflug kaum zu denken gewesen wäre. Er hat sich sehr darüber gefreut, daß mit Owen Garriott ein Mann zu ihm ins Berliner Institut kam, der schon einmal im Weltraum gewesen war.

Ein anderer hervorragender Wissenschaftler, der aber

nicht nur seiner Arbeit lebt, ist Klaus Wilhelm vom Max-Planck-Institut für Aeronomie in Lindau im Harz. Er ist ein ganz ausgezeichneter Ionosphärenphysiker, der sich unter anderem sehr intensiv mit der Natur des Nordlichts beschäftigt hat. Wilhelm machte eines Tages den Vorschlag, wir sollten mit einem Boot zum nächsten Treffen der Spacelab-Experimentatoren segeln, das nach Sterling bei Edinburgh einberufen worden war. Ich war von dem Vorschlag natürlich begeistert.

Wir reisten nach Holland und charterten einen Taiwanklipper, ein dreizehn Meter langes Segelschiff. In Lemmer am Ijsselmeer übernahmen wir das Boot am Abend. Noch in der ersten Nacht durchquerten wir das Ijsselmeer und segelten von da aus nach Den Helder. Dort erledigten wir die Zollformalitäten, und dann fuhren wir über die Nordsee. Wir waren drei Tage unterwegs. Der Wind war nicht immer stark, so daß wir zeitweise auch den Dieselmotor anwerfen mußten, weil wir pünktlich in Edinburgh ankommen wollten. Die meiste Zeit konnten wir jedoch segeln. Es war September, und wenn der Wind blies, ging es zügig mit fünf oder sechs Knoten Fahrt voran.

Sehr interessant war auch meine Reise nach Foux d'Allos. Professor Courtes hatte mich eingeladen, zusammen mit seinen Wissenschaftlern die Very Wide Field Camera in einem kleinen Observatorium in den Südalpen zu testen.

Wir luden das schwere Instrument in Marseille auf einen kleinen Kombi; natürlich war das Gerät sicher und gut in einer Riesenkiste verpackt. Dann fuhren wir mit dem Auto durch die Provence nach Foux d'Allos. Obgleich der Monat Februar zum Winter zählt, verzau-

Die große Tour 239

berte uns der erste Hauch des herannahenden Frühlings; oben im Gebirge herrschte noch tiefer Winter. In Foux d'Allos haben wir nächtelang den Himmel beobachtet und unsere Kamera erprobt. Dabei lernte ich sehr viel über Astronomie. So sah ich zum ersten Mal den Andromedanebel und das Zodiakallicht, eine schwache Lichterscheinung auf Grund von Streuung des Sonnenlichts an Staubteilchen im Planetensystem. Außerdem sahen wir sehr viele Satellitenbruchstücke, die wie kleine Sternschnuppen durch die Atmosphäre rauschten. Wenn man stundenlang in den Nachthimmel sieht, dann begreift man erst, was dort alles zu beobachten ist.

Das Observatorium war sehr klein, so daß wir dichtgedrängt beeinandersaßen. Betrachtet man des Nachts die Sterne, kommt man leicht ins Philosophieren. Irgendwann frühmorgens kriecht man frierend in die Betten und wärmt sich auf. Ich freute mich jeden Tag auf das Aufstehen, denn meine Freunde aus Marseille pflegten als erstes zu besprechen, wo man mittags am besten zum Essen hingehen könne. Dann fuhren wir mit Skiern den Berg hinunter, gingen in das Restaurant ihrer Wahl und kamen später mit der Seilbahn wieder zurück. Es waren herrliche Tage!

Selbstverständlich gab es während dieser Trainingsphase auch trockenen Lehrstoff zu erarbeiten. Verfahrensweise und Prozeduren mußten erstellt werden. Anfänglich hatten wir Schwierigkeiten, weil die Leute von der ESA, die uns die ersten einführenden Referate hielten, mit Abkürzungen nur so um sich warfen, die wir nicht verstanden. Wir gehörten zum Spacelab Payload Integration and Coordination Center (SPICE), das die ESA auf dem Gelände der DFVLR unterhielt. Das SPICE-Team hatte unter anderem die Aufgabe, uns in die verschiedenen Systeme des Spacelab einzuführen. Dabei muß gesagt werden, daß das Spacelab seinerzeit noch gar nicht existierte, sondern nur auf dem Papier vorhanden war. Aber die einzelnen Spezifikationen waren schon bekannt, so daß man wußte, was das Spacelab leisten und wie es zu bedienen sein würde.

Die SPICE-Leute warfen mit zahllosen Abkürzungen nur so um sich, die für sie ganz natürlich, für uns aber völlig unverständlich waren. Das haben wir uns eine Weile angehört und schritten dann selbst zur Tat. So meldeten wir uns, wenn wir wieder einmal eine Reihe von Instruktionen über uns hatten ergehen lassen müssen, und sagten: »Well, I think we all agree it is time vor CBA.« Da guckten die SPICE-Leute sehr verwundert, denn keiner wußte, was CBA sein sollte. Als wir ihnen erklärten, dies hieße Coffee Break Activity, also nichts anderes als Kaffeepause, lachten sie erleichtert.

Bei der ESA und der NASA überschlug sich der Abkürzungsteufel geradezu. So sprach niemand von den Space Experiments with Particle Accelerators, sondern nur von SEPAC.

Der Abkürzungsteufel machte aber vor dem Begriff SEPAC nicht halt. Es gab auch die Möglichkeit, SEPAC manuell, also ohne Computerhilfe, zu bedienen. Man sprach dann von Manual Operation. Hatte man damit irgend etwas zu tun, war nur noch von SMO (SEPAC Manual Operation) die Rede. Das war die Abkürzung einer Abkürzung.

22 Rechts: Abendessen im Mitteldeck; im Hintergrund die Schlafkojen

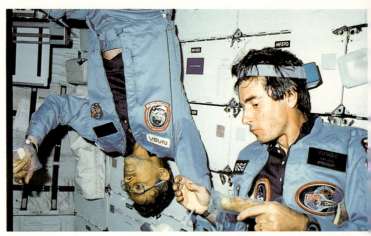

23 Unten: Plauderstunde im Mitteldeck; links John Young und rechts Ulf Merbold

24 Oben: Owen Garriott beim Einfrieren von Blutproben im Mitteldeck

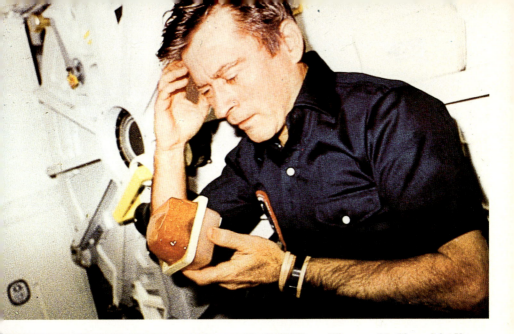

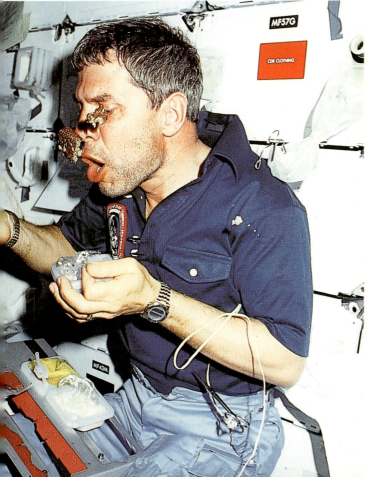

25 Oben: John Young — mit Wasserstoffblasen im Kaffee

26 Links: Bob Parker schnappt »verzweifelt« nach seinem Essen, das sich selbständig gemacht hat

27 Folgende Doppelseite: Die Columbia landet auf der Edwards Air-force Base in der Mojave-Wüste in Kalifornien (links oben: Landeanflug; rechts oben: die Columbia setzt auf; unten: Ausrollen)

28 Oben: Begrüßung der Columbia-Crew nach dem Verlassen des Shuttle

29 Rechts: Die Besatzung steigt aus

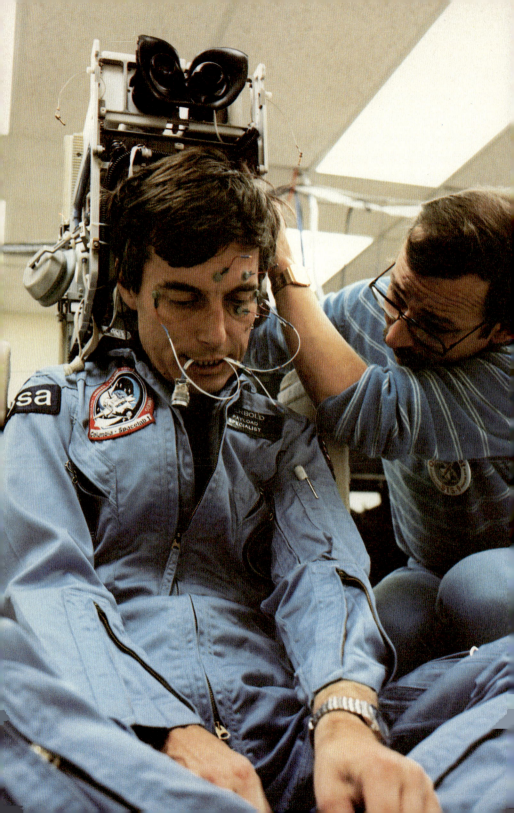

30 Links: Nach der Landung wurde eine Reihe von Untersuchungen durchgeführt. Hier beim Test des Vestibularorgans

31 Oben: Aufzeichnung der Augenbewegungen mit Hilfe einer Videokamera (Ocular Counter Rolling)

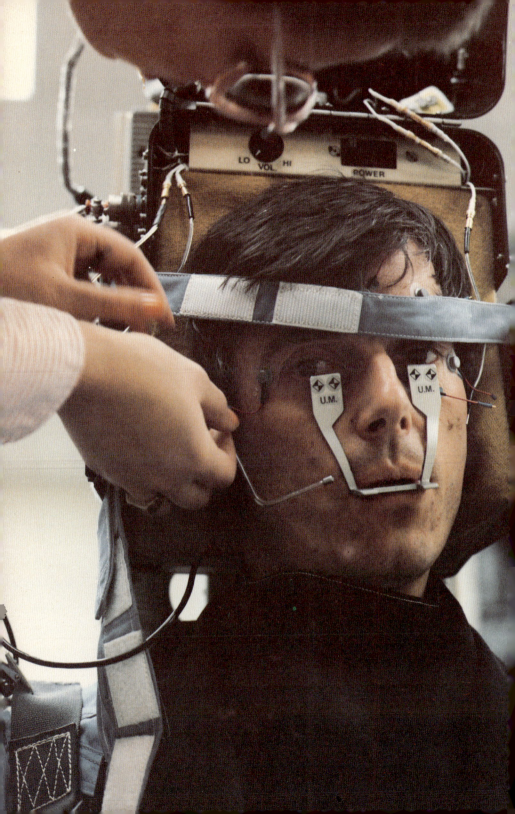

32 Links: Untersuchung des Vestibularorgans auf dem MIT-Schlitten

33 Unten: Optische Simulation mit dem »Rotierenden Dom«

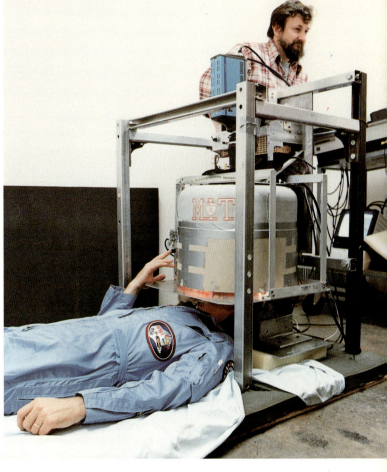

34 Oben: Nach der Landung wurde ein Test durchgeführt, bei dem man die subjektive Vertikale bestimmen sollte

35 Rechts: Ulf Merbold beim Hoffmann-Reflex-Experiment

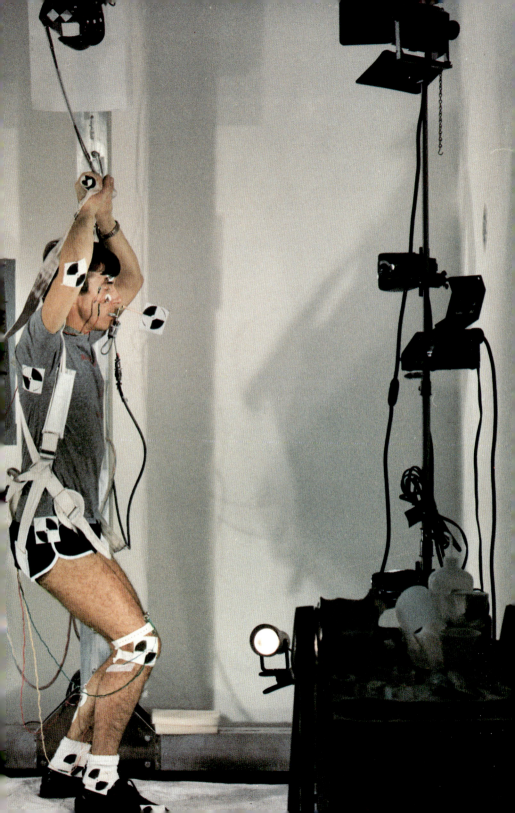

36 Unten: Bei diesem Experiment sollte die Schwellbeschleunigung bestimmt werden, um herauszufinden, wie die lineare Bewegung auf dem Schlitten von der Testperson wahrgenommen wird

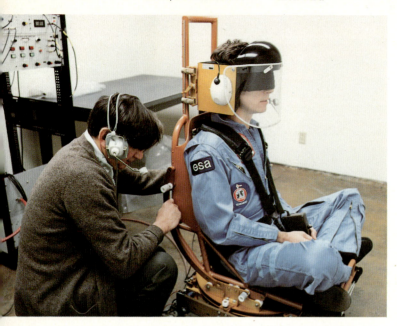

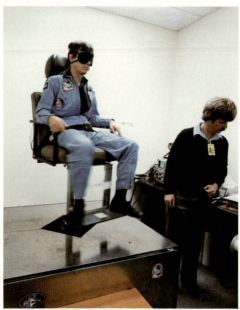

37 Oben: Ulf Merbold beim Drehstuhltest

38 Rechts: Nach der Landung wurde der Test mit der sogenannten Massenunterscheidung noch einmal durchgeführt

Die große Tour

Es dauerte einige Zeit, bis wir diese zahllosen Buchstabenkombinationen richtig begriffen hatten und anzuwenden wußten. Im Laufe der zweiten und dritten Trainingsphase waren sie uns jedoch schon in Fleisch und Blut übergegangen. Als das Spacelab bei der Firma ERNO in Bremen Gestalt annahm und die einzelnen Versuchsanordnungen angeliefert, eingebaut und getestet wurden, fühlten wir uns in dem Weltraum-Kauderwelsch von ESA und NASA schon vollkommen zu Hause.

Allerdings gab es für uns in dieser Zeit eine böse Überraschung. Es stellte sich heraus, daß der ursprünglich ins Auge gefaßte Startzeitpunkt im Jahre 1980 auf keinen Fall eingehalten werden konnte. Die NASA hatte noch immer Probleme mit den Haupttriebwerken des Shuttle und seinen Keramikkacheln für den Hitzeschutz. Doch auch das Spacelab wäre nicht einsatzbereit gewesen. So mußten wir mehrere Verschiebungen in Kauf nehmen. Teilweise war es wie ein Alptraum. Wir kamen nicht von der Stelle, und unser Flug lag in weiter Ferne.

Nachdem wir sechs Monate gearbeitet hatten, wurde der Flug um dieselbe oder manchmal um eine längere Zeitspanne verschoben.

Ende 1979 mußten wir uns darüber klar werden, wie wir die zusätzliche Zeit am besten nutzen wollten. Ich überlegte vorübergehend, an mein früheres Institut, das Max-Planck-Institut für Metallforschung, zurückzukehren, um die eigene Forschung wieder aufzunehmen. Außerdem konnten wir weiter mit den Versuchsanordnungen experimentieren, die für das Spacelab vorgese-

39 Links: Die Columbia vor dem Rücktransport von Edwards zum Cape Canaveral

hen waren. Schließlich gab es noch eine dritte Möglichkeit, und die erschien uns dreien als die sinnvollste.

Der damalige Direktor der NASA, Frosch, hatte der ESA in einem Brief mitgeteilt, daß auch die europäischen Wissenschaftsastronauten zu Mission Specialists bei der NASA ausgebildet werden könnten. Das bedeutete, daß wir uns zu wissenschaftlichen Berufsastronauten ausbilden lassen konnten, die nicht nur für die Betreuung ganz bestimmter wissenschaftlicher und technologischer Aufgaben bei einem einzigen Flug trainiert wurden. Die Missions-Spezialisten sollten vielmehr ganz allgemein bei Weltraumflügen Experimente und Versuche durchführen und die Funktion des Bordingenieurs ausüben. Ihr Aktionsradius war damit nicht auf einen einzigen Flug beschränkt.

Die NASA räumte das Recht auf Ausbildung zu Mission Specialists nicht etwa deshalb ein, weil sie selbst über zu wenige Wissenschaftsastronauten verfügt hätte. Eher das Gegenteil war der Fall. In ihrem Astronautencorps befanden sich Dutzende von trainierten Astronauten, die seit Jahren, manche schon mehr als zehn Jahre, auf ihren ersten Einsatz warteten. Europa war aber ebenso wie Kanada für die NASA ein Major Contributor zum Space Transportation System. Auf Grund dieser substantiellen Mitarbeit am Shuttle-Programm räumte man den Westeuropäern und Kanadiern die Möglichkeit ein, bei der NASA gegen Kostenerstattung Missions-Spezialisten ausbilden zu lassen.

Theoretisch konnten wir von Payload Specialists zu Mission Specialists aufrücken. Der Zutritt zur Kaste der Piloten blieb uns aber auch weiterhin verwehrt. Angesichts der Tatsache, daß der Shuttle auch militärisch genutzt wird, war dies ohnehin klar. Außerdem hatten die Amerikaner von Anfang an deutlich gemacht, daß nur amerikanische Staatsbürger den Raumtransporter fliegen dürften. Ohnehin wurde dabei die Qualifikation von Testpiloten gefordert, ehe das Training überhaupt begann. Und mit Testpiloten-Erfahrung konnte von uns ESA-Astronauten niemand aufwarten. Der dritte in unserem Bunde, der Schweizer Claude Nicollier, war in seinem Heimatland zumindest Düsenjägerpilot gewesen und kam der NASA-Forderung für Berufsastronauten damit noch am nächsten. Doch hatte er in dieser Richtung weder Chancen noch irgendwelche Ambitionen.

Daraufhin meldeten wir uns alle drei zur Mission-Specialist-Ausbildung an. Dahinter stand nicht nur der Wunsch, an mehr als einem Raumflug teilzunehmen. Es kam hinzu, daß nur der Missions-Spezialist berechtigt war, im Weltraum die Verantwortung für das Funktionieren des Spacelab zu übernehmen. Die Tatsache saß wie ein Stachel in unserem Fleisch, daß wir in Europa zwar das Labor gebaut hatten und es auch bezahlen durften, daß wir als Nutzlast-Spezialisten von der NASA aber als unqualifiziert angesehen wurden, das Gerät zu bedienen. Dieses Ärgernis wollten wir beseitigen.

Die NASA reagierte auf unsere Bewerbung und lud uns im Frühsommer 1980 zu einer gesundheitlichen Überprüfung ein. Dies war insofern überflüssig, als wir ohnehin alle sechs Monate grundlegende medizinische Untersuchungen über uns ergehen lassen mußten. In dieser Hinsicht brauchte ich nichts zu befürchten, da es nicht das geringste an meinem gesundheitlichen Zustand auszusetzen gab.

Allerdings hatte ich, wie sich erst später herausstellte,

einen gravierenden Fehler gemacht. Sowohl der NASA als auch der ESA gegenüber war ich ganz ehrlich gewesen und hatte zu Protokoll gegeben, daß ich vor zwanzig Jahren einmal einen Harnleiterstein gehabt hatte. Das war nun aktenkundig.

Man muß aber wissen, daß die NASA, die erfolgreiche Weltraumadministration der Amerikaner, die von Europa aus gesehen immer wie eine Einheit erscheint, intern gar nicht so monolithisch ist. Eigentlich müßte man sogar sagen, daß es so etwas wie die NASA gar nicht gibt. Es gibt das Johnson Space Center mit seinen eigenen Interessen, mit seiner Strategie und Politik. Dann gibt es noch das Marshall Space Flight Center, das Goddard Center, das Jet Propulsion Laboratory und einige andere mehr. Jedes dieser Zentren verfolgt seine eigenen Interessen und macht seine eigene Hauspolitik. Dabei zieht nicht immer jeder unbedingt am gleichen Strang.

So ist für die Berufsastronauten, die den Shuttle fliegen, und die Missions-Spezialisten das Johnson Space Center in Houston zuständig, für die Payload Specialists (Nutzlast-Spezialisten) dagegen das Marshall Space Flight Center in Huntsville, Alabama. Wir gewannen bald den Eindruck, daß viele Manager in Houston glaubten, auch ohne die Wissenschaftler aus Huntsville auskommen zu können.

Außerdem fanden wir sehr schnell heraus, daß die Zusage, die der NASA-Chef Frosch an die ESA in Paris gemacht hatte, nicht überall bei der NASA auf Gegenliebe stieß. Ich sah meiner Untersuchung gelassen entgegen, da uns schon die ESA nach Kriterien untersucht hatte, die auch für die amerikanische Mission Specialists gelten sollten.

Um so mehr war ich entsetzt, als ich in Houston erfuhr, daß der kleine Stein, den ich als Jugendlicher gehabt hatte, plötzlich ein Hinderungsgrund sein sollte. Ich konnte es kaum glauben. Die Sache war im Herbst 1959 passiert, kurz vor meinem Abitur in der DDR. Wahrscheinlich hatte ich mir im Sommer beim Zelten an der Ostsee eine schwere Erkältung zusammen mit einer Harnwegsinfektion zugezogen. Doch das lag 1980 schon 21 Jahre zurück, und seitdem war kein Stein mehr aufgetreten.

Ich war sehr empört. Am meisten ärgerte mich, daß die Episode mit dem Harnleiterstein sowohl der ESA wie auch der NASA längst bekannt war und daß ich trotzdem nach Houston zur Untersuchung geholt wurde. Man führte eine ganze Reihe zusätzlicher Untersuchungen durch und machte zum Beispiel viele Röntgenaufnahmen und arbeitete mit Kontrastmitteln, alles Dinge, die für den Organismus belastend waren. Das dauerte mehrere Tage. Nachdem man nicht das geringste negative Ergebnis gefunden hatte, ging die NASA dazu über, sich auf Formalien zu berufen.

Nach unseren Konditionen, teilte mir die NASA mit, darf ein Mission Specialist nie einen Nierenstein gehabt haben. Ich empfand es als ein gehöriges Maß an Impertinenz, jemanden anreisen zu lassen, ihn von Kopf bis Fuß tagelang gründlich zu untersuchen, in der Hoffnung, daß man vielleicht einen Grund findet, ihn an einem Mission Specialist Training nicht teilnehmen zu lassen, und schließlich dann, nachdem man trotz aller Bemühungen nichts gefunden hatte, die Formalien, die schon lange vorher bekannt waren, hervorzuholen und einen mit Hilfe dieser bürokratischen Bestimmungen im nachhinein abzulehnen.

Durch diese Wendung geriet ich in eine schwierige

Situation. Die NASA lehnte mich auf Grund des alten Steins als Missions-Spezialisten ab. Meine beiden Kollegen Wubbo Ockels und Claude Nicollier dagegen durften das Missions-Spezialisten-Training beginnen. So sah ich meine Aussichten, mit dem Spacelab in den Weltraum zu fliegen, langsam schwinden. Denn zweifellos waren Nicollier und Ockels dabei, sich zusätzlich zu qualifizieren.

Ich überlegte mir, was zu tun sei, und entschloß mich, erst einmal die Blindflugausbildung zu absolvieren. Das war immer mein Ziel gewesen, aber ich hatte nie das Geld dazu gehabt. Jetzt war ich an einem Punkt angelangt, wo ich mir selbst neuen Auftrieb verschaffen mußte. Im Herbst 1980 meldete ich mich bei einer Flugschule am Flughafen Köln-Bonn zur Blindflugschulung an. Vor allem arbeitete ich noch intensiver an den Spacelab-Experimenten weiter. Dabei kam es mir zustatten, daß in vielen europäischen Labors die für den Flug bestimmten Instrumente fertiggestellt wurden. Sie wurden 1980 getestet, justiert und geeicht. Es schien mir am sinnvollsten zu sein, bei diesen Arbeiten intensiv mitzuwirken. Während Nicollier und Ockels bei der NASA trainierten, versuchte ich auf diese Weise, mir auf einem anderen Gebiet eine höhere Qualifikation zu erwerben.

Das klappte auch gut. Immer dann, wenn neue Versuchsanordnungen fertig wurden oder Experimente zu erproben waren, wurde ich zu den verschiedenen Instituten, Universitäten oder zur Firma ERNO nach Bremen geholt.

Dabei lernte ich viele Experimentatoren noch besser kennen. Zusätzlich gaben mir die Ingenieure der Firma ERNO immer wieder Gelegenheit, die Systeme von

Spacelab und die für den Flug bestimmten Instrumente zu bedienen und zu betreiben.

Nachdem Wubbo und Claude ein Jahr lang in Houston trainiert hatten, wurden sie von Kandidaten zu Astronauten befördert. Wenig später teilte die NASA der ESA mit, daß die Fortführung der Mission-Specialist-Ausbildung nicht mehr mit dem Training für Spacelab 1 zu vereinbaren sei.

Monsieur Bignier, unser Chef in Paris, löste das Problem, indem er einen meiner Kollegen aus Houston abzog und wieder vollständig in das Spacelab-Training eingliederte. Dafür sollte der andere ganz mit dem Training für Spacelab aufhören, um sich ausschließlich auf das Training und die Arbeit in Houston zu konzentrieren.

Daraufhin einigten sich Claude und Wubbo, daß Nicollier weiterhin die Funktion eines Mission Specialist anstreben und Ockels zum Spacelab zurückkehren sollte.

So fanden sich Wubbo Ockels und ich im gemeinsamen Training wieder, nachdem wir mehr als ein Jahr getrennte Wege gegangen waren. Ursprünglich hatte ich schon 1981 in die Staaten gehen sollen. Doch da der Start sich weiter verzögerte, wurde es Anfang 1982. Ich zog mit meiner Familie nach Huntsville in Alabama.

Der Grund, warum wir zum Marshall Space Flight Center geschickt wurden, lag auf der Hand: Man hatte das Spacelab bereits bei der NASA abgeliefert. Außerdem gab es in Europa keinen Simulator für das Spacelab, doch in Huntsville wurde gerade einer fertiggestellt. Deshalb mußten wir den letzten Teil unseres Trainings in den Vereinigten Staaten abwickeln. Zu diesem Zeitpunkt war allerdings immer noch nicht entschieden, wer von uns an Bord von Spacelab gehen würde. Die Lage hatte sich insofern verändert, als nur noch Wubbo Ockels und ich übriggeblieben waren. Denn Claude Nicollier führte sein Training als Mission Specialist weiter und sollte bei einem späteren Raumflug mitfliegen.

Allerdings wurden nicht nur Wubbo und ich zum Marshall Space Flight Center geschickt, sondern auch das ganze Operation Team der ESA, das später für die Durchführung der europäischen Experimente verantwortlich sein sollte. Wir waren mindestens zwanzig Mann, die zur NASA zogen. Meine Frau hatte zugestimmt, mit den Kindern nach Amerika zu folgen. Ich selbst übersiedelte im Februar 1981, und Ende April kam meine Familie nach. Gott sei Dank begannen wenig später die Sommerferien und die Schulen in Huntsville machten für drei Monate zu. So hatten die Kinder ein wenig Zeit für die Umgewöhnung, denn für sie war es besonders schwierig. Unser Hannes war am 26. März 1979 geboren worden und erst drei Jahre alt. Susanne, die am 16. Januar 1975 das Licht der Welt erblickte, hatte in Stuttgart-Feuerbach schon die Schule besucht. Sie hatte die erste Klasse absolviert und war in der zweiten, als wir nach Amerika gingen.

Bis dahin hatten wir sehr schön in Stuttgart gelebt. Um die Ecke wohnte meine Mutter, die mir nach Stuttgart gefolgt war, nachdem sie ins Rentenalter gekommen war. Für Birgit war das ganz angenehm, weil die Oma die Kinder immer gern übernahm, wenn einmal jemand auf sie aufpassen sollte.

Hinzu kam, daß wir in einer fast ländlichen Umgebung am Fuße eines Weinbergs mit vielen Gärten und alten Bäumen gewohnt hatten. Trotz dieser Lage an der Peripherie von Stuttgart hatten wir das ganze kulturelle Angebot der Landeshauptstadt zur Auswahl.

In Huntsville hatte es bis kurz vor unserer Ankunft eine deutsche Schule gegeben. Nach dem Krieg waren sehr viele deutsche Raketenfachleute mit Wernher von Braun an der Spitze dorthin gezogen. Da die deutsche Schule geschlossen worden war, mußte Susanne in die amerikanische Schule gehen. Ich hatte den Eindruck, daß sie mit mehr Disziplin geführt wurde als die meisten Schulen in Deutschland. Die erste Zeit dort war für sie sehr schwierig, denn sie mußte viele Stunden ruhig sitzen, ohne mitzukriegen, was um sie herum passierte. Aber dann, nach einigen Monaten, ging es wie mit einem Schlag. Sie begann zu sprechen, und zwar wie ein amerikanisches Kind. Hannes ging in den Kindergarten.

Nach den ersten Monaten der Eingewöhnung fühlten wir uns alle sehr wohl in Huntsville. In Alabama ist es ja meistens warm. Ich hatte ein großes Haus mit einem ausgedehnten Grundstück gemietet. Die Kinder tobten dort ungezwungen herum und hatten mehr Freiheit als die meisten ihrer Altersgenossen zu Hause. Auf der anderen Seite vermißte ich unser altes Europa. Huntsville ist eine Stadt mit rund 150 000 Einwohnern. Aber vieles, was eine Stadt in Europa so anziehend macht, fehlte hier. Es gab weder Bürgersteige noch Cafés oder Kneipen, nur die großen Shopping Center mit den riesigen Parkplätzen davor. Ich vermißte die intellektuelle Turbulenz Europas.

Die Universität zum Beispiel setzte in der Stadt keine Akzente. In deutschen Universitätsstädten würde allein schon die Anwesenheit von Studenten für eine gewisse intellektuelle Unruhe sorgen. Zumindest ein Teil der Studentenschaft würde die Gesellschaft in Frage stellen, Grundsätzliches diskutieren und das intellektuelle Klima jedenfalls bis zu einem gewissen Grad stimulieren. Aber von Seiten der University of Alabama habe ich keine derartigen Einflüsse auf Huntsville ausgehen sehen.

Daneben gab es aber auch angenehme Erfahrungen. Es gefiel uns außerordentlich, wie die Amerikaner, unsere Nachbarn, vollkommen offen auf uns Ausländer zugingen und wie schnell wir guten Kontakt zu ihnen hatten. In der Nähe unseres Hauses gab es einen kleinen Swimmingpool, den sich die Nachbarschaft selbst eingerichtet hatte. In einem sogenannten Neighbourhood Recreation Club konnte man Tennis spielen und vielerlei Kontakte knüpfen. Auch dort lernten wir viele Leute aus der Nachbarschaft kennen. Die Kinder waren immer dabei und haben speziell den Swimmingpool häufig heimgesucht.

Einer der örtlichen Fliegerclubs nahm mich ohne große Formalitäten als Mitglied auf, und ich konnte die Clubflugzeuge benutzen. In der Nähe meines Büros war die Startbahn. Der Club hatte acht oder neun Flugzeuge, und ich bin in dieser Zeit sehr viel geflogen. Von Huntsville aus mußte ich häufig nach Houston oder nach Cape Canaveral, und für diese Reisen nahm ich vielfach die Maschinen aus unserem Club. Das war nicht teurer als ein Flug mit einer Linienmaschine, weil das Fliegen mit Privatflugzeugen in Amerika wesentlich billiger ist als in Europa.

Natürlich ist Huntsville gerade für Deutsche ein besonderes Pflaster. Wernher von Braun war mit den 120 besten Fachleuten seiner Raketenmannschaft hierher gezogen, nachdem er im Krieg in Deutschland die erste Großrakete der Welt, die zwölf Meter lange V2, konstruiert hatte. Auf der Grundlage der V2-Technologie hatten sie in Huntsville die amerikanische Redstone-Rakete gebaut. Auch den ersten amerikanischen Satelliten, Explorer I, die Antwort der USA auf den sowjetischen Sputnik I, hatte die Braun-Mannschaft entwickelt. Mit der Redstone-Rakete waren die ersten amerikanischen Astronauten in winzigen, nur gut zwei Tonnen schweren Mercury-Kapseln Anfang der sechziger Jahre in den Weltraum gelangt.

Den Wettlauf zum Mond hatte Wernher von Braun ebenfalls zugunsten der Vereinigten Staaten entschieden. Er baute die Saturn I, dann die größere Saturn IB und schließlich die immer noch größte Rakete der Welt, die Saturn V.

Doch die Zeit hatte ihren Tribut gefordert. Als wir nach Huntsville kamen, lebten von den ursprünglich 120 Mitarbeitern von Wernher von Braun nur noch 40. Ich habe mit einer ganzen Reihe von ihnen gesprochen und war sehr beeindruckt. Es handelte sich um hochkarätige Fachleute, die aus der frühen Zeit der Raketenentwicklung in Deutschland und später in den Vereinigten Staaten Hochinteressantes zu berichten wußten.

Sie alle schienen mir aber eine Art Stachel im Fleisch zu haben. Obwohl sie alle mittlerweile die amerikanische Staatsbürgerschaft angenommen und das Raumfahrtprogramm der USA aus der Taufe gehoben hatten, war man ihnen nie recht dankbar gewesen. Man verzieh ihnen ihre Vergangenheit wohl nie von ganzem Herzen. Sie hatten die modernste und beste Raketentechnik ihrer Zeit mit in die Vereinigten Staaten gebracht und dort erheblich weiterentwickelt, doch nun fühlten sich manche von ihnen zur Seite geschoben. Jedenfalls gewann ich nach meinen Gesprächen in Huntsville diesen Eindruck, obwohl sich niemand offiziell beklagte. Ich glaube aber, daß sich diese Deutsch-Amerikaner auch heute noch vor allem als Deutsche fühlen, obgleich sie inzwischen den größten Teil ihres Lebens in den Vereinigten Staaten verbracht haben. Immer wieder fiel mir auf, daß sie untereinander und auch in ihren Familien Deutsch redeten. Viele reisen auch einmal im Jahr nach Deutschland, fahren dort herum, besuchen ihre Verwandten und fühlen sich recht wohl.

Auf der anderen Seite sind sie natürlich Amerikaner. Sie sind zumeist sehr jung in die Vereinigten Staaten gegangen. Wernher von Braun hatte das deutsche Raketenversuchsgelände in Penemünde mit knapp 30 Jahren als technischer Direktor übernommen. Als er 1945 in den Vereinigten Staaten ankam, war er ganze 33 Jahre alt. Seine Mitarbeiter waren nicht viel älter. Und so haben sie jetzt nicht nur ihre Kinder in den Vereinigten Staaten, sondern auch ihre Enkel. Sie leben in einer lockeren Gemeinschaft auf dem Montesano, einem Hügel, der von den Amerikanern Sauerkrauthill genannt wird, weil sich dort die Deutschen angesiedelt haben. Es ist die attraktivste Gegend der Stadt. Allerdings war Huntsville noch relativ klein und hatte nur ein Zehntel seiner heutigen Einwohnerzahl, als Wernher von Braun sich dort niederließ, um für die amerikanische Armee die Raketenentwicklung voranzutreiben.

In Huntsville absolvierten wir die vorletzte Trainingsphase. Etwa ein Jahr vor dem Flug wollte man dort auch endgültig entscheiden, wer von uns den ersten Spacelab-Flug mitmachen sollte. Insgesamt waren vier Payload Specialists nominiert, zwei Amerikaner und zwei Europäer, von denen aber nur ein Europäer und ein Amerikaner mitfliegen konnten. Jetzt stand auf amerikanischer Seite die Auswahl zwischen Mike Lampton und

Byron Lichtenberg an. Auf unserer Seite wiederum mußte die Entscheidung zwischen Wubbo Ockels und mir fallen.

Die NASA und die ESA waren übereingekommen, daß die Vertreter der Wissenschaftler, die Experimente auf dem Spacelab hatten, die endgültige Auswahl treffen sollten. Sie bildeten die sogenannte Investigators Working Group, in der sowohl Amerikaner als auch Europäer vertreten waren. Die gesamte europäisch-amerikanische Gruppe sollte bestimmen, wer auf amerikanischer und wer auf europäischer Seite als Nutzlast-Spezialist mitfliegen durfte.

Die Investigators Working Group traf sich im September 1982. Die endgültige Auswahl der Payload Specialists war wichtigster Tagesordnungspunkt. Wir selbst durften natürlich nicht dabei sein. Außerdem vereinbarten die Wissenschaftler untereinander, daß sie bis zur öffentlichen Bekanntgabe des Ergebnisses Stillschweigen bewahren wollten. Der NASA und der ESA ging es darum, eine Pressekonferenz zu veranstalten, auf der die Katze aus dem Sack gelassen werden sollte. Die NASA hatte verlangt, daß vorher nichts an die Presse gehen dürfe. Andernfalls würde man der Investigators Working Group in Zukunft das Recht, die Nutzlast-Spezialisten zu bestimmen, wieder wegnehmen und eine andere Methode für die Endauswahl der Astronauten finden. Da ich aber während der Zeit der intensiven Mitarbeit an den Tests ein vertrauensvolles Verhältnis zu den einzelnen Wissenschaftlern gefunden und mehrere gute Freunde gewonnen hatte, erfuhr ich noch am selben Tag, an dem die entscheidende Sitzung stattgefunden hatte, daß auf amerikanischer Seite Byron Lichtenberg und auf der europäischen Seite ich für den Flug ausgewählt worden waren.

Man erzählte mir auch noch, daß bei der Auswahl des amerikanischen Payload Specialist nur eine Stimme den Ausschlag gegeben hatte. Für mich aber, so wurde mir berichtet, hätte sich eine klare Mehrheit entschieden. Formell war die Entscheidung allerdings noch nicht endgültig. Sie ging vielmehr als Empfehlung an den Generaldirektor der ESA, aber auch die ESA hat sich für mich ausgesprochen, und so war ich der Prime Payload Specialist.

Wubbo Ockels war natürlich ziemlich deprimiert. Wir hatten viele Jahre gut zusammengearbeitet, so daß ich auch nicht ganz glücklich darüber war, daß er nicht mitkommen konnte. Am liebsten hätte ich mit ihm geteilt, so daß er eine und ich die andere Hälfte des Flugs mitgemacht hätte. Aber das ging nun einmal nicht. Von ihm fielen dann auch ein paar Bemerkungen, ich sei nur aus politischen Gründen gewählt worden, weil die Bundesrepublik mehr als die Hälfte des Spacelab-Preises bezahlt hätte und dergleichen mehr. Aber das war frei erfunden und schon deshalb unhaltbar, weil die Wissenschaftler im Auswahlgremium aus den verschiedensten Nationen kamen. Inmitten der Belgier, Franzosen, Schweizer, Holländer, Amerikaner usw. bildeten die Deutschen eine kleine Minderheit. Man nahm bestimmt keine Rücksicht darauf, welches der Mitgliedsländer mehr und welches weniger für das Spacelab bezahlt hatte. Die Wissenschaftler wollten in erster Linie ihre Experimente, in die sie jahrelange Arbeit gesteckt hatten, von dem Mann im Weltraum betreut wissen, den sie selbst für den besten hielten.

Wubbo Ockels hat die Enttäuschung jedoch rasch wieder überwunden und mich im Laufe der weiteren Vorbereitungen für den Flug und später während des Flugs vom Boden aus ganz hervorragend unterstützt.

Am Anfang war es natürlich schwer für ihn. Er glaubte, daß er überhaupt keine Chance mehr hätte, jemals zu fliegen. Als wir einmal zusammen in Harrow beim Training waren, war er so niedergedrückt, daß er schon daran dachte, die Sache völlig aufzugeben. Die nächste Mission, so meinte er damals, sei die Mission »Deutschland 1« (D1), bei der vor allem deutsche Experimente geflogen werden sollten, die das Bonner Forschungsministerium finanzierte. Als Holländer habe er dabei keine Chance. Ich versuchte ihn zu trösten und sagte ihm, daß ich von meiner Seite aus alles unternehmen würde, daß derjenige von uns beiden, der nicht bei Spacelab 1 mitfliegen würde, an der D1-Mission teilnähme. Als wenig später der deutsche Forschungsminister Heinz Riesenhuber in der Öffentlichkeit erklärte, daß auf der D1-Mission der Ersatzmann von Spacelab 1 eingesetzt werden solle, war ich erleichtert. Das war insofern gerechtfertigt, als auch die ESA eine Reihe von Experimenten auf der D1-Mission hatte.

In der Zeit zwischen der endgültigen Auswahl der Nutzlast-Experten und dem Flug lag das Hauptgewicht unserer gemeinsamen Arbeit auf den Simulationen.

Diese wurden sowohl für den Shuttle als auch für die Experimente durchgeführt. John Young und Brewster Shaw saßen im Simulator für den Shuttle in Houston, und wir saßen im Simulator für die Experimente in Huntsville. Insgesamt waren einige hundert Leute beteiligt. Bei jeder Simulation ließ man einen Teil der Mission ablaufen, so, als wären wir im Weltraum. Wir sprachen mit den Wissenschaftlern, die eigens aus Europa nach Houston gekommen waren und im Kontrollraum saßen, über eine Satelliten-Funkverbindung.

Das primäre Ziel einer Simulation war, die Zusammenarbeit zu üben. Die Simulations-Direktoren konnten durch entsprechende Computerbefehle unsere Arbeit durch simulierte Probleme erschweren. Bei der Lösung der Probleme hatten wir darauf zu achten, daß die laufenden Experimente nicht liegenblieben. Für uns war das ein unverzichtbares Training, um multidimensional handeln zu lernen. Zusätzlich wurden in den Simulationen die Strategien zur Lösung der Probleme ständig verbessert und überprüft.

Als der Flug bevorstand, hatten wir mehr als zwanzig große Simulationen hinter uns. Zur Bewältigung so gut wie aller Problemfälle, die uns überhaupt eingefallen waren, hatten wir Malfunction-Procedures entwickelt, Rezepte für die Beseitigung von Störungen.

Alle an der Spacelab-1-Mission beteiligten Wissenschaftler mußten zum Training nach Huntsville kommen. Es war schön für meine Familie, daß wir in einem großen Haus wohnten, und wir machten uns selber das Vergnügen, fast jeden Abend Wissenschaftler zu uns einzuladen. Mike Lampton wohnte zeitweise in unserem Haus. Dadurch hatten wir ein interessantes, anregendes Leben. Oft ergaben sich spannende Diskussionen, oft wurde zusammen gefeiert.

Einige Monate vor dem Starttermin fand im Kennedy Space Center der Mission Sequence Test statt, bei dem der ganze Ablauf der Experimente im Spacelab noch einmal am Fluggerät durchgespielt wurde. Dabei wurde unter anderem nachgeprüft, ob die Daten vom Meßfühler in einem wissenschaftlichen Gerät an der Konsole des zuständigen Wissenschaftlers im Bodenkontrollzentrum in Houston richtig ankamen, und ob umgekehrt ein Kommando, das von dort ausging, im richtigen Instrument den gewünschten Effekt auslöste.

Es funktionierte alles, womit wir kaum gerechnet hatten. Ein Meßwert legte nämlich einen langen Weg durch mehrere Computer und mindestens einen Übertragungssatelliten im Weltraum zurück, bevor er in Houston ankam. Die letzten Wochen vor der Mission verbrachten wir in Houston, wo das missionsunabhängige Training stattfand. Wir wurden mit dem Shuttle vertraut gemacht und lernten, eine Mahlzeit zuzubereiten, zu essen und zu trinken und die Toilette zu benutzen.

Außerdem bekamen wir beigebracht, das Videosystem des Shuttle zu bedienen, und wir wurden in das Alarmsystem des Shuttle eingeführt. Eine Serie von Notfallübungen, die vom Feuerlöschen über das Abseilen bis zum Fahren des Rettungspanzers reichten, rundeten das missionsunabhängige Training ab.

Damit kam unsere lange, mehr als sechsjährige Trainingszeit zum Abschluß. Es war ein Abschnitt in meinem Leben, der meinen persönlichen Horizont in einem unglaublichen Maße ausgeweitet hatte. Mir waren alle möglichen Einblicke in die unterschiedlichsten wissenschaftlichen Disziplinen eröffnet worden, mit denen ich zuvor nichts zu tun gehabt hatte. Fragestellungen und Probleme waren aufgetaucht, die mich fasziniert, gefesselt und zu intensiver Gedankenarbeit angeregt hatten. In den Ländern, die ich besucht hatte, waren mir die unterschiedlichen Arten zu denken und Wissenschaft zu betreiben sehr deutlich bewußt geworden. Fast größer noch war der Gewinn gewesen, hervorragende Wissenschaftler zu treffen, deren Lebendigkeit und Faszination einen selbst stimulierten, ergriffen und zu Gedanken und Lösungen kommen ließen, die einem selbst gar nicht eingefallen wären. Manche gute Bekanntschaft, ja Freundschaft wurde geschlossen, die allein schon alle Trainingsmühen wert gewesen wäre.

Wir lernten, uns mit neuen Arbeitsmethoden, anderen Denkweisen und Menschen auseinanderzusetzen. Ich will nicht leugnen, daß ich zahlreiche gute Weine, erstklassige Restaurants und Menüs in Europa, Fernost und Übersee kennengelernt und einen Einblick in das Savoirvivre anderer Nationen erhalten habe.

Es war wie ein Vorspiel auf das, was dann auf mich zukam: der Blick aus dem Weltraum auf den gesamten Planeten. Nachdem ich mich vollgesogen hatte mit all den Kenntnissen und Erfahrungen in vielen Ländern, nachdem ich also ein sehr viel genaueres Bild von dem hatte, was sich im Rahmen der Wissenschaft auf internationaler Bühne tut, fand ich mich jetzt selbst auf dem Prüfstand der Wissenschaft wieder.

Hunderte von Millionen Mark hatten die Europäer und Amerikaner in das Unternehmen Spacelab 1 gesteckt. Hunderte von Wissenschaftlern hatten Jahre darauf verwandt, komplexe Versuchsanordnungen für diesen nur wenige Tage dauernden Raumflug zu ersinnen und zu konstruieren. Und wir, die Wissenschaftsastronauten mit dem unschönen Namen Nutzlast-Spezialisten, mußten in dieser kurzen Zeit beweisen, daß das lange Training uns befähigte, die in uns gesetzten Hoffnungen und Erwartungen im Weltraum zu erfüllen. Dabei waren wir in einer schwierigeren Lage als unsere Kollegen in den Labors auf der Erde. Hatten wir nämlich ein Problem, konnten wir dessen Lösung nicht auf den nächsten Morgen verschieben, sondern wir mußten uns in aller Regel mit begrenzter Information sofort zu einer Entscheidung durchringen. Wir standen stärker unter dem Zwang des Handelns.

Für uns war es höchst erfreulich, als wir im Verlauf unseres Flugs hörten, wie zufrieden die Principal Investigators in der Flugkontrolle in Houston mit den wissenschaftlichen Daten unserer Unternehmung waren.

BLASEN AN DEN FINGERN

Jeder von uns fühlte sich mittlerweile wohl im Spacelab und brauchte auch keine Tabletten mehr gegen die Raumkrankheit zu nehmen. Im Gegenteil, die Schwerelosigkeit war zur großen Freiheit geworden. Bob Parker und ich hatten damit begonnen, auf die optische Vertikale, die uns das Spacelab durch seine Konstruktion bot, zu verzichten. Wir arbeiteten an der Decke ebenso häufig wie am Fußboden. Bewegung machte uns nichts mehr aus. Wir genossen es, im geräumigen Module die kühnsten Saltos mit Schraube zu drehen. Unser guter John schüttelte zwar den Kopf darüber, aber er ließ uns gewähren. Er wußte es zu schätzen, daß wir alle Oberwasser hatten.

Der Experimentierbetrieb lief fast routinemäßig. Mittlerweile konnten wir uns bei allen Bewegungen selbst kontrollieren, so daß die manuellen Tätigkeiten wesentlich effektiver verliefen als am ersten Tag des Flugs. Bob und ich arbeiteten als Team. Es bedurfte nur weniger Worte, trotzdem klappte die Kommunikation. Hin und wieder fanden wir nun auch die Zeit, einen Blick durch einen der beiden Viewports nach draußen zu werfen. Bob ließ manchmal seinen Walkman laufen. Zuerst traute ich meinen Ohren nicht, doch da drang tatsächlich die Musik Richard Wagners an mein Ohr.

Insgesamt gesehen liefen unsere Instrumente auf vollen Touren. Nach dem Flug hat jemand festgestellt, daß sie mehrere Trillionen Bits an Information erzeugt hatten.

Ab und zu wurden wir auch mit Pannen konfrontiert. Zum Beispiel hatte sich eine Probenkapsel im Isothermalofen verklemmt, so daß ein normaler Probewechsel nicht möglich war. Wie sich nach unserer Rückkehr zur Erde herausstellte, hatte bei der hohen Temperatur die Metallschmelze mit dem Material der Kapsel reagiert. Dabei hatte sich die eigentlich zylindrische Cartridge etwas zur Tonne verformt und klemmte deswegen. Ich wurde gerufen.

Es kostete mich zwar einige Mühe und Schweiß, aber es gelang mir dennoch, die Probe zu lösen und herauszunehmen. Damit konnte das Experimentierprogramm weitergehen. Später, als wir den Isothermalofen bereits endgültig abgeschaltet hatten, wurde mein Eingreifen ein weiteres Mal notwendig, weil in einem Netzgerät ein Kurzschluß aufgetreten war. Die Experten am Boden hatten herausgefunden, daß wir das Netzgerät für den Spiegelofen benutzen könnten, wenn die Leitung zum Isothermalofen unterbrochen wäre. Wir einigten uns darauf, daß ich den Stecker der Leitung am Netzgerät entfernte. Dieser simple Trick half, unseren Betrieb weiterlaufen zu lassen.

Eine sehr schweißtreibende Reparatur mußte an der Metrischen Kamera ausgeführt werden.

Dieses schwere Gerät war schon eine Weile auf der Innenseite des optischen Fensters installiert, das wir in unserer Decke hatten. Die Metrische Kamera, die von der Firma Zeiss hergestellt worden war, hatte bereits mehrere Bildserien auf Infrarotfarbfilm aufgenommen. Sie machte Fotos von der Erdoberfläche im Filmformat 23 x 23 cm. Ein Foto entsprach einem quadratischen Gebiet auf der Erde mit etwa 190 km Kantenlänge. Das besondere Merkmal dieser Kamera war, daß ihr hochwertiges Objektiv verzerrungsfrei arbeitete. Deswegen wurde sie die Metrische Kamera genannt. Durch lineare Koordinatentransformation war es möglich, aus dem Bild wieder das Objekt, das heißt, die Erdoberfläche zu rekonstruieren. Damit erfüllte sie alle Anforderungen, um mit Hilfe von Fotos genaue Karten der Erde zu erstellen.

Wir wollten herausfinden, ob auf der Grundlage der Fotos Karten im Maßstab 1 : 100 000 zu erstellen waren. Zu diesem Zweck fotografierten wir bevorzugt Regionen in Europa und in Amerika, weil die dazugehörigen Kartenwerke schon existierten. Langfristig sollte die Kamera aber dazu eingesetzt werden, um Länder der Dritten Welt zu kartographieren. Wir hatten einer Veröffentlichung der UNESCO entnommen, daß genaue Karten über diese Regionen nur in Ausnahmefällen vorhanden waren. Es besteht aber kein Zweifel darüber, daß für die Landesentwicklung und für die Schaffung einer Infrastruktur genaue Karten unverzichtbar sind. Wir hatten einen Filmvorrat für etwa 1100 Bilder. Damit konnten wir rund fünf Prozent der festen Landmasse fotografieren. Das erste der beiden Magazine mit dem Infrarotfarbfilm war schon vollständig belichtet. Bob machte sich daran, dieses Filmmagazin gegen das Magazin mit dem Schwarzweißfilm auszuwechseln.

Die Kamera wurde normalerweise per Computer gestartet. Dabei lief zuerst der Motor für den Verschlußmechanismus und den Filmtransport an. Es dauerte 15 Sekunden, bis alles auf Touren gekommen war und die erste Aufnahme gemacht wurde. Zusätzlich lief ein zweiter Motor, der eine Art Staubsaugergebläse antrieb. Der Film wurde nämlich zur Belichtung mit Unterdruck plan gehalten. Die Motorengeräusche waren unüberhörbar. Wir benutzten sie öfter als akustisches Signal, einen Blick durch den Viewport in der Decke zu werfen. Jedesmal, bevor die Metrische Kamera anlief, hatte John den Shuttle in Rückenlage gebracht, so daß wir senkrecht auf die Erdoberfläche unter uns blicken konnten.

Dieses Mal hörte sich das Geräusch jedoch anders an. Mit dem Filmtransport konnte etwas nicht stimmen. Bei jeder fotogrammetrischen Vermessungstechnik werden bekanntlich Bildserien angefertigt, so daß sich die fotografierten Gebiete in zwei Bildern teilweise überlappen. Über eine dadurch mögliche stereoskopische Auswertung kann die Höhe des Geländes ermittelt werden. In unserem Fall war die Pause zwischen zwei Aufnahmen, je nachdem, ob wir mit 60 oder 80 Prozent Überlappung arbeiteten, zehn oder fünf Sekunden lang. Wir bemerkten, daß der Film von der Vorratsspule zwar abgewickelt, aber nicht auf die leere Spule aufgewickelt wurde. Bob wußte, daß dadurch im Magazin ein Filmsalat entstehen würde, und stoppte schnellstens die Kamera. Im Bodenkontrollzentrum machten sich die Experten zusammen mit Wubbo Ockels daran, nach einer Lösung zu suchen.

Schließlich wurde Bob gebeten, das Magazin mit dem Schwarzweißfilm wieder zu entfernen und den unbelichteten Film in seinem Schlafsack herauszunehmen. Nachdem Bob knapp eine Stunde verschwunden war, kehrte er aus seiner Koje in das Module zurück. Er brachte das geöffnete Magazin mit und machte sich als erstes daran, den Filmsalat zu beseitigen. Sobald er damit fertig war, verschwand er wieder, um nach den Anweisungen der Bodenkontrollstation den Rest des unbelichteten Films wieder einzulegen. Er schaffte auch dies, obgleich er diese Handgriffe niemals vorher hatte beobachten oder üben können.

Das Magazin wurde wieder installiert, so daß wir für den zweiten Versuch startklar waren. Dieses Mal waren wir jedoch vorgewarnt und standen in Bereitschaft, um sofort eingreifen zu können, sollte es wieder nicht klappen. Als der Computer den Motor anlaufen ließ, horchten wir auf. Noch klang alles normal. Nachdem aber der Verschluß erstmals betätigt worden war und der Film transportiert werden mußte, tauchte das Problem wieder auf. Nach dem Flug stellte sich heraus, daß der Durchmesser der Filmrolle, auf die der Schwarzweißfilm aufgerollt werden sollte, etwas zu groß war, so daß die Spule im Magazin mit irgendeinem Teil zuviel Reibung hatte. Hätte man die Originalrollen vor dem Flug ausprobiert, wäre das Problem sicherlich bemerkt worden.

Bob und ich bedienten daraufhin die Kurbeln, die außen am Magazin auf jeder Seite angebracht waren und durch die innen die Aufwickelspule in Bewegung gesetzt wurde. Wir kurbelten, was die Armmuskeln hergaben. Es gelang uns, die Reibung zu überwinden. Der Computer belichtete mit 80 Prozent Überlappung. Das heißt, wir drehten alle fünf Sekunden 23 cm Film von Hand durch die Kamera. Seitlich an der Kamera vorbei konnten wir durch das Fenster schauen. Ich bemerkte, daß wir unter uns bestes Wetter hatten und von Marseille kommend in Richtung München über die Alpen flogen. Bob und ich wollten uns diese einmalige Gelegenheit nicht entgehen lassen. Wir drehten mit vollem Einsatz, so daß mir gar nicht auffiel, daß ich Blasen an den Fingern bekam. Ich sah jedoch, wie sich auf der Stirn meines Freundes

Schweißperlen bildeten. Erst als es dem Computer gefiel, das Experiment abzuschalten, stellte ich fest, daß auch mir warm geworden war und daß meine Finger ziemlich lädiert aussahen.

Unser Einsatz hatte sich gelohnt, denn die Qualität der Bilder war ausgezeichnet. Wie sich herausstellte, kann mit einer relativ einfachen Verbesserung der Kamera die geforderte kartographische Genauigkeit sogar noch übertroffen werden. Es müßte noch eine Vorrichtung eingebaut werden, die den Film während der Belichtung mit konstanter Geschwindigkeit in der Flugrichtung des Shuttle bewegt. Dadurch ließe sich die Unschärfe in den Fotos vermeiden, die durch die Geschwindigkeit unserer Bewegung verursacht wurde. Innerhalb einer tausendstel Sekunde bewegten wir uns um acht Meter weiter. Wegen der fortgeschrittenen Jahreszeit und der daraus resultierenden schlechten Beleuchtung der nördlichen Erdhalbkugel mußten wir meist mit längeren Belichtungszeiten arbeiten und konnten auf unseren Bildern am Ende Objekte erkennen, deren Abmessungen mindestens 20 Meter betrugen. Doch daß das Verfahren der Fotogrammetrie aus dem Weltraum hervorragend funktioniert, wurde damit überzeugend bewiesen.

Die Fotos waren aber nicht nur zur Erstellung von Landkarten zu gebrauchen, sondern die Experten gewannen aus ihnen auch Informationen über Wetterphänomene wie die Kelvin-Helmholtz-Wellen, die durch Aufgleiten warmer Luft auf bodennahe Kaltluft in der Grenzfläche entstehen können und sich durch Wellenstruktur im Bodennebel abzeichen. Außerdem gaben die Fotos Aufschluß über Fragen der Geologie, Erosion, Hydrologie und der Flächennutzung. Darüber hinaus sind sowohl die farbigen als auch die Schwarzweißbilder für jeden Betrachter eine wahre Augenweide.

Im Bodenkontrollzentrum in Houston war offensichtlich aufgefallen, daß wir uns angestrengt hatten. Denn aus Dankbarkeit boten uns die zuständigen Wissenschaftler an, die restlichen 100 Bilder auf dem Schwarzweißfilm nach Belieben zu belichten und aus dem Weltraum das zu fotografieren, was uns lohnend schien.

Ich ließ mir das nicht zweimal sagen. Anhand des weiteren Flugplans stellte ich fest, daß die 141. Erdumrundung – das war ursprünglich eine der letzten – für meine Fotowünsche die beste war. Auf diesem Orbit flogen wir nämlich über die Vogesen, den Schwarzwald und über Stuttgart. Aber damit nicht genug. Unser Weg setzte sich fort über Franken und das Vogtland, die Heimat meiner Kindheit. Ich dachte natürlich sofort daran, hier kannst du mit einer Klappe mehrere Fliegen schlagen und sowohl den Stuttgarter Raum als auch Thüringen fotografieren.

Ich zog unseren Kommandanten John Young ins Vertrauen, und er machte sich meinen Wunsch zu eigen. Das ging so weit, daß zum erstenmal überhaupt auf Verlangen der Besatzung ein zusätzliches Flugmanöver geflogen wurde. Denn zu dem Zeitpunkt, als ich fotografieren wollte, war nicht vorgesehen, daß der Raumtransporter in Rückenlage flog. Aber nur auf diese Weise konnte ich die Erde optimal fotografieren. Der Shuttle wurde also für diese Flugperiode in die Rückenfluglage gebracht, um mir meine Fotos zu ermöglichen.

Doch dann kam wieder alles ganz anders. John Young legte die Raumfähre auf den Rücken, wir überflogen Portugal, warfen unsere Metrische Kamera an und machten die ersten Fotos. Doch schon über den Pyrenäen war der Traum aus. Es herrschte starke Bewölkung, so daß der Boden nicht zu sehen war. Ich mußte meinen gesamtdeutschen Traum begraben, meine alte Heimat im Vogtland und meine neue Heimat in Stuttgart auf den Film bannen zu können. Da der Flug dem Ende zuging, überließen wir das Negativmaterial den Kollegen von der Blauen Schicht. Und die machten dann alle möglichen Aufnahmen von den Vereinigten Staaten, wo sie gutes Wetter hatten.

Ein geschenkter Tag

Am fünften Tag stand ein materialwissenschaftliches Experiment auf dem Arbeitsplan, das uns, ähnlich wie die Versuche mit dem Silikonöl, ganz fordern würde. Wir sollten im Spiegelofen einen Siliciumeinkristall nach dem Zonenschmelzverfahren züchten. Der Schmelzpunkt des Siliciums liegt bei einer Temperatur von 1410 Grad Celsius. Diese wird im Spiegelofen dadurch erreicht, daß man die Schmelzprobe in einen ellipsenförmigen Hohlraum bringt, dessen Innenwände mit einer Goldschicht verspiegelt sind. Der Probenstab befindet sich in einem Brennpunkt des Ellipsoids, im anderen eine Halogenlampe. Ihr Licht wird bei dieser Anordnung auf einen kurzen Bereich der Schmelzzone in einem Punkt konzentriert.

Am Boden hatte sich gezeigt, daß eine elektrische Leistung von etwa 600 Watt ausreicht, um einen Siliciumstab von einem Zentimeter Durchmesser zu schmelzen. Das ist eine kleine Leistung für eine so hohe Temperatur. Allerdings wußte niemand genau zu sagen, ob in der Schwerelosigkeit des Weltraums die Leistung kleiner, gleich groß oder größer sein mußte, um ein gleich langes Stück des Stabes flüssig zu machen. Die Wärmeabfuhr sollte eigentlich kleiner sein, da die Thermokonvektion in der Ofenatmosphäre unterdrückt wird. Am Ofen war deshalb ein Regelpotentiometer für die Lampenleistung angebracht, und der Computer des Werkstofflabors war mit einem Programm geladen worden, um die Lampenleistung zu steuern. Trotzdem sollte ein Wissenschaftler die Probe ständig durch ein kleines Fenster beobachten, um gegebenenfalls von automatischer auf manuelle Kontrolle überzugehen. Die hierfür notwendigen Erfahrungen und Fertigkeiten hatten wir uns bei dem für dieses Experiment zuständigen Wissenschaftler von der Universität Freiburg, Dr. Achim Eyer, erworben, unter dessen Aufsicht wir Siliciumeinkristalle zogen.

Die Schwierigkeit war, die geschmolzene Zone möglichst lang zu machen, ohne daß sie riß. Auf der Erde war das nur schwer zu bewerkstelligen, weil durch das Gewicht des flüssigen Siliciums die Neigung zum Brechen noch größer war als im Weltraum. Aber auch im Weltraum traten Komplikationen auf, weil der Stab im unteren Teil einen Durchmesser von etwa fünf Millimetern hatte, im oberen Teil aber von mehr als einem Zentimeter. Wenn die Schmelzzone durch den Übergang vom dünnen zum dicken Teil des Stabes geführt wurde, mußte die Lampenleistung erhöht werden.

Unsere experimentelle Aufgabe bestand nun darin, die Länge der flüssigen Zone etwa eineinhalbmal größer zu halten als den Durchmesser des Stabes. Das wissenschaftliche Ziel des Versuchs war, aus einem mit Phosphor dotierten Ausgangsmaterial einen möglichst von den sogenannten Dotierungsstreifen freien Einkristall herzustellen. Bei der Produktion von Halbleiterbauelementen wird eine geringe Menge von Phosphor in das Silicium eingebracht, um das Material elektrisch leitend zu machen. Der Phosphor stellt die hierfür notwendigen Elektronen zur Verfügung. Auf der Erde hatte sich bei allen Zonenschmelzversuchen jedoch nicht vermeiden lassen, daß der Phosphor ungleichmäßig eingebaut wurde. Mit Hilfe von Ätzverfahren kann man seine Konzentration im gewachsenen Einkristall im Mikroskop durch Verfärbung erkennen. Immer waren Streifen zu beobachten.

Der Phosphor sollte aber möglichst gleichmäßig im Silicium verteilt sein. Ist das nicht der Fall, wird die Leitfähigkeit dort, wo viel Phosphor ist, immer größer sein als an den Stellen, an denen sich nur wenig Phosphor befindet. An der Stelle, an der mehr Strom fließt, kommt es zu einer Erwärmung und schließlich zu einem Kurzschluß. Man wollte deshalb eine völlig homogene Mischung aus Silicium und Phosphor erhalten, damit die Stromdichte — etwa in einem Leistungstransistor — überall gleich ist.

Auf der Erde läßt sich eine solch homogene Verteilung nur in einem finanziell außerordentlich aufwendigen Verfahren herstellen. Dazu bringt man reine Siliciumeinkristalle in einen Kernreaktor ein. Dort wandeln sich ein paar Siliciumatome durch die Wirkung der Neutronen in Phosphor um, und der Siliciumeinkristall wird dabei überall gleichmäßig mit Phosphor dotiert.

In der Schwerelosigkeit, so hatte man angenommen, müßten sich Silicium und Phosphor gleichmäßig mischen, da in der flüssigen Zone die Thermokonvektion entfällt. Man hätte dann genau den Stoff gewonnen, der sich auf der Erde nur durch Beschuß mit Neutronen herstellen läßt.

Zusammen mit Bob hatte ich den Spiegelofen in Betrieb genommen und die erste Probe eingesetzt. Der Ofen wurde zunächst einige Male ausgepumpt und dazwischen mit Argon geflutet, um ihn zu reinigen. Dann wurde die Probe computergesteuert etwas vorgeheizt, um ihre Oberfläche von Verunreinigungen zu befreien. Byron sollte in seiner Schicht den eigentlichen Versuch, nämlich das Schmelzen, durchführen. Für mich war ein zweiter Rohling eingepackt worden. Ich sollte später auch eine Chance erhalten.

Als Byron nachts das Experiment startete, stand ich auf, um ihm zuzuschauen und mit ihm die Schmelzzone zu beobachten. Es wurde in dem Moment spannend für uns, als uns der Computer signalisierte, daß alles bereit sei. Ganz vorsichtig erhöhten wir daraufhin manuell die Lampenspannung und damit die Wärmeeinwirkung, bis schließlich der Schmelzpunkt erreicht wurde. Wir konnten das eindeutig daran erkennen, daß das flüssige Silicium viel mehr glänzte als das feste. Wir gingen mit der Strahlungsleistung so lange schrittweise höher, bis wir eine Schmelzzone der gewünschten Länge hatten.

Durch Drehen der unteren Haltestange im Ofen konnten wir uns davon überzeugen, daß der Stab auch in seinem Inneren durchgeschmolzen war.

Byron gab dem Computer das Kommando, den axialen Transport einzuschalten, der die Schmelzzone durch den Stab führte. Wir wußten, daß man die Lampenleistung nun schnell reduzieren mußte. Die Schmelzzone bewegte sich nämlich vom Aufhängemechanismus des Stabes weg, wodurch die Wärmeverluste durch Wärmeableitung kleiner wurden, so daß auch weniger Leistung zugeführt werden mußte. Obwohl die Arbeit überhaupt nicht anstrengend war, bemerkte ich trotzdem, wie sich auf Byrons Stirn Schweißtröpfchen bildeten. Wir arbeiteten mit angespannter Konzentration. Wir wußten, daß wir die größten Schwierigkeiten hinter uns hatten, wenn erst einmal die Übergangszone zum größeren Durchmesser durchfahren war. Byron machte seine Sache großartig und kam erfolgreich bis zum Ende. Wir waren erleichtert, als der Rechner die Lampe ausschaltete und es in unserem Spiegelofen dunkel wurde.

Beim zweiten Lauf, den ich später machen durfte, klappte es leider nicht so gut. Wie beim ersten Mal, hatten wir die Fernsehkamera so aufgebaut, daß sie direkt in den Ofen schaute. Auf diese Weise konnte Dr. Eyer im Bodenkontrollzentrum genau verfolgen, was sich an Bord tat. Natürlich hatten wir mit dem Schmelzen so lange gewartet, bis der Relaissatellit das Fernsehbild zum Boden übertrug. Allerdings hatten wir uns vorher nicht abgesprochen, wer letztlich die Verantwortung übernehmen sollte. Es gab die grundsätzliche Regel, daß der zuständige Wissenschaftler die letzte Autorität sei.

Wie beim ersten Lauf gelang es mir, durch allmähliche Erhöhung der Lampenleistung ein Stück des anfänglich dünnen Teils des Stabes zu schmelzen. Achim Eyer wollte die Zonenlänge noch etwas länger haben. Mit einem unguten Gefühl in der Magengrube folgte ich seiner Empfehlung und startete den Vorschub des Ofens. Da hörte ich ihn auch schon sagen: »Weniger, weniger.« Bevor ich noch nachschauen konnte, wie lang die Zone war, war sie schon durchgebrochen. Im Laufe des Trainings hatten Achim und ich viele Kristalle gezüchtet. Dieses Mal hatten wir beide jedoch sofort das Gefühl, etwas falsch gemacht zu haben. Byrons Lauf war zwar geglückt, aber mich wurmte die Panne noch mindestens zwei Tage lang.

Nach dem Flug ergab die Analyse, zur größten Überraschung von Professor Nitsche und Dr. Eyer, daß sich auch im Weltraum der Phosphor im Silicium inhomogen verteilt hatte. So blieb nur eine Theorie für das Zustandekommen jener Dotierungsstreifen, die im Weltraum ebenso auftraten wie am Erdboden: Sie wurden durch die Marangonikonvektion hervorgerufen, eine durch die Unterschiede der Oberflächenspannung von Flüssigkeiten verursachte Strömung.

Andererseits wußte man aber schon, daß die Marangonikonvektion auf der Erde dadurch auszuschalten ist, daß man die Oberfläche der Flüssigkeit mit einer Schutzschicht bedeckt. Im Falle des Siliciums lag es nahe, durch Oxidation eine Quarzschicht geringer Dicke herzustellen.

Und jetzt geschah das Großartige. Einige Zeit nach unserer Landung, nachdem wir herausgefunden hatten, daß die ungleichmäßige Verteilung von Phosphor im Silicium nichts mit der Schwerkraft zu tun hatte, wie vorher angenommen worden war, machte man einen entsprechenden Versuch mit einer solchen Schutzschicht über dem flüssigen Silicium und erzielte tatsächlich das gewünschte Resultat. Dies war ein aufregendes, ganz erstklassiges technologisches Ergebnis.

Über den großen Erfolg des Phosphor-Silicium-Experiments wurden wir uns im Weltraum nicht sofort klar, denn bei uns ging die Arbeit weiter. Sie wurde jedoch durch ein Fernsehinterview unterbrochen: Der amerikanische Präsident Ronald Reagan und der deutsche Bundeskanzler Helmut Kohl wollten ein Gespräch mit uns führen und uns Glückwünsche übermitteln. Nach der Regie der NASA sollten John Young, Byron Lichtenberg und ich hinten im Spacelab vor der Kamera stehen. Die anderen drei aber sollten nicht auftauchen, was ihnen aus verständlichen Gründen nicht sehr gefiel. Brewster Shaw, Bob Parker und Owen Garriott spielten dann das NASA-

Spiel auf ihre Weise mit. Sie setzten sich in Sichtweite einer Fernsehkamera im Mitteldeck hin. Der erste hielt sich die Augen zu, der zweite den Mund und der dritte die Ohren. Damit hatten sie die Lacher auf ihrer Seite.

Ich hatte noch einen speziellen Auftrag übernommen. Als wir wieder einmal über Europa flogen, wollten wir die schöne Aussicht, die wir von oben hatten, über Fernsehen zum Boden übertragen, und dazu sollte ich einige Kommentare sprechen. Wir flogen von England aus über den Kanal in Richtung Holland. Ich konnte ganz ausgezeichnet die Perlenkette der Friesischen Inseln vor der Küste sehen und beschrieb auch alles sehr genau. Später hörte ich jedoch, daß der Kontrast des Fernsehbildes auf der Erde so schwach war, daß man allenfalls ein Schneetreiben, aber nichts von der holländischen Küste oder den Niederlanden sehen konnte. Unser Problem war die winterliche Jahreszeit. Es fehlte die Sonne über Europa.

Ein höchst eigentümliches Experiment hatte uns Frank Sulzmann von der State University of New York anvertraut. Er hatte uns Glasröhren mit einem Nährboden mitgegeben, der auf der einen Seite mit dem Pilz Neurospora geimpft war. Dieser Pilz hat die rätselhafte Eigenschaft, auf der Erde periodisch zu wachsen. Er wächst auch im Dunkeln im 24 Stundenrhythmus – einmal schneller und dann wieder langsamer. Durch den Wechsel zwischen Tag und Nacht konnte sein Verhalten also nicht erklärt werden.

Sulzmann wollte nun herausfinden, ob die Ursache für das sonderbare Wachstumsverhalten dieses Pilzes irgendein Gravitationseffekt war, wie er beispielsweise auch bei Ebbe und Flut zu beobachten ist. Sollte Sulzmanns Annahme tatsächlich zutreffen, müßte diese Stimulanz in der Schwerelosigkeit fortfallen und der Pilz entweder gleichmäßig wachsen oder überhaupt nicht.

Am siebten Tag ging ich ins Mitteldeck und öffnete das Fach, in dem die Glasröhrchen mit den Pilzen — auf Schaum gebettet — lagen. Das Resultat konnte ich schon im Weltraum beobachten: Der Neurospora-Pilz behielt seine eigentümliche periodische Wachstumsweise auch in der Schwerelosigkeit und in der Finsternis unbeirrt bei. Der Pilz mußte seine eigene innere Uhr haben und brauchte keinen äußeren Reiz.

Als Frank Sulzmann am Erdboden meinen Bericht hörte, löste sich seine Anspannung. Sein Gesicht strahlte, und vor Freude sprang er vom Stuhl auf. Diese Szene, die Freude des Wissenschaftlers, wurde fotografisch festgehalten.

Einen noch größeren Sprung hätte eigentlich Professor Walter Littke von der Universität Freiburg machen müssen. Er hatte sich jahrelang in Labors bemüht, sehr große organische Einkristalle herzustellen — jedoch immer vergeblich. Das Ziel seiner Versuche war sehr naheliegend. Er wollte ergründen, wie die atomare und molekulare Beschaffenheit bestimmter Enzyme aussieht. In der genauen Kenntnis der atomaren Struktur liegt der Schlüssel zum Verständnis, wie die Enzyme bei der Steuerung der biochemischen Reaktionen wirken. Bisher weiß man darüber so gut wie noch nichts. Gelingt es aber, das Geheimnis zu lüften, so steht vielleicht in einigen Jahren eine Revolution in der Pharmazie bevor. Dann könnten Medikamente zielgerichtet entwickelt werden, und man bräuchte sie nicht mehr durch empirisches Ausprobieren vieler verschiedener Verbindungen zu finden.

Mit seinem Spacelab-Experiment unternahm Littke

den Versuch, den atomaren Aufbau des Enzyms Beta-Galaktosidase zu erforschen.

Beta-Galaktosidase ist im Körper von Säuglingen wirksam. Dieses Enzym spaltet im Verdauungskanal schon in geringster Konzentration den Milchzucker in Traubenzucker und Galaktose auf, und nur sie können vom Darm aufgenommen werden. Das ist für ein Kleinkind lebenswichtig, da der Milchzucker eines der grundlegenden Kohlehydrate für seine Ernährung ist. Littke interessierte nun die Frage, wie es möglich ist, daß so geringe Quantitäten eines Enzyms so große Wirkungen zeigen können. Um hinter dieses Geheimnis zu gelangen, wollte er erfahren, wie die daran beteiligten Stoffe atomar aufgebaut sind und auf welche Weise sie miteinander reagieren.

Für solche Untersuchungen der atomaren Struktur gibt es die Methode der Röntgenbeugung. Sie wurde 1912 durch Professor Max von Laue entdeckt, der dafür 1914 den Nobelpreis für Physik erhielt. Da die körpereigenen Eiweiße, wie alle organischen Verbindungen, aus den leichten Atomen Kohlenstoff, Wasserstoff, Sauerstoff und Stickstoff aufgebaut sind, beugen sie den Röntgenstrahl nur schlecht. Die einzige Möglichkeit, genügend Röntgenlicht in die gebeugten Strahlen zu bekommen, besteht darin, zur Beugung einen großen Einkristall zu verwenden.

Bei seinen Versuchen gelang es Littke aber nie, einen genügend großen Einkristall herzustellen. Eiweißkristalle werden aus einer Lösung gezüchtet. Walter Littke benutzte ein Reaktionsgefäß mit zwei Kammern. In eine Kammer war die gesättigte Eiweißlösung, in die andere eine Ammoniumsulfat-Lösung eingefüllt.

Um einen Einkristall zu züchten, wird ein Schieber, der die beiden Kammern voneinander trennt, herausgezogen. Nun kann das Salz in die Proteinlösung und das Protein in die Salzlösung eindringen. Kommen Protein und Salz zusammen, wird das Eiweiß aus der Lösung ausgefällt. Damit sich ein Kristall bilden kann, muß erst ein Kristallisationskeim entstehen. Unter irdischen Bedingungen erhielt Littke stets viele kleine Kristalle. Offensichtlich hatten die Keime an mehreren Stellen eine kritische Größe erreicht, was dazu führte, daß Kristalle wuchsen. Da die Lösungen unterschiedliche Dichte haben, hatte die Konvektion eingesetzt und zur Durchmischung der beiden Flüssigkeiten beigetragen, und zwar so, daß an vielen Stellen Keime entstanden.

Littke folgerte, daß sich im Weltraum bessere Chancen boten, statt vieler kleiner Kristalle einen oder nur wenige große zu erhalten. Die von der Schwerkraft angetriebene Konvektion würde ausbleiben, so daß der Stofftransport allein auf Grund von Diffusion erfolgte. Dann sollte das Löslichkeitsprodukt nur an einer Stelle überschritten werden.

Die Überlegung war richtig, denn es gelang Littke auf Anhieb, Kristalle zu erhalten, die 27mal größer waren als der größte Kristall, den er bisher hatte. Damit haben sich die Aussichten wesentlich verbessert, das hochkomplizierte Molekül der Beta-Galaktosidase, das immerhin ein Molekulargewicht von 465 000 hat, in seinem atomaren Aufbau zu verstehen und am Ende seinen Wirkungsmechanismus zu erklären.

Im Falle des leichteren Proteins Lysozym – Molekulargewicht 15 000 – waren Littkes Kristalle sogar um das Tausendfache größer gewachsen.

Daß es gelungen war, große Protein-Einkristalle herzustellen, beeindruckte vor allem die Amerikaner sehr. Die amerikanische Industrie informierte sich umgehend über Littkes Methode und das Ergebnis seines Experiments. Eine Reihe großer amerikanischer pharmazeutischer Firmen sowie Forschungsinstitute und Universitäten unterzeichneten mit der NASA ein Abkommen, das vorsieht, daß in den nächsten Jahren viele Experimente zum Züchten von Protein-Einkristallen vorgenommen werden.

Im April 1985 startete ein amerikanischer Raumtransporter mit 36 dieser Kristall-Züchtungsexperimente an Bord. Im Herbst des gleichen Jahres wurden auf einem weiteren Flug zusätzliche Versuche durchgeführt.

Neben den Universitäten von Iowa, Pennsylvania und Birmingham (Alabama) sind große amerikanische pharmazeutische Firmen wie Upjohn Corporation, Schering Corporation und SmithKline Beckman an den Versuchen beteiligt. Dabei geht es in erster Linie um die Bekämpfung von Krebs, Bluthochdruck und um die Gewinnung neuer Erkenntnisse im Bereich der Genforschung. Das Wissen über den molekularen Aufbau von körpereigenen Proteinen kann so genutzt werden, daß man mit Hilfe der Genforschung und Biotechnologie neue Medikamente entwickelt, die ganz gezielt gegen bestimmte Krankheiten eingesetzt werden können.

Inzwischen will auch die NASA die Forschung auf diesem Gebiet stärker unterstützen. In ihrem Budget für 1986 sind 400 000 Dollar vorgesehen, mit denen die Entwicklung einer automatischen Anlage für die Zucht von Proteinkristallen im Weltraum finanziert werden soll. Mit Hilfe des neuen Apparats soll es dann möglich werden, von mehreren tausend Proteinen große Einkristalle im Weltraum zu züchten. Unzweifelhaft kommt das Verdienst, die Pionierarbeit auf diesem Gebiet geleistet zu haben, dem Freiburger Chemiker Walter Littke zu.

Mit ihm freute ich mich über seinen Erfolg. Von Walter Littke hatte ich viel gelernt, denn er konnte wie kein anderer die organische Chemie erklären. Neben seinem großen Können und Fachwissen hatte mich seine phänomenale Bildung beeindruckt. Wenn ich zu ihm nach Freiburg kam, lud er mich häufig nach dem Training noch nach Opfingen ein, einem kleinen Weindorf am Fuße des Kaiserstuhls. Auf der Orgel der Dorfkirche, einem von Silbermanns Schüler Stein gebauten Instrument, spielte er meisterhaft die großen Präludien, Fugen und Partiten Johann Sebastian Bachs.

Im Jahr 1981 fand das Status-Seminar der Werkstoffwissenschaftler in Freiburg statt. Die Tagung wurde eröffnet mit dem Quintett für Flöte, Oboe, Violine, Cello und Cembalo in D-Dur von Johann Christian Bach. Den Cembalo-Solopart spielte Walter Littke auf einem eigens aus dem Musikinstrumente-Museum in Bad Krozingen herbeigeschafften historischen Instrument. Als wir im Laufe des Seminars an einer Weinprobe in einer Kellerei im Kaiserstuhl teilnahmen, fragte eine Dame den Kellermeister: »Was ist ein Meßwein?« Wie aus der Pistole geschossen bemerkte Dr. Littke: »Dieser nicht!« und wies auf sein Glas. Er zitierte den Bischof von Lyon mit den Worten: »Ein Meßwein muß so beschaffen sein, daß ihn der Priester trinken und seinem Herrgott dabei noch ins Angesicht sehen kann, ohne Grimassen zu schneiden.« Den Kellermeister mag es geärgert haben, doch Littke hatte die Lacher auf seiner Seite.

Ein anderes Experiment, das schon kurz nach dem Flug Furore machte, stammte von Augusto Cogoli, einem Wissenschaftler an der Eidgenössischen Technischen Hochschule in Zürich.

Cogoli vermutete, daß die Lymphozyten, die weißen Blutkörperchen, die bei der Abwehr insbesondere von Infektionskrankheiten eine außerordentliche Rolle spielen, in der Schwerelosigkeit nicht so aktiv werden wie am Erdboden. Das hätte bedeutet, daß Infektionen in der Schwerelosigkeit weniger wirksam abgewehrt werden als auf der Erde. Die Lymphozyten haben die Aufgabe, in den Körper eingedrungene Keime abzutöten.

Der Schweizer Wissenschaftler hatte uns eine Kultur von lebenden Lymphozyten in einem auf 37 Grad Celsius thermostatisierten Behälter, einem Inkubator oder Brutkasten, mitgegeben. Sie sollten durch ein sogenanntes Mitogen zur Vermehrung angeregt werden. Durch die Zugabe des Mitogens wurde quasi die Infektion des Organismus substituiert.

Unter irdischen Bedingungen erreicht die Vermehrungsrate etwa 60 Stunden nach der Zugabe des Mitogens ihren Höhepunkt. Sie kann dadurch bestimmt werden, daß zu diesem Zeitpunkt Thymedin in die Kultur eingebracht wird. Thymedin ist eine der vier Basen, mit denen in der Desoxyribonukleinsäure (DNS) die Erbinformation gespeichert wird. Wird davon viel verbraucht, haben sich die Zellen stark vermehrt – und umgekehrt. Zwei Stunden später wurde die Kultur von uns eingefroren. Das Thymedin war mit dem Wasserstoffisotop Tritium radioaktiv markiert. Anhand der Radioaktivität der Zellen konnte schließlich die Vermehrungsrate gemessen werden.

Es stellte sich heraus, daß sich die Kulturen im Spacelab im Vergleich zu Lymphozytenkulturen vom gleichen Spender am Boden so gut wie überhaupt nicht vermehrt hatten. Der Zuwachs der Lymphozyten betrug nur drei Prozent jenes Zuwachses, den die Vergleichskultur am Erdboden erreichte.

Als Cogoli die Meßdaten sah, war er zunächst entsetzt. Er glaubte nämlich, daß seine Lymphozytenkultur im Weltraum abgestorben sein müsse und sich deshalb nicht vermehre. Schließlich gelang es ihm, den Verbrauch an Glukose zusätzlich zu bestimmen. Es stellte sich heraus, daß die Lymphozytenkultur, die im Weltraum war, in etwa so viel Traubenzucker konsumiert hatte wie die Vergleichskultur am Erdboden. Damit wurde bewiesen, daß die Lymphozyten im Weltraum einen ganz normalen Stoffwechsel hatten und durchaus lebten. Es hatte sich nur gezeigt, daß die Schwerelosigkeit ihre Vermehrungsfähigkeit drastisch einschränkte. Das war ein hochinteressantes wissenschaftliches Ergebnis für die Medizin.

Neun Tage unserer Mission waren wahrlich wie im Fluge vergangen. Wir hatten unsere Experimente durchgeführt. Manche Hindernisse hatten sich uns in den Weg gestellt, doch die meisten Probleme hatten wir lösen können. Es hatte sich dabei erwiesen, daß es sehr vorteilhaft ist, Menschen als Nothelfer zur Verfügung zu haben. Stimmen, die behaupteten, man brauche keine Menschen mehr im Weltraum, weil Automaten zuverlässiger und billiger seien, waren verstummt. Zum Beispiel waren von den 72 Experimenten etwa die Hälfte auf das fehlerfreie Arbeiten des Werkstofflabors angewiesen. Ohne unsere wiederholte Pannenhilfe hätte dieses gewiß sehr leistungsfähige Gerät vermutlich überhaupt nicht funktioniert. Dazu kamen andere Experimente, die durch ein Eingreifen der Besatzung zum Erfolg gebracht wurden, obwohl sie zeitweise zu scheitern schienen — so etwa die Arbeiten mit der Metrischen Kamera oder dem Rotierenden Dom.

Nun hatten wir noch den geschenkten zehnten Tag zur Verfügung. Diese zusätzlichen vierundzwanzig Stunden machten uns glücklich, denn sie gaben uns die Chance, die Dinge, die wir hatten abbrechen müssen, um im Zeitplan zu bleiben, nun doch noch zu erledigen. Bob und ich machten der Flugleitung unter anderem den Vorschlag, die kalorische Reizung des Vestibularorgans zu wiederholen. Dies wurde gebilligt, und erst jetzt stellte sich endgültig und für alle überzeugend heraus, daß der Kalorische Nystagmus auch in der Schwerelosigkeit auftritt. Bis dahin hatte es immer noch Zweifel gegeben. Ohne die von uns initiierte Wiederholung am zehnten Tag wäre man vielleicht auf der alten Theorie von Barany sitzengeblieben.

Bob und ich hatten die letzte Schicht zu übernehmen. Unsere Hauptaufgabe war, alles für die Landung herzurichten. Mich beschlich ein leichtes Gefühl der Wehmut, daß der Flug zu Ende gehen sollte. Ich mußte nochmals daran denken, welche angenehmen Arbeitsbedingungen wir im Spacelab vorgefunden hatten.

Es gab nur eine Anomalie, die vielleicht aber auch auf den Shuttle zurückzuführen war. Bei extremer thermischer Belastung, nämlich während des Kalt- und während des Heiß-Tests, gab es einige im ganzen Raumschiff hörbare laute Schläge. Beim Kalt-Test war die Nutzlastbucht für vierundzwanzig Stunden nur dem tiefen Weltraum zugewandt, so daß weder von der Sonne noch von der

Erde Strahlungswärme den Laderaum erwärmte. Beim Heiß-Test wurde er sechs Stunden ununterbrochen der direkten Sonnenstrahlung ausgesetzt.

Die Schläge hörten sich an, als ob ein Hammer auf Metall trifft. Wir waren alle ziemlich erschrocken, denn wir konnten keine Ursache feststellen. Heute nehme ich an, daß es durch die thermische Ausdehnung irgendwo zu mechanischen Spannungen gekommen war, die sich plötzlich ausglichen.

Das Schlimmste, was hätte geschehen können, wäre ein Leck mit Druckverlust gewesen. Aber es passierte nichts. Außerdem hätte ein Loch im Raumlabor nicht sofort unser Leben bedroht. Selbst bei einem Leck von der Größe eines Fünf-Mark-Stücks hätten wir noch genügend Zeit gehabt, das Module aufzuräumen und es zu verlassen. Da das Volumen des Spacelab relativ groß ist, hätte es etwa eine halbe Stunde gedauert, bis der normale Innendruck von einer Atmosphäre auf eine halbe Atmosphäre gefallen wäre.

Auch bei einer halben Atmosphäre Druck kann man noch leben. Wir hätten uns natürlich die Handatemgeräte geschnappt und wären durch den Tunnel in den Shuttle gegangen. Und selbst wenn wir bei den Versuchen mit vielerlei Sensoren bestückt und mit Gurten angeschnallt waren, hätten wir uns innerhalb von drei Minuten davon befreien können, um aus dem Spacelab zu flüchten und die Luke hinter uns zu schließen.

Es befanden sich zwei Luken im Tunnel. Zwei Luken waren notwendig, weil man für den Fall eines Ausstiegs eine Luftschleuse brauchte. Das hieß, man konnte vom Shuttle aus durch die erste Luke gehen, die zweite aber geschlossen halten. In dem Zwischenstück mußte der

Raumanzug angelegt werden, bevor man auch die erste Luke dichtmachte. Man befand sich jetzt in einem isolierten Stück des Tunnels, aus dem die Luft abgelassen werden konnte. Schließlich konnte man oben im Tunnel eine weitere Luke öffnen und durch sie in den freien Weltraum gelangen. Doch da für unseren Flug keine Außenbordtätigkeit vorgesehen war, wurde von dieser Möglichkeit kein Gebrauch gemacht, obgleich wir zwei Raumanzüge an Bord hatten.

Im übrigen zeigt diese Anordnung, weshalb wir zum Beispiel nicht aussteigen konnten, um die große AEPI-Kamera, mit der wir den Elektronenstrahl hatten filmen wollen, voll schwenkbar zu machen und später wieder zu arretieren. Die große Kamera befand sich ja auf der Palette, also dem offenen Teil des Spacelab, jenseits des Modules. Wir hätten also durch die Luftschleuse aus dem Spacelab herauskriechen müssen, um über das Module auf die Palette bis zu der großen Kamera zu gelangen. Ganz abgesehen davon, daß dies in schweren Weltraumanzügen eine umständliche Prozedur gewesen wäre, ließ eine besondere Vorsichtsmaßnahme eine solche Außenbordtätigkeit kaum zu. Denn solange die Luftschleuse nach außen geöffnet war, mußten beide Luken im Tunnel geschlossen bleiben. Keinem, der sich während dieser Zeit im Spacelab befunden hätte, wäre es möglich gewesen, sich im Katastrophenfall durch den Tunnel in den Shuttle zu retten. Bei einer eventuellen Reparatur der Kamera auf der Palette hätte aus Sicherheitsgründen zuvor das Spacelab geräumt werden müssen. Das aber hätte bedeutet, daß viele wertvolle Experimente, die ja minuziös in einen Zeitplan eingepaßt waren, der praktisch jede Minute im Weltraum umfaßte, ausgefallen wären. Denn es wären ja keine Wissenschaftler im Module gewesen, um sie durchführen und überwachen zu können. Und eine Reparatur, samt Ein- und Ausstieg hätte sehr viel Zeit in Anspruch genommen. Schon aus diesem Grunde wurde darauf verzichtet, einen von uns hinauszuschicken, um auf der Palette Reparaturen vorzunehmen. Im Falle eines echten Notfalls wären aber John und Owen in der Lage gewesen, mit den beiden Raumanzügen auszusteigen.

Das wiederholte laute Knallen, das sich etwa in der Mitte des Fluges ereignete, war das einzige Ereignis, das uns erschreckte. Das Spacelab arbeitet sonst zur allergrößten Zufriedenheit der gesamten Besatzung. Die Geräusche der Geräte waren leise, die Klimaanlage summte ebenfalls nur leise, die Temperatur, die Luftfeuchtigkeit, der Druck, alles war angenehm und wurde ausgezeichnet geregelt.

Auch unsere amerikanischen Kameraden waren von der Qualität des Spacelab beeindruckt. Tatsächlich haben die Europäer mit diesem Labor auf überzeugende Art den Beweis für das Leistungsvermögen ihrer Raumfahrttechnologie vorgelegt.

Bob und ich begannen damit, all die Geräte und Hilfsmittel, mit denen wir gearbeitet hatten, zu verstauen. Es war viel Arbeit, und wir hatten Stunden damit zu tun. Es gab zahlreiche Schubladen mit Einlagen, die jeweils so ausgeschnitten waren, daß der Gegenstand, der in die Schublade sollte, genau hineinpaßte. Damit wurde sichergestellt, daß beim Wiedereintritt in die Lufthülle der Erde nichts herumfliegen und das Spacelab gegebenenfalls beschädigen würde. Es gab ja auch sehr schwere Geräte, wie zum Beispiel die Metrische Kamera oder die

Ein geschenkter Tag 303

Very Wide Field Camera. Sie mußten sehr sorgfältig in ihrem Fach deponiert und fest verschraubt werden. Das gleiche galt für das Fluid Physics Module. Um den Racks zusätzliche Festigkeit zu geben, waren Frontplatten zu verschrauben. Nichts durfte vergessen werden, alles hatte seinen Platz.

Nachdem wir stundenlang aufgeräumt und alles verstaut hatten, kam ein sehr gefühlsträchtiger Moment, der mich einigermaßen unvorbereitet traf. Dabei war es im Grunde eine völlig sachliche Angelegenheit. Wir mußten nur im Spacelab das Licht ausmachen. Aber es kam mir fast so vor, als müsse ich mich von einem guten Freund verabschieden.

Das Spacelab hatte sich die ganze Zeit im weit geöffneten Frachtraum des Raumtransporters befunden. Es hatte uns vor Hitze und Kälte und dem Vakuum des Weltraums geschützt. Es hatte uns auch die Elementarteilchen vom Leib gehalten, die als sogenannter Sonnenwind auf uns herniederprasselten. Es hatte uns Luft zum Atmen gegeben, Licht und Wärme. Es hatte uns beschützt und bewahrt in einer Umwelt, in der kein Leben möglich ist.

Bob Parker war offenbar genauso bewegt wie ich. Wir hatten unsere Aufgaben erledigt. Er drückte mir die Hand, umfaßte mich ohne jedes Wort. Dankbar und wortlos erwiderte ich das Zeichen seiner Freundschaft. Bob hat einen Zwillingsbruder. Er ist Professor an einer Universität. Ich fühlte, daß ich ihm hier nähergerückt war als sein Bruder. Mir hatten meine Gefährten alle wegen der Hingabe an ihre Aufgabe und wegen ihres Könnens den größten Respekt abgenötigt. Besonders hingezogen aber fühlte ich mich zu Bob und John.

Zusammen mit Bob schwebte ich zum letzten Mal durch den Tunnel. Wir schlossen die Luken und löschten das Licht.

Die Rückkehr

Es waren noch einige Stunden bis zur Landung. Unsere Arbeit war noch nicht beendet, denn wir mußten noch das Mitteldeck für den Wiedereintritt in die Atmosphäre und die Landung vorbereiten.

Auch hier mußte alles eingesammelt und verstaut werden. Und die Sitze, die wir nach dem Start mit Klebeband am Boden befestigt hatten, waren wieder zu installieren. Die Toilette wurde außer Betrieb gesetzt, das heißt der Strom abgestellt. Dann wurde einer der Sitze vor der Tür zur Toilette plaziert, und jeder Stuhl mit vier Ankern am Boden festgemacht.

Unser Commander begann, die Primary Thrusters (die Haupt-Lagetriebwerke) zu überprüfen, die wir beim Wiedereintritt in die Erdatmosphäre für die Lageregelung des Shuttle benötigten. Bis zu diesem Zeitpunkt hatten wir die Vernir Thrusters benutzt, kleinere Lagetriebwerke, die nur ganz wenig Schub erzeugen und deshalb für ein sanftes und langsames Manövrieren geeignet, aber für den Wiedereintritt zu schwach sind. Wenn die Primary Thrusters, die Hauptlageregelungsdüsen, die ebenfalls mit Hydrazin und Stickstofftetroxid arbeiten, zünden, gibt es einen Knall, als sei in der Nähe eine Kanone abgefeuert worden. Als es zum ersten Mal krachte, waren wir erleichtert, weil es bedeutete, daß die Thrusters arbeiteten. Doch etwas anderes beunruhigte uns: Einer der fünf Bordrechner war dabei ausgefallen.

Das war an und für sich noch nicht weiter schlimm,

denn man kann notfalls mit nur einem einzigen der fünf Computer landen. Vier dieser fünf Computer sind zu einem System zusammengeschaltet, in dem die einzelnen Rechner sich gegenseitig kontrollieren. Wenn einer von ihnen einen Fehler macht, wird er – in einer Art Computerdemokratie – von den drei anderen überstimmt. Der fünfte Computer aber ist unabhängig. Das heißt, wenn es zwischen den vier anderen Störungen gibt, die – was sehr unwahrscheinlich, aber nicht mit absoluter Sicherheit auszuschließen ist – sich von dem einen auf den anderen Computer übertragen, so wäre eine »Ansteckung« des fünften Computers technisch nicht möglich.

Ohne Hast und Hektik begann John, sich mit dem ausgefallenen Computer zu beschäftigen. Er regte sich nicht im geringsten auf, denn er verfügte über die Erfahrung von fünf Raumflügen, und er hatte die Columbia auf ihrem Jungfernflug – dem ersten Flug eines Shuttle überhaupt – in den Weltraum gebracht und sicher zurück zur Erde geflogen.

Es gelang John jedoch nicht, den Computer zu neuem Leben zu erwecken. Er ließ es dabei bewenden und feuerte wie geplant noch einmal die Primary Thrusters. Dabei fiel der zweite Computer aus.

Auf einmal wurde es ruhig im Shuttle. Und auch am Boden begann man nachzudenken. Wir wurden angewiesen, vorerst die Lageregelungstriebwerke nicht wieder zu zünden und in der Umlaufbahn zu bleiben. Dort waren wir sicher. Der Flugdirektor wollte zuerst Zeit gewinnen, um das Problem zu analysieren.

Jetzt wurde das gesamte Programm der beiden Computer mit einem sogenannten Memory Dump nach Houston übertragen. Das dauerte eine ganze Weile. Und dann suchte man am Boden nach dem Fehler. Es stellte sich nach einigen Stunden heraus, daß der zweite Computer noch funktionierte — er mußte nur erneut mit dem Programm geladen werden. Der erste aber war defekt. Später hörte ich, daß IBM offenbar nicht sauber gearbeitet hatte oder daß auf andere Weise Schmutz in den Computer gekommen war. Durch das Feuern der Primary Thrusters waren die Schmutzteilchen wohl gegen irgendeine empfindliche Stelle geschlagen und hatten einen Kurzschluß ausgelöst oder einen anderen Schaden angerichtet.

Solange man am Erdboden auf Fehlersuche war, ging John Young in aller Ruhe in seine Koje und schlief. Das Rote Team — also John Young, Bob Parker und ich — hatten ja die letzte Zwölfstundenschicht im Weltraum gehabt. Das hieß, wir waren jetzt schon annähernd zwanzig Stunden auf den Beinen. Da man bei der Suche nach den Computerfehlern ohnehin nicht helfen konnte, wir andererseits aber auf einer sicheren Umlaufbahn waren, bei der praktisch nicht viel passieren konnte, war weder für den Raumschiffkommandanten noch für Bob Parker oder mich viel zu tun. Ich legte mich also ebenfalls hin und ruhte mich eine Weile aus.

Inzwischen trat eine andere Schwierigkeit auf. Wir hatten einen Fernschreiber an Bord. Über diesen erhielten wir während der ganzen Mission Nachrichten und Anweisungen: Angaben, wie man die Metrische Kamera reparieren oder was John Young fotografieren sollte und dergleichen mehr. Die Nachrichten wurden zu uns herauf gefunkt und dann von unserem Teleprinter ausgedruckt. Das war besonders nützlich, wenn Zahlen und andere Angaben zu übermitteln waren, die man nicht ohne weiteres im Kopf behalten konnte. Ausgerechnet jetzt aber, da wir den Fernschreiber am dringendsten brauchten, war die Papierrolle auf dem Teleprinter leer. Wir hätten zwar eine neue Rolle auflegen können, aber dafür hätten wir soviel wegräumen und montieren müssen, nachdem wir schon alles für die Landung verstaut hatten, daß dies eigentlich kaum noch zu machen war. Alle Anweisungen konnten jetzt nur noch mündlich an Brewster, der gerade Dienst hatte, hochgegeben werden, was seine Situation nicht leichter machte. Er mußte alles aufschreiben.

Während John Young schlief, erlebten wir noch eine hübsche Überraschung. Eine der drei Inertial Measurement Units, Trägheitsplattformen, die wir für die genaue Navigation des Raumtransporters brauchten, fiel aus. Diese IMU's wurden alle paar Stunden mit der Hilfe von Fixsternen sehr genau justiert. Mit ihnen ließ sich die Lage des Raumtransporters kontrollieren.

Jetzt schrillten offenbar unten in Houston in der Flugleitung die Alarmglocken. Man hatte dort wohl den Eindruck gewonnen, daß unsere Raumfähre Columbia auseinanderzufallen drohte. Auf jeden Fall bekamen wir Befehl, so schnell wie möglich zu landen. John Young kroch aus der Koje, und alles wurde für die Landung vorbereitet.

Bob hatte zusammen mit mir Spacelab bereits deaktiviert. Es war alles für die Rückkehr vorbereitet. Die Versorgung mit elektrischem Strom war unterbrochen. Es waren nur noch die Rauchdetektoren und der Motor des Kabinenkreislaufs auf niedriger Drehzahl in Betrieb. Brewster konnte damit beginnen, die Tore des Laderaums zu schließen. Damit dies überhaupt möglich war, mußte der Shuttle möglichst überall gleiche Temperatur haben,

Die Rückkehr

so daß er durch Thermospannung nicht verzogen war. Darum hatte Brewster schon vor Stunden Columbia in den sogenannten Barbecue Mode gebracht. Dabei drehte sie sich »wie am Spieß« kontinuierlich um ihre Längsachse, so daß alle Teile nacheinander immer wieder der Sonne, der Erde und dem Weltraum ausgesetzt wurden. Jede ungleichmäßige Erwärmung wurde auf diese Weise ausgeglichen.

Das Schließen der Tore erfolgt immer erst kurz vor dem Abbremsen des Shuttle, weil die Radiatoren die überflüssige Hitze aus dem Raumtransporter nur bei geöffneten Frachttüren in den Weltraum abstrahlen können.

Zuerst wurde die große Antenne eingefahren, mit der unsere Daten übertragen worden waren. Dann schlossen sich die achtzehn Meter langen Tore des Frachtraums. Wir waren alle froh, als die Riegel richtig packten, denn wenn die riesigen Frachttüren nicht zu schließen gewesen wären, hätte das vermutlich unser Ende bedeutet. Der Shuttle hätte mit unverriegelten Frachttüren wohl kaum die statische und thermische Belastung von mehr als 1000 Grad beim Wiedereintritt in die Atmosphäre überstanden.

Im Mitteldeck räumten wir unsere drahtlosen Kommunikationssysteme weg und holten die Säcke mit unseren Helmen, Stiefeln und dem Gurtzeug hervor. Wir legten als erstes die Anti-g-Anzüge an. Darüber zogen wir die blauen Kombinationen. Seitlich an den Sitzen wurden die Kanister mit der kleinen Notflasche mit Atemluft befestigt. Ich mußte wieder Elektroden anlegen, um auch beim Wiedereintritt mein EKG und meine Augenbewegungen auf Band aufzeichnen zu können. Wir verlegten die Sauerstoffschläuche, so daß an jedem Sitz ein Sauerstoffanschluß bereit lag. Schließlich setzten wir unsere Helme auf, schlossen die Kabel für die Kommunikation und die Sauerstoffleitung an und nahmen in den Sitzen Platz. Als wir alle angeschnallt waren, meldeten wir John, daß wir bereit zum Wiedereintritt seien. Während dieser Zeit hatte Houston die Rückkehr um einen weiteren Umlauf verzögert.

Nun sollten wir aus dem einhundertsiebenundsechzigsten Umlauf nach Hause zurückkehren. Computer zwei lief bisher problemlos. John und Brewster, die mittlerweile ebenfalls ihre Ausrüstung für die Rückkehr angelegt hatten, wendeten die Columbia, so daß sie mit dem Heck voran flog. 55 Minuten und 24 Sekunden vor der geplanten Landung zündeten sie dann über dem südlichen Indischen Ozean die beiden Raketenmotoren des Orbital Manoeuvring System. Sie feuerten für zwei Minuten und achtunddreißig Sekunden und verminderten unsere Geschwindigkeit um 293 km/h. Die Verzögerung betrug lediglich 0,1 g und hielt nur solange an, wie die Motoren arbeiteten. Danach setzte die Schwerelosigkeit wieder ein, so als sei nichts gewesen.

Als Naturwissenschaftler wußten wir, daß es nun kein Zurück mehr gab, denn unsere Umlaufbahn war zur Ellipse geworden, die uns innerhalb der nächsten Stunde näher an die Erde heranführen würde. In 120 km Höhe würden wir die Atmosphäre zu spüren bekommen. Tatsächlich dauerte es noch etwa 20 Minuten, bis wir die ersten Anzeichen dafür bemerkten, daß die Zeit der Schwerelosigkeit nun zu Ende ging. Als unsere Bleistifte nicht mehr in der Schwebe bleiben wollten, sondern davonzufliegen begannen, befanden wir uns über Korea und jagten weiter nach Nordosten. Der Beschleunigungsmesser im Cockpit war ganz langsam auf 0,1 g geklettert. Am Rahmen unseres kleinen Fensters in der Luke des Mitteldecks zeigte sich ein erstes fahles Leuchten. Wir rasten jetzt mit Mach 25 durch die noch dünne Luft. Durch die Reibung wurde sie ionisiert und begann wie eine Flamme zu leuchten. Etwa zu diesem Zeitpunkt verloren wir auch den Funkkontakt zum Bodenkontrollzentrum. Die ionisierten Gase um uns herum schirmten uns ab wie ein Metallkäfig. John und Brewster begannen nun damit, Rollmanöver zu fliegen. Sie rollten unser Raumschiff siebzig Grad nach links, dann siebzig Grad nach rechts. Die Flugrichtung wurde dabei wenig geändert, aber der Widerstand konnte beeinflußt werden.

Der antriebslose Wiedereintritt ließ sich auf diese Weise so steuern, daß wir im richtigen Verhältnis zur abnehmenden Entfernung von der Edwards Air Force Base in Kalifornien Höhe verloren. In dem Maße, wie wir tiefer in die Atmosphäre eintauchten und die Luftdichte zunahm, wuchs die Verzögerung. Gleichzeitig wurde das Leuchten am Fensterrahmen intensiver, die Farbe kräftiger. Die leuchtende Schicht breitete sich über das gesamte Fenster aus. Jetzt hätte ich viel darum gegeben, im Cockpit zu sitzen. Es mußte ein phantastisches Schauspiel sein, vor dem Panoramafenster den gigantischen Feuerzauber mitzuerleben, der durch die Luftreibung rings um uns entstand. Natürlich wurden nun die Keramikkacheln des Hitzeschilds, die uns vor der Hitze schützten, aufs äußerste beansprucht. Dabei wurden sie an Stellen wie den Flügelvorderkanten 1650 Grad heiß. Die größte Hitzebelastung trat in etwa 70 km Höhe auf. Nach dem Bremsmanöver hatte der Shuttle auf seiner elliptischen Bahn nach unten infolge der altehrwürdigen

Keplerschen Gesetze an Geschwindigkeit wieder zugenommen. Nun rasten wir in die merklich dichter werdende Atmosphäre. Die Luft leuchtete jetzt rundum in tiefem Orange. Von nun an stieg die Verzögerung kontinuierlich an. Sie überschritt den Wert von 1 g und wuchs auf 1,7 g an. Schließlich nahm sie zuerst ganz langsam, dann schneller wieder ab.

Beim Wiedereintritt in die Atmosphäre begann ich meinen eigenen Körper zu fühlen, wie ich ihn nie zuvor in meinem Leben gespürt hatte. Die Arme zerrten nach unten, die Backen fühlten sich schwer an, irgendwie schienen sich sogar die inneren Organe bemerkbar zu machen. Durch die Gewöhnung an die Schwerelosigkeit empfand ich die 1,7fache Belastung stärker als sonst. Es kam mir vor, als würde ich mit 2,5 bis 3 g belastet. Ich beobachtete mich selbst genau, schließlich hatte ich den Kreislaufmedizinern und den Flugmedizinern viele Jahre zuschauen können. Ich empfand mein Gewicht, aber ich hatte keine Probleme mit dem Kreislauf. Deshalb unterließ ich es auch, die Anti-g-Hosen mit Pressluft zu füllen. Die sollten verhindern, daß zu viel Blut in die unteren Teile des Körpers versackt.

Mit Ausnahme von Byron und mir hatten alle meine Gefährten außerdem fast zwei Liter Wasser getrunken und dazu einige Salztabletten eingenommen. Die NASA versuchte mit dieser Methode das Blutvolumen möglichst zu erhöhen, um ihren Astronauten einen denkbaren Kollaps zu ersparen, und hatte damit gute Erfahrungen gemacht. In unserem Fall wollten Carolyn Leach und Dr. Johnson die Abnahme des Blutvolumens durch den Aufenthalt im Weltraum exakt messen und hatten uns Nutzlast-Experten deshalb gebeten, nach Möglichkeit auf das sogenannte Water Loading zu verzichten.

Die Rückkehr

Der Shuttle ist das einzige aerodynamisch konstruierte Fluggerät, das mit fünfundzwanzigfacher Schallgeschwindigkeit fliegt. Vor seinem ersten Flug konnte die Aerodynamik des Shuttle nur theoretisch untersucht werden, denn kein Windkanal der Welt könnte Mach 25 erzeugen. Deswegen war ich gespannt, was beim Wiedereintritt in die Erdatmosphäre geschehen würde. Zu meiner Verblüffung geschah nichts. Die Columbia glitt ruhig und stetig der Landepiste entgegen. Bei jeder Linksrolle konnte ich für einige Sekunden durch unser Fenster die Erdoberfläche erkennen. Meistens sah ich Wolken und Wasser. Eingehüllt in einen grandiosen Feuerschweif rasten wir ein letztes Mal über den östlichsten Teil der Sowjetunion, über die Halbinsel Kamtschatka und über die Aleuten hinweg. Der vorletzte Abschnitt unserer Reise verlief über den nordöstlichen Teil des Pazifischen Ozeans, der letzte Teil über Kalifornien. Bevor wir bei San Francisco die Küste erreichten, hatten wir den Funkkontakt zum Kontrollzentrum in Houston wiedergewonnen. Während der letzten Viertelstunde konnten wir also wieder Daten an den Boden übertragen, und Experten bestätigten ihrerseits von Houston aus, was unsere eigenen Computer und Anzeigen aussagten. Alles sah bestens aus. Wir hatten die richtige Höhe und die richtige Geschwindigkeit. Spätestens jetzt wußten wir, daß der Wiedereintritt geschafft war. In etwa 20 km Höhe beginnt das Terminal Area Energy Management. Es dient dazu, den Shuttle an einen Punkt über der Verlängerung der Landebahn zu führen, von dem aus ein antriebsloser Endanflug möglich ist. Der Shuttle wird dabei vollständig aerodynamisch gesteuert, das heißt es werden nur noch Ruder benutzt. Diese sind wie die Ruder eines Flugzeugs ausgebildet, mit Ausnahme des Seitenruders, das auseinandergespreizt werden kann. Damit wird es möglich, zusätzliche Reibung zu erzeugen und den Raumgleiter schneller nach unten zu bringen. Diese aerodynamische Bremse wird vom Computer gesteuert.

Ein anderes wichtiges Manöver ist der Heading Alignment Circle. Hierunter versteht man eine Kurve, die der Shuttle auf seinem Sinkflug durchfliegt, bevor er den Endanflug beginnt. Je nachdem ob diese Kurve, die in aller Regel fast ein Vollkreis ist, mit großem oder kleinem Radius geflogen wird, kann viel oder wenig Höhe aufgegeben werden.

Von Nordwesten kommend donnerten wir zunächst über den ausgetrockneten Rogers Lake hinweg. Wir hatten noch Überschallgeschwindigkeit und kündigten den zahlreichen Freunden, die auf uns warteten, unsere Rückkehr durch einen lauten Knall an. Mit Hilfe der vier noch funktionierenden Rechner zogen John und Brewster die gute alte Columbia etwa 300 Grad um den Heading Alignment Circle herum. Die Rechner brachten uns in die richtige Position, um aus etwa 6000 Meter Höhe den Endanflug auf die Landebahn 17 der Edwards Air Force Base zu beginnen.

Natürlich hatte es sich John nicht nehmen lassen, auf Handsteuerung umzuschalten. Keiner der alten Haudegen läßt sich diese Gelegenheit entgehen. Von nun an ging es schnell. John flog, als flöge er das Trainingsflugzeug. Im Funk hörte ich, wie die Flugkontrolle in Houston bestätigte, daß wir die richtige Geschwindigkeit und die passende Höhe hatten, um genau dort hinzukommen, wo John hin wollte. In etwa 1200 Meter Höhe über der Bahn flachte John unseren Anflugwinkel ab. Statt mit 17 Grad

Die Rückkehr

ging es nur noch mit 7 Grad nach unten. Die Geschwindigkeit begann, von 520 km/h auf 350 km/h abzufallen. Brewster hatte alles vorbereitet, um das Fahrwerk auszufahren. In etwa 40 Meter Höhe drückte er auf den Knopf. Wir hörten am Windgeräusch, wie es sich herausschob. Brewster meldete John: »Fahrwerk verriegelt.«

Ganz sanft setzte John den Raumgleiter, der mit Spacelab in seinem Laderaum hundert Tonnen wog, auf dem Salzsee auf. Es war kaum zu spüren, daß wir den Boden unter den Reifen hatten. Die Sinkrate hatte zum Schluß nur noch 30 cm pro Sekunde betragen. Es war eine meisterhafte Landung.

Beim Ausrollen hielt John die Nase des Shuttle noch ein Weilchen hoch. Wir saßen ganz vorne und spürten deshalb deutlich, wie die Nase dann schnell nach unten fiel. Es gab einen ordentlichen Bumser. Im selben Moment fiel Computer zwei erneut aus. Uns konnte es nun gleichgültig sein. Der harte Fall auf das Bugrad, so hörte ich später, war unter anderem dadurch verursacht, daß der Schwerpunkt des Shuttle durch das Spacelab im Laderaum an die vordere Grenze des zulässigen Bereichs gerückt war. Gleichviel, wir waren unten. Die Reise hatte zehn Tage, sieben Stunden und siebenundvierzig Minuten gedauert. Damit war der bisher längste Flug des Shuttle zu Ende gegangen, der bis heute nicht überboten wurde. Wir hatten etwa sieben Millionen Kilometer zurückgelegt.

Wir brauchten nur etwa 2500 Meter Rollstrecke, bis wir auf dem riesigen Salzsee zum Stillstand kamen. Völlig unerwartet fielen kurz darauf zwei der Hilfsturbinen, die die Hydraulik mit Druck versorgten, aus. Wir hatten nichts bemerkt, doch das erste, was mich mein fast fünfjähriger Sohn fragte, als er mich sah, war: »Papa, warum hat es in eurem Heck gebrannt?« In der Tat hatten wir ein Feuer gehabt, das sich vermutlich aus einem Hydrazinleck entwickelt hatte. Im Weltraum, wo es keinen Sauerstoff gibt, war das ohne Bedeutung, doch in der Atmosphäre hatte sich das Hydrazin dann entzündet. Die Folge war, daß die Turbinen, die in der Nähe des Brandes lagen, ganz zum Schluß ausfielen. Wir hatten Glück gehabt, daß sie so lange gelaufen waren, wie wir sie gebraucht hatten. Das System war nötig, um die Ruder zu bewegen, das Fahrwerk auszufahren und die Bremsen zu betätigen. Es ist mir bis heute nicht klar, ob eine einzige der drei Pumpen ausgereicht hätte, alle Aggregate anzutreiben. Die Auskünfte verschiedener Leute der NASA waren in dieser Hinsicht widersprüchlich.

Nachdem unser Shuttle zum Stehen gekommen war, ging es routinemäßig weiter. Es näherten sich mehrere Fahrzeuge. Die Stromversorgung wurde von außen sichergestellt, die Hilfsturbinen wurden ausgeschaltet. Ein Fahrzeug mit Instrumenten zum »Schnüffeln« kam heran und prüfte, ob die Umgebung des Shuttle von giftigen Hydrazin- und anderen Dämpfen frei war. Dann wurde von einem Spezialfahrzeug frische Luft in den Shuttle geblasen, und schließlich rollte auch ein Fahrzeug heran, das die Columbia-Mannschaft aufnehmen sollte. Immerhin dauerte es aber doch eine gute halbe Stunde, bis alle Sicherheitsmaßnahmen durchgeführt waren und die Tür des Raumtransporters geöffnet werden durfte.

Ich war froh, daß die Tür noch eine Weile geschlossen blieb. Nach den zehn Tagen der Schwerelosigkeit war es ganz vorteilhaft, nicht sofort aus dem Shuttle aussteigen zu müssen. Erst wollte ich mich an die schweren Glieder gewöhnen.

Ich befreite mich zuerst von meinem Helm, der nun zusätzlich zu meinem Kopf auf dem Nacken lastete. Dann öffnete ich den Anschnallgurt und löste mich von allen Kabeln und Schläuchen.

Ich unternahm einen Versuch aufzustehen. Es gelang auf Anhieb, aber es kostete Mühe. Nicht daß meine Muskeln geschrumpft gewesen wären, es war das Nervensystem, das falsche Befehle gab. In der Schwerelosigkeit hatten wir uns angewöhnt, mit wenig, sehr feindosierter Kraft zu operieren. Damit ließ sich gegen die anziehende Kraft der Mutter Erde nun nichts mehr bewirken.

Als ich stand, hatte ich das Gefühl, auf den schwankenden Planken eines Schiffes zu sein. Ich konnte aufrecht stehen bleiben, aber ich fühlte mich unsicher. Ich traute mich nicht, die Augen zu schließen, denn ich hatte Angst umzufallen. Mein Vestibularorgan mußte erst wieder eingeschaltet werden. Um den Kreislauf zu stützen, begann ich probeweise einige Schritte zu gehen. Ich fühlte instinktiv, daß es half, die Beinmuskulatur zu betätigen. Mit jedem Schritt wurde bei der Anspannung der Muskelpakete Blut zum Herzen bewegt. Zum ersten Mal war ich froh, Klappen in den Venen zu haben. Es war alles noch etwas wackelig, aber es wurde zusehends besser.

Schließlich wurde die Shuttle-Tür aufgemacht und wir stiegen alle die Treppe herunter. Es gab keine vom Protokoll vorgegebene Reihenfolge. Jeder hielt sich vorsichtshalber am Geländer fest. Nur unser vorauseilender Kommandant nicht. Bob, Owen, Byron und ich sollten uns in einem kleinen Bus sofort für medizinische Untersuchungen hinlegen. Das taten wir aber nicht sofort. Denn es ist eine Tradition, daß der Shuttle-Kapitän nach der Landung einmal um sein Weltraumfahrzeug herumläuft, um zu sehen, wie es die Reise überstanden hat. Wir ließen uns die Gelegenheit nicht entgehen, John und Brewster zu begleiten, denn es tat gut, den festen Wüstenboden unter den Füßen zu fühlen und die frische Luft einzuatmen. Die Sonne leuchtete im milden Licht eines späten Nachmittags. Es war schön, wieder auf der Erde zu sein.

Noch immer schien der Boden, auf dem ich lief, zu schwanken. Es war nicht anders, als wenn man nach einer langen unruhigen Seefahrt wieder an Land geht. Auch dann hat man ja die Illusion, daß der Boden sich bewegt – wie sich zuvor die Schiffsplanken bewegt haben. Nur war für uns dieser Effekt, nach der Rückkehr aus dem All, erheblich stärker.

Es gab dann ein großes Hallo und vielerlei Händeschütteln, ehe wir schließlich doch in dem Wagen der Mediziner landeten. Bob Parker und ich mußten uns in einem, die anderen in einem zweiten Minibus hinlegen. Noch während der Fahrt wurden wir von unseren Ärzten untersucht. Zur Messung des Venendrucks wurden uns Kanülen in die Armvene gelegt.

Dann, immer noch in dem kleinen Bus, konnte ich endlich meine Frau und die beiden Kinder wieder in die Arme schließen. Mein Sohn Hannes war zutiefst erschrocken, als er den dünnen Schlauch voller Blut in meiner Vene stecken sah. »Aber Papi, was ist denn hier los?« fragte er mich ganz entsetzt. Dr. Johnson von der NASA wollte meine Familie sofort hinauswerfen. Er werde jetzt, so kündigte er an, das Blutvolumen mit Hilfe von radioaktiven Isotopen messen. Das sei gefährlich, und

Die Rückkehr

deswegen müßten die Kinder wieder verschwinden. Diese Argumentation gefiel mir überhaupt nicht. »Entweder sind Ihre Isotope gefährlich«, sagte ich, »und dann lasse ich sie mir auch nicht in den Körper spritzen, oder sie sind nicht gefährlich – und die Kinder können ebensogut hierbleiben.«

Die Kinder blieben. Im übrigen waren mir die radioaktiven Isotope von Anfang an nicht sehr sympathisch gewesen. Es handelte sich um radioaktives Chrom, Jod und Eisen. Schon vor dem Flug hatte man uns damit traktiert, und ich hatte mich anfänglich geweigert, mir das Zeug in den Körper spritzen zu lassen, bevor ich mich nicht selbst vergewissert hatte, ob es riskant sei oder nicht. Mitten in der Nacht hatte ich Professor Graul von der Universität Marburg angerufen. Von den Ärzten der ESA, die darüber zu wachen hatten, daß mit uns kein Mißbrauch getrieben wurde, konnte ich aus Amerika niemanden erreichen. Professor Graul beruhigte mich, und Byron und ich ließen die Sache über uns ergehen – nicht zuletzt, um den Wissenschaftlern eine weitere Untersuchung, die ihnen wichtig schien, zu ermöglichen.

Dabei hatten die drei radioaktiven Substanzen unterschiedliche Aufgaben: Mit dem Chrom wurde die Gesamtmasse der roten Blutkörperchen bestimmt, mit dem Jod der Anteil der Blutflüssigkeit, und mit dem Eisen konnten Erkenntnisse über die Bildung roter Blutzellen gewonnen werden. In meinem Fall stellte sich heraus, daß das gesamte Blutvolumen um einen Liter abgenommen hatte. Kein Wunder also, daß ich anfänglich noch wackelig auf den Beinen stand.

Für die wissenschaftliche Mannschaft war die Mission mit der Landung nicht vorbei. Die Messung des Venendrucks und die Bestimmung des Blutvolumens markierten den Beginn einer Zeit intensiver Nachuntersuchungen. Wissenschaftler wie Professor von Baumgarten und sein amerikanischer Kollege Professor Larry Young vom Massachusetts Institute of Technology wollten nun unsere Anpassungsreaktionen an die irdischen Bedingungen verfolgen.

In Dryden war eine Halle mit allen Testgeräten gefüllt worden. Täglich wurden wir dort bis zu dreizehn Stunden lang untersucht. Ich hätte viel lieber meinen Kindern und meiner Frau berichtet, was ich erlebt hatte, doch ich mußte morgens aus dem Haus, wenn die Kinder noch schliefen, und kam abends zur Familie zurück, wenn sie schon im Bett lagen. Meine Frau hat deshalb nach fünf Tagen die kleine Wohnung, die uns ein Freund auf der Edwards Air Force Base besorgt hatte, geräumt und ist nach Huntsville zurückgeflogen. Ich war nicht entzückt, aber ich konnte sie verstehen.

An den Untersuchungen nahmen Bob, Owen, Byron und ich als Testobjekte teil. Auf der anderen Seite waren etwa einhundert Personen beteiligt, die uns testen wollten. Es war für sie genauso anstrengend wie für uns. Glücklicherweise setzte sich bald die Erkenntnis durch, daß die Wiederanpassung im großen und ganzen nach vier Tagen abgeschlossen sei, und so erreichten wir schließlich, daß nach fünf Tagen vorzeitig Schluß war. Am 13. Dezember flogen wir nach Houston, um dort die sogenannten Debriefings zu beginnen. Wir berichteten, wie die Toilette funktioniert hatte, was es wohl mit den zwei, drei lauten Knalls auf sich gehabt haben mochte, die wir etwa in der Mitte der Flugzeit vernommen hatten, und über andere Dinge mehr. Diese Debriefings nahmen

Die Rückkehr 321

zwei weitere Tage in Anspruch. Erst dann, am 16. Dezember, konnte ich nach Hause fliegen, nach Huntsville, zu meiner Familie.

Aber schon am 19. Dezember fand eine große Pressekonferenz in Houston statt, bei der ich anwesend sein mußte. Und dort hatte ich einen ziemlich schweren Stand. Denn zu diesem Zeitpunkt war bereits bekanntgeworden, was ich in der Zeitschrift GEO und auch in Interviews zum Ausdruck gebracht hatte.

Schon zuvor war mir aufgefallen, daß die meisten Amerikaner überhaupt nicht wußten, daß die Europäer das Spacelab gebaut und geliefert hatten. Auch hatte ich kein Hehl daraus gemacht, daß nach meiner Meinung bei Spacelab das Verhältnis von Geben und Nehmen unsymmetrisch war. Immerhin hatte das Raumlabor, das dazu bestimmt war, etwa fünfzigmal eingesetzt zu werden, zwei Milliarden DM gekostet.

Dafür, daß die NASA jetzt frei über Spacelab verfügen konnte, hatte sie als Gegenleistung die europäischen Experimente umsonst mitgenommen. Weitere Ansprüche oder Verpflichtungen bestanden nicht. Wollten die Europäer von nun an Spacelab benutzen, so mußten sie dazu mit den Amerikanern die gleichen Vereinbarungen treffen wie andere Nationen, die mit dem Bau des Spacelab überhaupt nichts zu tun gehabt hatten.

Ich hatte von meinen Worten nichts zurückzunehmen und bestätigte sie also auch auf der Pressekonferenz in Houston. Inzwischen hatten meine Ausführungen aber so viel Wirbel gemacht, daß ich vom Generaldirektor der ESA ein Schreiben erhielt, wonach ich mich aller politischen Äußerungen enthalten sollte.

Dann stand Weihnachten vor der Tür, und wir konnten

endlich nach Europa zurückkehren. Ich flog mit der Familie in einem Linienflugzeug nach Frankfurt. Doch als die Maschine ausrollte, wurde mir klar, daß mit der Rückkehr zur Erde für mich das Unternehmen Spacelab 1 noch lange nicht zu Ende gegangen war. Denn kaum daß die Tür geöffnet worden war, stürmten die Journalisten die Maschine und fielen über mich her.

Das erste, was ich auf deutschem Boden tat, war, zweihundert Journalisten in einer improvisierten Pressekonferenz Rede und Antwort zu stehen. Erst dann konnten wir endlich nach Stuttgart weiterfliegen. Doch auch dort gab es noch keine Ruhe. Wieder stand die Presse auf dem Flugfeld, wieder stürmten die Fragen auf mich ein. Ich war froh, daß ich kurzerhand in eine Limousine der Landesregierung gesteckt und zum Sitz des Ministerpräsidenten in die Villa Reitzenstein gefahren wurde. Dort begrüßte mich Ministerpräsident Späth und verlieh mir die Verdienstmedaille des Landes Baden-Württemberg.

Später kamen andere Auszeichnungen dazu, doch über Baden-Württembergs Verdienstmedaille habe ich mich am meisten gefreut.

Die Medien ließen mir keine Ruhe. Da halfen mir gute Freunde und luden mich auf eine wunderschöne kleine Skihütte im unteren Engadin ein, wo es weder Telefon noch Fernsehen oder sonst irgendeine Verbindung zur Außenwelt gab. Keiner wußte, wo ich geblieben war. Ich war einfach von der Bildfläche verschwunden.

Leider konnte ich in diesem Refugium nur eine Woche bleiben. Denn danach begann das offizielle Programm. Wir besuchten den Bundespräsidenten, den Bundeskanzler und den Forschungsminister.

Die ESA schickte uns durch alle elf Mitgliedsstaaten.

Dazu hatte sie die gesamte Besatzung mit ihren Frauen eingeladen.

Wir besuchten gekrönte Häupter, Präsidenten, Rathäuser, Minister und traditionsreiche, wissenschaftliche Institutionen wie die Royal Society in London. Wir übergaben artig unsere Gastgeschenke, beantworteten Tausende von Fragen – vor allem zahlloser begeisterter junger Menschen.

Ein Moment dieser Reise ist mir besonders in Erinnerung geblieben. Die äußerst gastfreundlichen Schweizer hatten uns nach Luzern in ihr »Verkehrshaus« eingeladen und ließen es sich nicht nehmen, uns die schöne Stadt am Vierwaldstätter See zu zeigen. Sie führten uns über die berühmte, alte Holzbrücke und in die Jesuitenkirche. In dem Augenblick, in dem die schwere Tür ins Schloß fiel, begann die Orgel zu tönen. Die herrliche Musik Johann Sebastian Bachs füllte das Schiff der anmutigen Rokoko-Kirche. Ich war so tief ergriffen von so viel Harmonie und Schönheit, daß mir die Knie weich wurden. Ich war glücklich und froh, wieder zu Hause zu sein.

Die Arbeit geht weiter

Mit unserer Landung war ein Rekordflug zu Ende gegangen, und zwar nicht nur wegen der Dauer und der Zahl der Erdumläufe. Niemals vorher und seither auch nicht wieder wurden so viele Manöver geflogen wie bei uns – 206 Lageänderungen bedeuteten, daß unsere Piloten fast jede Stunde ein Manöver durchzuführen hatten. Darüber hinaus hatten sie 7000 Fotos von der Erde gemacht. Sie landeten mit dem bisher höchsten Gewicht. Die wissenschaftlichen Experimente hatten mit einigen Trillionen Bits eine gigantische Datenmenge geliefert. Vier Monate nach der Landung versammelten sich die Wissenschaftler ein vorletztes Mal in Huntsville. Sie berichteten über die ersten Resultate. Spätestens hier zeigte sich, daß die Mission auch wissenschaftlich ein großer Erfolg war. Die Repräsentanten der einzelnen Disziplinen faßten die vorläufigen Ergebnisse zusammen:

Astronomie und Sonnenphysik
1. Die Spektren des Perseus Clusters von Galaxien und von Cygnus X-3 wurden aufgenommen.
2. Die Röntgenemission vom Rest der Supernova Cassiopeia A wurde gemessen.
3. Die veränderlichen Spektren von galaktischen Röntgenquellen (wie Zwillingssternen, Neutronensternen und Schwarzen Löchern) wurden registriert.
4. 48 Übersichtsaufnahmen des Himmels im Ultravioletten wurden gewonnen, von denen einige 6000 Sterne

zeigen. Eine Wolke heißer Sterne zwischen den beiden Magellan-Wolken wurde im UV-Licht beobachtet.
5. Die Solarkonstante wurde mit verbesserter Genauigkeit bestimmt.
6. 35 Spektren der Sonne vom Infrarot bis einschließlich des ultravioletten Anteils wurden registriert.

Plasmaphysik
1. Magnesiumionen wurden in der oberen Atmosphäre entdeckt.
2. Das sogenannte »beam plasma discharge«-Phänomen wurde entdeckt.
3. Die Ladungsneutralisation des Raumfahrzeugs mit Hilfe eines Argonionengenerators wurde erreicht.
4. Die Ausbreitung der Argonionenwolke wurde beobachtet.
5. Eine Wechselwirkung eines Elektronenstrahls mit neutralem Stickstoffgas wurde beobachtet.
6. Eine Wechselwirkung von neutralem Stickstoff mit einer Turbulenzzone vor dem Raumschiff wurde beobachtet.
7. Beim Ausschuß von Elektronen wurden im Spektrum des Elektronenrückflusses Elektronen vierfach höherer Energie als die Primärelektronen beobachtet.
8. Im natürlichen Elektronenspektrum der Ionosphäre wurden suprathermale Elektronenpopulationen beobachtet.
9. Ein hoher Elektronenfluß bei 8 keV wurde in der Nähe des Äquators beobachtet.

Atomsphärenphysik
1. Das erste Emissionsspektrum der Atmosphäre zwischen 30 nm und 1270 nm wurde gewonnen.
2. Deuterium wurde in der oberen Atmosphäre nachgewiesen.
3. Spektrale Daten im Zusammenhang mit Elektronenemissionen wurden gewonnen.
4. Das Nachtleuchten der Atmosphäre wurde beobachtet.
5. Die interplanetarische Emission von Lyman-Alpha-Strahlung wurde nachgewiesen.
6. Das vertikale Profil von atomarem Wasserstoff wurde zwischen 80 und 250 km Höhe aufgenommen.
7. Die Konzentrationsprofile von Kohlenmonoxid, Kohlendioxid, Wasserdampf, Methan, N_2O, NO, NO_2 und Ozon wurden aus 6000 gemessenen Absorptionsspektren gewonnen.

Biologie und Medizin
1. Signifikanter Kalorischer Nystagmus wurde in der Schwerelosigkeit beobachtet.
2. Das periodische Wachstum des Pilzes Neurospora bleibt in der Schwerelosigkeit erhalten.
3. Sonnenblumen behalten beim Wachsen die Nutation auch in der Schwerelosigkeit bei.
4. Die Vermehrung von Lymphozyten ist in der Schwerelosigkeit gehemmt. Im Vergleich zur Proliferation unter irdischen Bedingungen ist sie auf weniger als drei Prozent reduziert.
5. Die Produktion von Immunglobulinen wird von der Schwerelosigkeit nicht beeinflußt.
6. Das Blutvolumen wird in der Schwerelosigkeit drastisch reduziert.

Die völlige Unterbrechung der Blutneubildung ist nicht der primäre oder einzige Grund für die Abnahme der roten Blutzellmasse.
7. Der zentrale Venendruck ist in der Schwerelosigkeit niedriger als vor der Mission.
8. In der Schwerelosigkeit muß der Masseunterschied doppelt so groß sein wie auf der Erde, um zwei gleichartige Kugeln für den Astronauten unterscheidbar zu machen.
9. Am Beginn einer Mission ist der REM-Anteil am Schlaf verdoppelt.

Werkstoffwissenschaften und Technologie
1. Die Marangonikonvektion wurde in großen Säulen aus Silikonöl beobachtet.
2. Die C-Mode-Instabilität einer zylindrischen rotierenden Silikonölsäule wurde beobachtet.
3. Langreichende Van-der-Waals-Kräfte in der Grenzfläche von Flüssigkeit und Festkörper wurden beobachtet.
4. Die Eigenfrequenzen von halbfreien Tropfen wurden bestimmt.
5. Die Kinetik der Ausbreitung von Flüssigkeiten auf einer festen Oberfläche wurde beobachtet.
6. Der Selbstdiffusionskoeffizient von flüssigem Zinn wurde gemessen.
7. Die Ostwalreifung wurde im System Zink-Blei beobachtet und der Diffusionskoeffizient für Blei in Zink wurde bestimmt.
8. Die Thermomigration (Soret Diffusion) von Kobalt in Zinn wurde erstmals beobachtet.
9. Mehrere Halbleitereinkristalle (PbTe, GaSb, CdTe, Si) wurden hergestellt.

Die Arbeit geht weiter 329

10. Die Marangonikonvektion konnte als Ursache für die Dotierungsstreifen im Silicium erkannt werden.
11. Es wurden große Einkristalle aus Beta-Galaktosidase und Lysozym hergestellt.
12. Es wurden monotektische und eutektische Legierungen hergestellt.
13. Es wurden metallische Verbundwerkstoffe hergestellt.

Erdbeobachtung
Mit der Metrischen Kamera wurden etwa fünf Prozent der festen Landmasse fotogrammetrisch erfaßt (mehr als 1000 Fotografien).

Die Herausgeber des renommierten amerikanischen Wissenschaftsjournals *Science* bewerteten die ersten Ergebnisse als so hochrangig, daß sie ihnen die vollständige Juli-Ausgabe des Jahrgangs 1984 widmeten.

Seither fanden mehrere Konferenzen statt, die sich ausschließlich mit den verschiedenen wissenschaftlichen Aspekten von Spacelab 1 beschäftigten. Es sind Hunderte von Veröffentlichungen publiziert worden. Auch bei kritischer Einschätzung des Fluges hat sich am sehr positiven Gesamtergebnis nichts geändert. Insbesondere ist von allen beteiligten Wissenschaftlern übereinstimmend festgestellt worden, daß die Zusammenarbeit von Flug- und Bodenteam bei der Durchführung der Experimente maßgeblich zum Erfolg beigetragen hat.

Für uns Astronauten resultierte aus der Zusammenarbeit mit so vielen erstklassigen Wissenschaftlern Amerikas und Europas eine grandiose Erweiterung des Horizonts, und zwar sowohl des wissenschaftlichen als auch des sozialen. Wir sind ihnen dankbar für das, was wir von ihnen gelernt haben. Selbstredend unternahmen wir während des Flugs alles, um ihnen verläßliche Daten und Ergebnisse zu beschaffen. In einer Veröffentlichung über »den Beitrag der Otolithen zum vertikalen Vestibulo-Ocular-Reflex« von A. Berthoz, Th. Brand, J. Dichgans, Th. Probst, W. Bruzek und Th. Vieville las ich die Sätze: »We are also grateful to U. Merbold and B. Parker who accepted to be subjects on this new experiment and improvised, in flight, the adequate operations. We want to state that whatever was their ›mental set‹, it gave many generations to come the example of men devoting all their energy and knowlegde to Science, and whatever useful data there is in this paper, it would not have existed without their kind and patient participation and their remarkable skill.«

Ein »Beispiel für künftige Generationen« zu sein – das schmeichelte meiner Eitelkeit mehr als alle Verdienstorden und Ehrendiplome, die ich erhielt.

Eminent wichtig für Europa war und ist, daß mit dem Bau von Spacelab der Eintritt in den exklusiven Klub jener Länder gelungen ist, die bemannte Weltraumfahrt betreiben können. Daß Spacelab als eine wiederverwendbare Plattform die Erwartungen nicht nur erfüllte, sondern weit übertraf, ist nicht hoch genug einzuschätzen.

Doch in das Hochgefühl über den großartigen wissenschaftlichen und technischen Erfolg mischte sich bei mir immer wieder leiser Zweifel, ob wir Europäer die Kraft aufbringen würden, den eingeschlagenen Weg weiterzugehen. Immerhin waren der ESA von den Politikern die

Die Arbeit geht weiter 331

Mittel verwehrt worden, das von ihr selbst gebaute Spacelab mehrfach mit Experimenten zu bestücken und zu fliegen. Deswegen waren all diejenigen, die mit so viel Enthusiasmus an der ersten Mission mitgearbeitet hatten wie wir, glücklich, als uns die Nachricht erreichte, daß die Deutsche Forschungs- und Versuchsanstalt für Luft- und Raumfahrt (DFVLR) die D 1-Mission durchführen würde.

Genaugenommen war die Entscheidung vor der ersten Spacelab-Mission gefallen; der Bundesforschungsminister hatte sich sogar festgelegt, denjenigen auf der D 1-Mission einzusetzen, der bei Spacelab 1 als Ersatzmann am Boden bleiben mußte. Ich hatte aber schon einige Fälle miterlebt, bei denen über Nacht ein Programm gestrichen wurde, das zunächst mit großen Reden aus der Taufe gehoben worden war. Aber als die DFVLR und ESA schließlich eine schriftliche Vereinbarung getroffen hatten, daß Wubbo Ockels und ich an der D 1-Mission mitarbeiten sollten, schwanden meine Zweifel. Denn wir sahen, als wir im Spätwinter 1984 bei der DFVLR unsere Arbeit aufnahmen, daß sich die D 1 im Hinblick auf den Startzeitpunkt – damals war der Mai 1985 vorgesehen – im richtigen Reifestadium befand.

Die DFVLR hatte aus den Reihen ihrer Astronautenkandidaten Ernst Messerschmid und Reinhard Furrer für D 1 rekrutiert. Beide hatten hart gearbeitet und waren mit den wissenschaftlichen Aufgaben bereits gut vertraut. Die Beteiligung von Wubbo Ockels und mir lag im Interesse beider Seiten, denn sie gab Wubbo die Chance, selbst zu fliegen, und der DFVLR die Möglichkeit, unseren Erfahrungsschatz auszunutzen. Für ihn und mich war es kein besonderes Problem, uns in die neue Aufgabe einzuarbeiten. Ich kannte Spacelab besser als jeder andere, aber auch die wissenschaftlichen Ziele der D 1-Mission waren nicht neu. Es sollte von allen drei Vorzügen, die der Weltraum für Experimente bietet — nämlich: globaler Überblick, das Fehlen einer Atmosphäre, Mikrogravitation — ausschließlich von der Schwerelosigkeit Gebrauch gemacht werden. Das bedeutete, daß die Materialforschung, die Medizin und die Biologie die dominierenden Disziplinen sein würden. In vielen Fällen sollten Untersuchungen, die wir auf Spacelab 1 begonnen hatten, weitergeführt werden. Das Werkstofflabor mit dem Fluid Physics Module sollte wieder fliegen — ein Forschungsbereich, bei dem wir die Experimentatoren und ihre wissenschaftlichen Ziele bereits kannten.

Die Untersuchung des Vestibularorgans sollte ebenfalls weitergeführt werden. Sowohl die europäische Arbeitsgruppe um meinen Freund Professor Rudolf von Baumgarten als auch die amerikanische Gruppe um Professor Larry Young war mit verbesserten Experimenten bei der D 1-Mission vertreten. Diesmal, so war vorgesehen, würde der Weltraumschlitten der ESA zur Verfügung stehen, um das Vestibularorgan, namentlich die Otolithen, zu stimulieren. Hinzu kam der Biorack von der ESA. Es war ein Gerät für viele Experimentatoren zur Durchführung biologischer Untersuchungen. Der Biorack enthält vor allem thermostatisierte Kästen, die biologische Proben, Eier, Sporen, Samen, Zellen, Insekten und andere Kleinlebewesen aufnehmen können. Wir hatten die Temperaturen −15, −5, 20 und 37 zur Auswahl. Einige der Inkubatoren enthielten kleine Zentrifugen, die es erlaubten, eine Vergleichsprobe in einer 1 g Umgebung leben und wachsen zu lassen. In Ergänzung zum bewährten Werkstofflabor hatten wir in Medea und der Prozeßkam-

Die Arbeit geht weiter 333

mer zwei weitere Geräte für werkstoffwissenschaftliche Untersuchungen. Zusätzlich zum Biorack gab es eine zweite Einrichtung für biowissenschaftliche Experimente.
Zwischen Spacelab 1 und der D1-Mission gab es Unterschiede. Die D1-Mission hatte vergleichbar viele Experimente durchzuführen, war aber, was die Vielfalt der wissenschaftlichen Disziplinen betrug, weniger bunt. Nicht alle ihre Experimente nutzten die Möglichkeiten von Spacelab aus. Die Prozeßkammer zum Beispiel speicherte Daten auf Magnetband, anstatt sie zum Boden zu übertragen. Daher war es auch erst nach dem Flug möglich, Einblick in den Ablauf der betreffenden Experimente zu gewinnen. Eine interaktive Durchführung der Versuche zwischen Bodenkontrollstation und Besatzung war in einem solchen Fall nicht möglich. Der größte Unterschied bestand aber darin, daß die genannten Experimentiereinrichtungen nicht von den beteiligten Wissenschaftlern selbst, sondern in aller Regel von Firmen gebaut worden waren. Dabei sollten die Instrumente häufig für mehrere unterschiedliche Experimente eingesetzt werden. Nach meiner Erfahrung war das nicht günstig – aber letztlich war nur eines wichtig: daß die bemannte Weltraumfahrt mit europäischer Beteiligung überhaupt weitergeführt wurde.

Daher erschien es mir auch eine zukunftsweisende Entscheidung zu sein, daß die DFVLR die Experimente nicht von einem Kontrollzentrum in Amerika, sondern von ihrem eigenen Kontrollzentrum in Oberpfaffenhofen bei München aus überwachen wollte. Dies versprach nämlich, daß die Mannschaft, die dort arbeiten sollte, eine in Europa bisher nicht vorhandene Erfahrung gewinnen würde. Es gab die große Chance, etwas zu lernen. Natürlich mußte auch einkalkuliert werden, daß dabei Lehrgeld zu zahlen war.

Außer meinem Freund Wubbo Ockels, der bei Spacelab 1 im Bodenkontrollzentrum gearbeitet hatte, und mir, stand Dr. Wolfgang Wyborny zur Verfügung, der ebenfalls am ersten Spacelab-Flug beteiligt gewesen war. Diejenigen, die neu hinzukamen, zeichneten sich durch großen Enthusiasmus aus. Ich selbst sah meine Funktion vor allem darin, meine Erfahrung weiterzugeben. Selbstredend wäre ich sofort mitgeflogen. Deswegen war ich nicht nur zufrieden, sondern glücklich, daß ich designierter Ersatzmann wurde. Für den Fall, daß einer meiner drei Kollegen ausfallen würde, sollte ich als Wissenschaftsastronaut an Bord gehen. So nahm ich in vollem Umfang am Training für den Flug teil. Meine zweite Rolle war die Rolle Wubbos bei Spacelab 1. Ich sollte vom Bodenkontrollzentrum aus als sogenannter Crew Interface Coordinator (CIC) die Abwicklung der wissenschaftlichen Experimente vorantreiben.

Der CIC ist derjenige, der per Mikrophon den Kontakt zu den Wissenschaftsastronauten hält. Er nimmt Fragen entgegen und versucht, unter Einbeziehung der gesamten Bodenmannschaft und aller sonstigen Informationsquellen, schnell eine Antwort zu finden. Er ist auch dafür verantwortlich, daß die Wissenschaftler ihren Zeitplan einhalten.

Um mich auf diese Funktion vorzubereiten, gab es nichts besseres, als das Training mitzumachen. Ich lernte die Experimentatoren, ihre Ziele und Geräte bestens kennen. Zusätzlich aber mußte ich mich mit den spezifischen Eigenheiten des Kontrollzentrums in Oberpfaffenhofen vertraut machen. Daraus ergab sich eine doppelte Bela-

Die Arbeit geht weiter 335

stung und in manchen Fällen ein Konflikt. Bei den Simulationen der D 1-Mission konnte ich entweder als Besatzungsmitglied mitmachen und die Durchführung der Experimente üben oder ich konnte in Oberpfaffenhofen an meiner Konsole arbeiten. Ich versuchte, abwechselnd auf beiden Pferden zu reiten.

Die letzten zwei Monate war ich zusammen mit meinen Kollegen in Houston. Zum zweiten Mal mußte ich das »missionsunabhängige Training« absolvieren. Diesmal war es schwieriger als für Spacelab 1. Das Management des Johnson Space Center hatte angeordnet, daß keine Ersatz-Payload-Specialists trainiert werden sollen. Die DFVLR hatte mich aber mit dem Auftrag dort hingeschickt, mich bis zum Abheben der Raumfähre Challenger als Ersatzmann bereitzuhalten. Im Falle eines Falles konnte ich aber nur als Ersatzmann einsteigen, wenn ich vorher das gesamte Trainingsprogramm absolviert hatte. Diesen Konflikt zu lösen, hat die DFVLR mir selbst überlassen. Glücklicherweise hatte ich im Laufe der sieben Jahre, die ich als Wissenschaftsastronaut gearbeitet hatte, viele Mitarbeiter der NASA gut kennengelernt. Ohne deren inoffizielle Hilfe wäre ich verloren gewesen.

Wie bei meinem eigenen Flug wurde die Besatzung etwa zehn Tage vor dem Start in Quarantäne gesteckt. Diesmal blieb mir zumindest erspart, meine innere Uhr auf eine bestimmte Schicht zu synchronisieren und womöglich wie bei Spacelab 1 tagsüber zu schlafen, um nachts zu arbeiten. Die Quarantäne legte ich mir selbst auf. Zeitgleich zu meinen Kollegen flog ich nach Florida. Anders als sie benutzte ich aber ein Linienflugzeug anstatt eines NASA-Flugzeuges. Ich hielt es nun für meine wichtigste Aufgabe, Joos Ockels und Gudrun Messerschmid zu unterstützen. Allen anderen hatte ich voraus, selbst geflogen zu sein. Ich hoffte daher, daß ich den Frauen meiner Kollegen mehr Hilfe geben könne als andere Leute. John Young hatte auf die Frage, wie er sich beim allerersten Flug des Shuttle fühlte, die Antwort gegeben: »Wie kann man sich schon fühlen, wenn man mit einer Maschine aus Millionen Einzelteilen fliegt, von dem jedes einzelne vom billigsten Anbieter stammt.« Aber ich wußte, daß er nicht ernstlich besorgt war. Er wußte noch besser als ich, daß es gefährlicher war, mit dem Auto durch Rom zu fahren, als mit dem Shuttle in den Weltraum zu fliegen.

In den langen Jahren der Vorbereitung für Spacelab 1 hatte ich versucht, so viel wie möglich über den Shuttle zu lernen. Dabei war mein Vertrauen in den Raumgleiter kontinuierlich gewachsen. Ein Risiko blieb bestehen, aber es war klein. Nach meiner Meinung ist es ohnehin keine gute Lebensphilosophie, stets das Risiko so klein wie möglich halten zu wollen. In letzter Konsequenz müßte man dann ein Leben lang im Bett liegen bleiben. Ich halte es für richtiger, das Verhältnis vom Risiko zum Gewinn klein zu machen, sei dieser nun emotionaler, intellektueller oder anderer Art. Ich hatte gesehen, daß der Shuttle so konzipiert war, daß er mehrfache Redundanz hatte. Es durfte also das eine oder das andere der Millionen Teile ausfallen, ohne daß die Besatzung dadurch in Gefahr geriet. Der Shuttle war »double fail safe« gebaut. Das heißt, daß selbst bei zwei Fehlern im selben System die Sicherheit gewahrt blieb.

Also versuchte ich, auf die Frauen meiner Kollegen beruhigend einzuwirken. Die große Stunde kam für sie auf dem Dach des Startkontrollzentrums. Von dort hatte man einen besonders schönen Blick auf die Plattform 39 A und ist doch den indiskreten Objektiven von Fernseh- und Fotojournalisten entzogen. Der Countdown der D 1-Mission verlief routinemäßig. Es kam zu keinerlei Anomalien.

Auf die Sekunde genau setzte sich die Challenger in Bewegung. Es ist einfach ein hinreißender Anblick, die riesenhafte Maschine im gleißenden Feuerschein ihrer dröhnenden Motoren im Nichts verschwinden zu sehen. Um ehrlich zu sein, mir liefen die Tränen herunter, aber nicht aus Enttäuschung, daß ich nicht mitfliegen durfte, sondern vor Glück. Es mag dahingestellt bleiben, ob ich den Frauen soviel Halt habe geben können, wie ich vorgehabt hatte.

Unmittelbar nach dem Start nahm ich das erste Flugzeug, um schnellstmöglich nach Deutschland zurückzukehren, denn hier sollte ich arbeiten. Den Angestellten der Lufthansa sei Dank, daß sie mir dabei geholfen haben, in weniger als 14 Stunden an meine Konsole in Oberpfaffenhofen zu gelangen. Die DFVLR hatte daran auch ihren Anteil, denn sie hatte in Frankfurt ein Flugzeug mit laufenden Propellern bereitstehen, um mich nach Bayern zu fliegen. Eigentlich hätte ich müde sein müssen, aber wie seinerzeit im Weltraum merkte ich davon nichts. An der Konsole arbeitete ich mit der Roten Schicht an Bord, mit Guion S. Bluford und Ernst Messerschmid, zusammen.

Sehr rasch entwickelte sich eine gute Teamarbeit. Für mich war es eine herrliche Aufgabe, diesen Männern meine Dienste zu Verfügung zu stellen. Im gleichen Maße befriedigend war es auch, mit den Wissenschaftlern im Kontrollzentrum zusammenzuarbeiten. Sie achteten darauf, daß von ihrer Experimentierzeit keine Sekunde verlorenging. Sie hatten aber durchaus nichts dagegen, ein paar zusätzliche Messungen zu bekommen.

Meine Aufgabe und die des gesamten Kontrollteams lag darin, den Gesamterfolg zu sichern. Mit diesem Ziel vor Augen konnte es durchaus geschehen, daß Wünsche von einzelnen abgelehnt werden mußten. Mit dem sogenannten Operations-Direktor, Wolfgang Wyborny, verband mich eine alte Freundschaft. Er saß neben mir. Wir brauchten nur wenige Worte zu wechseln, um zu entscheiden, was zu tun und was zu lassen sei. Doch ich hätte schwerlich der Flugbesatzung so viele Hilfestellungen geben können, wenn mir nicht mein Assistent Karl Müller geholfen hätte.

Es machte uns großen Spaß, vom Boden aus an den Experimenten mitzuarbeiten. Obgleich wir uns bei jeder Schicht zwölf Stunden lang angestrengt hatten, gingen wir nach der Arbeit niemals sofort ins Hotel. Wir schauten unserer Ablösung noch eine Weile zu und wanderten dann in das Bierzelt, das keine zweihundert Meter vom Kontrollzentrum entfernt aufgebaut war. Nicht zuletzt aus diesem Grunde wußte ich zu schätzen, daß wir das Zentrum in Bayern und nicht etwa in Texas hatten.

Schneller als gedacht war die D 1-Mission mit einer Bilderbuchlandung nach 111 Umläufen und 7 Tagen zu Ende gegangen. Zum Zeitpunkt, zu dem dieser Text geschrieben wird, ist sie noch kein Vierteljahr vorbei. Daher ist es noch nicht möglich, ihre wissenschaftlichen Ergebnisse zu bewerten, aber es kann gesagt werden, daß D 1 unter operationellen Kriterien ein großer Erfolg war. Die Astronauten sowie die Wissenschaftler und Techniker im Oberpfaffenhofener Kontrollzentrum haben

Die Arbeit geht weiter

erstklassige Arbeit geleistet. Von drei Ausnahmen abgesehen, sind alle Experimente durchgeführt worden, einige mehrfach. Auch das Management der D 1-Mission, für das Hans-Ulrich Steimle verantwortlich zeichnete, ist sehr erfolgreich betrieben worden. Die Gesamtkosten wurden nicht überschritten, und alle Termine wurden von deutscher Seite eingehalten. So wurden zum Beispiel die bei der Firma ERNO in Bremen zusammengebauten Experimente fristgerecht zum 1. Mai 1985 an die NASA übergeben. Es besteht daher aller Grund zu der Hoffnung, daß auch die D 1-Mission nicht das Ende einer kurzen Episode in der Geschichte der europäischen Wissenschaft markiert, sondern daß künftige Flüge kommen werden.

Ein direkt Beteiligter an der bemannten Raumfahrt wie ich selbst ist gewiß nicht der glaubwürdigste Anwalt, um Sie, meine verehrten Leser, von ihrer Notwendigkeit zu überzeugen.
 Es ist auch nicht meine Absicht, die Raumfahrt als Allheilmittel zur Lösung unserer Probleme darzustellen. Es kann aber keinen Zweifel geben, daß unsere Beteiligung zukunftsgerichtet ist. Was sich daraus im einzelnen für Folgen und Wirkungen ergeben werden, läßt sich noch gar nicht vorhersagen.
 In vieler Beziehung erinnert mich die gegenwärtige Situation an das ausgehende fünfzehnte Jahrhundert.
 Sicherlich hat es vor fünfhundert Jahren ähnliche Diskussionen wie heute gegeben. Ob es notwendig sei, einen westlichen Weg nach Indien zu suchen, mag man gefragt haben. Man habe doch Brot, Oliven und Wein in ausreichender Menge und Qualität. Wozu also ein Risiko

eingehen und viel Geld ausgeben. Cristoforo Colombo und die Königin Isabella von Spanien hat es bestimmt viele Mühen gekostet, die Zweifel und Einwände auszuräumen, bevor die Schiffe Niña, Pinta und Santa María auslaufen konnten. Daß auf dieser Reise Amerika entdeckt werden würde, hatte niemand vorhersehen können, aber es hat die Welt verändert. Doch wieviel andere Erfahrungen hat die Menschheit dabei gemacht: Die Europäer kamen mit Völkern in Berührung, von denen sie nichts gewußt hatten. Es wurde endgültig und für immer bewiesen, daß wir nicht auf einer Scheibe, sondern auf einer Kugel leben.

Um die Reise durchführen zu können, brauchte man damals wie heute die geeigneten Schiffe, man mußte Häfen haben und schließlich Stützpunkte anlegen. Die Besatzungen mußten trainiert werden, und es bedurfte neuer Methoden der Navigation.

Mit der Raumfahrt verhält es sich ähnlich. Wir werden auch dabei Erkenntnisse gewinnen, von denen wir heute noch nichts wissen können. Es wird sich dadurch unser Weltbild nochmals verändern. Doch zusätzlich zur kulturellen Wirkung wird das neue Wissen auch für unsere Wirtschaft wichtig sein.

Wir Europäer leben vom Export, wir Deutschen vom Export guter Ideen. Die Beteiligung an der bemannten Weltraumfahrt ist ein vielversprechender Weg, neue Technologien zu erarbeiten. Das gewonnene Wissen wird man verwenden können, um Dienstleistungen, Produkte oder das Management auch in Bereichen zu verbessern, die mit dem Weltraum nichts zu tun haben. Es ist kein Zufall, daß amerikanische Firmen am Ende der sechziger Jahre und am Anfang der siebziger Jahre den Computermarkt allein beherrschten. Das Apollo-Programm hatte die Entwicklung der Mikroelektronik in den Staaten rasch vorangetrieben. Über die stimulierende Wirkung hinaus, neue Technologien zu entwickeln, hat die bemannte Weltraumfahrt aber auch die Eigenschaft, die technologische Leistungsfähigkeit sichtbar zu machen. Wir dürfen davon ausgehen, daß sich Käuferländer für Kommunikationssysteme, für Meerwasserentsalzungsanlagen, für Solarenergie von Firmen oder Regierungen beraten lassen, die den Ruf genießen, in der Technologie führend zu sein. Auch aus diesem Grunde steckt in den Raumfahrtprogrammen das Potential, das dem ausgegebenen Geld reiche Zinsen einbringt.

Für die Wissenschaft ist der Weltraum heute zu einem einzigartigen Labor geworden, denn nur dort lassen sich Experimente auf Dauer in der Schwerelosigkeit durchführen. Es gibt nur dort keine Atmosphäre, so daß die Signale der Sterne, sei es als Teilchenstrahlung, sei es als Ultraviolettlicht, empfangen werden können. Nur der Weltraum bietet den Plasmaphysikern eine wandlose Vakuumkammer. Nur vom Weltraum aus gewinnen wir einen globalen Überblick über unsere Erde.

Von der friedlichen Nutzung des Weltraums als eines wissenschaftlichen Labors sind wohl am ehesten die neuen Einsichten zu erwarten, von denen ich gesprochen habe. In Europa hat die Wissenschaft eine jahrtausendelange Geschichte. Dieser unserer kulturellen Tradition sind wir verpflichtet. Deshalb glaube ich, daß es keine andere Wahl für uns gibt, als weiterzuforschen und die Grenzen unseres Wissens auszudehnen.

Nachwort

Meinen Lesern möchte ich erklären, daß ich mich bemüht habe, möglichst Deutsch zu schreiben. Trotzdem konnte ich nicht immer vermeiden, englische Ausdrücke zu benutzen. Unbestreitbar sind die ersten Großraketen in Deutschland gebaut worden, doch seit dem Ende des Zweiten Weltkrieges wurde die Entwicklung von Raumfahrtgerät in der Sowjetunion und in den Vereinigten Staaten von Amerika fortgesetzt. Bis zur Gegenwart sind dabei eine Fülle neuer Begriffe wie »Countdown« entstanden, die nicht alle in die deutsche Sprache übertragen worden sind. Daher sah ich mich zuweilen genötigt, englische Ausdrücke zu gebrauchen. Es verhält sich damit nicht anders als mit der Sprache der Fliegerei und der Elektronik. Auch dort hat man sich daran gewöhnt, daß zahlreiche Fachausdrücke und Abkürzungen aus dem Englischen in unseren Sprachgebrauch eingegangen sind.

Über diese und andere Fragen habe ich mich mit Herrn Anatol Johansen beraten, dem ich an dieser Stelle für seine Hilfe bei der Abfassung dieses Buches ausdrücklich danken möchte.

Am meisten danke ich meiner Familie, vor allem meiner Frau Birgit.

Während der sechsjährigen Vorbereitung der Mission ist sie oft wochenlang ohne mich gewesen. In dieser Zeit übernahm Birgit allein die Betreuung und Erziehung unserer Kinder. Ich verstehe es als ein Zeichen tiefer

Zuneigung, daß sie deswegen niemals klagte, sondern mir immer freundlich begegnete. Selbst als ich begann, dieses Buch zu schreiben, blieb sie heiter und gelassen. Hierfür und für ihre Liebe möchte ich ihr danken.

Meine Kinder hoffe ich eines Tages dafür entschädigen zu können, daß sie viel ohne ihren Vater waren. Ich wünsche mir, daß sie meines Großvaters alte Taschenuhr über meine Lebensspanne hinaus in Ehren halten.

In Dankbarkeit widme ich also meinen Bericht Birgit, Susanne und Hannes, ohne deren Geduld alles nicht möglich gewesen wäre.

Unmittelbar vor dem Druck meines Buches erreichte uns die Nachricht von der Explosion des Raumtransporters Challenger. Das Unglück kostete Francis R. Scobee, Michael Smith, Judith A. Resnik, Ellison S. Onizuka, Ronald E. McNair, Gregory B. Jarvis und Christa McAuliffe das Leben. Die meisten der Verunglückten waren mir bekannt. Ihr Tod im Inferno Hunderter von Tonnen explodierenden Wasserstoffs, der sie am Rande der Stratosphäre ereilte, macht uns stumm vor Trauer und Schmerz.

Sobald unser Entsetzen nachläßt, werden wir überlegen müssen, ob und gegebenenfalls wie die Sicherheit für die Astronauten verbessert werden kann. Alles, was möglich ist, die Gefahr zu mindern, wird geschehen. Aber ein Restrisiko wird immer bleiben. Trotzdem werden wir auf unserem Weg ins All nicht umkehren.

Wieder denke ich an den Satz des sterbenden Otto Lilienthal von den notwendigen Opfern.

Wir werden das tatkräftige, energische Streben unserer sieben amerikanischen Freunde, das Weltall zu erobern, als ihr Vermächtnis betrachten und ihre Arbeit fortsetzen.

Register

Absorptionsspektroskopie 220 f., 327
Ackermann, M., 219
ADH (Antidiuretisches Hormon) 92
Adhäsionskraft 122, 142
AEPI (Atmospheric Emissions Photometric Imaging) 70 ff., 74, 209, 219, 301
Äquator 71, 75, 82
Aerosole 210
Ahlborn, H. 131
Airglow (Leuchtphänomen in der Atmosphäre) 75
Akkomodationsfähigkeit des Auges s. Drehstuhltest
Amphora-Mode 201
Andresen, Dieter 136, 227
Andromedanebel 239
Anti-g-Anzüge 309, 312
Antriebsgase 12 f., 21, 23 ff., 305
  s. a. Hydrazin, Sauerstoff, Stickstofftetroxid, Wasserstoff
Apogaeum 28 f.
Apollo 10, 15, 61, 144, 153, 207, 340
Argonionen 126, 159, 162, 326
Ariane 34
Astronomie 16, 171, 224, 325
Astrophysik 227, 233
Atmosphäre 16, 71, 171, 192, 219, 222, 224, 312, 326 f., 332
Atmospheric Spectral Imaging 136 s. a. AEPI
Atmungsgürtel 76 f.
Augenbewegungen 70, 76, 86, 309
  s. a. Nystagmus, REM
Außentank s. Externer Tank
Auxine (Wachstumshormone) 124

Avionicloop 37 ff.

Ballistokardiogramm 128 ff., 135
Bande, Jacques 115
Barany, Robert 85 ff., 88, 299
Barbecue-Mode 309
Baumgarten, Rudolf von 75, 77, 79 f., 87 f., 166, 192, 320, 332
Beam Plasma Discharge 326
Beaujean, R. 136, 197
Benson, Alan 84
Bertaux, J. L. 222
Berthoz, A. 330
Beschleunigung (beim Start) 19, 27
  s. a. Schub, Start, g (Gravitation)
Beschleunigungsmesser 19 (des Shuttle), 76 f. (bei Kopfbewegung), 128 f. (beim Herzschlag)
Beta-Galaktosidase 135, 293 f., 329
Bewegungswahrnehmung (Perception of Motion) 84
Bignier, Michel 263
Biologie 16, 327, 332
Biorack 332 f.
BIOSTACK (Advanced Biostack Experiment) 136
Biotechnologie 295
Blei s. Zink-Blei-Legierung
Bluford, Guion S. 337
Blut 47, 76, 90 ff., 93, 113, 312, 318 ff., 327
Bodenkontrollzentrum (Houston) 20 ff., 31, 36, 41, 73 f., 127 f., 135, 205 f., 223, 227, 273, 280, 283, 289, 311; 333 ff. (Oberpfaffenhofen)
Bogengänge (im Innenohr) 86, 96, 184 f.

Boosters s. Feststoffraketen
Bordrechner 19, 305 ff., 315
Bormann, Frank 61
Brand, Th. 330
Braun, Wernher von 266 ff.
Bremsmanöver 310 ff.
Brennstoffzellen 22, 150
Brown, Allan H. 124
BRS (Body Restraint System) 84
Bruzek, W. 330
Bubble Reinforced Materials (Legierungsexperiment) 134
Bücker, H. 136
Buffy Necks 47, 90

Cabinloop 38
Cartridges (Behälter für Schmelzproben) 132, 134, 278
Centaurus 228
Cernan, Eugen 144
Chaffee, Roger 10
Challenger (Raumfähre) 335, 337, 344
Chapsman, David 124
Chicken Legs 47
CIC (Crew Interface Coordinator) 334
C-Mode 201 f., 328
Cockpit 11, 37, 43 ff., 46, 115, 152, 207, 311
Cogoli, Augusto 297 f.
Columbia (Raumfähre) *passim*
Computer s. Bordrechner
Corioliskraft 96, 182
Countdown 16, 18 ff., 21
Courtes, G. C. 224, 233 f., 238
Crippen, Bob 145
Cygnus X-3 325

D1-Mission 271, 331 ff., 337 ff.
Darwin, Charles 124 f.
Deuterium (Wasserstoffisotop) 136, 222 f., 327
Dexitrin 95

DFVLR (Deutsche Forschungs- und Versuchsanstalt für Luft- und Raumfahrt) 96, 114, 136, 171 ff., 181, 187, 190, 192, 229, 239, 331, 333, 335, 337
Dichgans, J. 330
DNS (Desoxyribonukleinsäure) 297
Dobrowolski, Georgy 14
Dom-Experiment 67 ff., 78, 299
Drehstuhltest 96, 113, 184 f.
Duke, Charles 144

Edwards Air Force Base 311, 314, 320
Einkristalle 130, 159, 199 f., 292−296, 329 s. a. Siliciumeinkristall
Eiweißeinkristalle 135, 292−296, 329
EKG s. Elektrokardiogramm
Elektroenzephalogramm 47
Elektrokardiogramm 10, 13, 46, 309
Elektromyogramm 47
Elektronenstrahl-Experiment (Elektronenkanone) 74, 126, 159−164, 232, 326
  s. a. Plasmaphysik, SEPAC
Ellington Air Field 147, 150
Endolymphe s. Bogengänge
Enzyme 292 f.
EOG (Elektrooculogramm) 10, 13
Ephedrin 96
Erdatmosphäre s. Atmosphäre
Erdbeobachtung 16, 171, 329
Erdmagnetfeld 71, 161, 192
ERNO 35, 39, 257
Erythropoetin 93
Erythrozyten 93
ESA (European Space Agency) *passim*
ESTEC (European Space Research and Technology Center) 192
Explorer I 267
Externer Tank 10, 25, 27

Eyer, Achim 286, 289

Fallaci, Oriana 194
Farnborough 190
FAUST-Teleskop 227
Festkörperphysik 61, 170, 189
Feststoffraketen 10, 20, 23, 25 f.
Festtreibstoff 23
Feuerüberwachung 39
Fiat 158
Flüssigkeitsphysikalische Experimente 131, 157 ff., 198–205, 303, 332
Fluid Physics Module (Flüssigkeitsphysik-Module) s. Flüssigkeitsphysikalische Experimente
Fluid Shift (Verschiebung von Blut und Lymphe) 47, 49
Fluoreszenzlicht 71, 82
Fotogrammetrie 280, 282
Freon 41
Furrer, Reinhard 188, 190, 331
Fürstenfeldbruck 178, 180 f.

g (Gravitation) 85, 149, 183 s. a. Beschleunigung, Schwerelosigkeit
Gagarin, Jury 58
Galaktose s. Beta-Galaktosidase
Galilei, Galileo 224
Garriott, Owen 7 f., 14, 17, 22, 25, 36 ff., 39 ff., 67, 89, 137, 147, 237, 290, 302, 320
Gasszintillations-Zähler 196
Gauer, Otto 47, 89 f., 235 ff.
Genforschung 295
Gemini 144
Geotropismus 124 ff.
Gibsson, Ed 131
Girard, A. 219, 221
Gleichgewichtsorgan s. Vestibularorgan
Glimmentladung 160
Goddard Center 260
Gondi, P. 165

Gradientenofen 130, 135
Graul, Professor 319
Greenwich Mean Time s. Zeitskala
Greiz 50, 53, 57, 165, 217
Grillspektrometer 136, 219 ff., 223
Grissom, Virgil 10
Ground Launch Sequencer 21 f.

Halbleitereinkristalle 286 ff., 328
Haltebolzen 24
Hartmann, Klaus 92
Haupttriebwerke 20 f., 23, 25 ff., 257
Heading Alignment Circle (Landeanflugschleife) 314
Heiß-Test 299 f.
Henry-Gauer-Reflex 236
Herzschlag 128 f.
Hitzeschild 257, 311
Horneck, G. 136
Houston *passim*
Human Use Committee 114
Huntsville 43, 145 f., 192, 231, 260, 263 ff., 266 ff., 271, 320 f., 325
Hydraulikpumpen 20 f.
Hydrazin 12, 21, 29, 305, 316 s. a. Antriebsgase
Hypergole Treibstoffe 13

IBM 307
Immunglobuline 93 f., 327
IMU (Inertial Measurement Units) 18 f.
Infrarotfarbfilm 278 f.
Infrarotkamera 78
Infrarotlicht 125, 209
Infrarotstrahlung 220
Infrarotsysteme 41
Inkubatoren 332
Interferenzfilter 72, 226
Interplanetarische Emissionen 327
Investigators Working Group 192, 269
Ionenbeschleuniger 126
Ionosphäre 71, 159 f., 164, 327

ISOSTACK (Isotopic Stack Experiment) 136, 197
Isothermalofen 130 f., 133 f., 278
Israelssohn, Dr. 124

Jarvis, Gregory B. 344
Jet Propulsion Laboratory 260
Johnson, Philip 93, 124, 312, 318
Johnson Space Center 39, 113, 115, 147, 260, 335
Johansen, Anatol 341

Kalorischer Nystagmus s. Nystagmus
Kalt-Test 116, 299
Kapillarkraft 121
Kelvin-Helmholtz-Wellen 282
Kennedy, John F. 61
Kennedy Space Center 148, 272 und Kapitel ›Der Start‹
Keplersche Gesetze 312
Keramikkacheln 257
Kirsch, K. 89 ff., 92
Klein, Karl-Egon 96
Kodak 198
Kohl, Helmut 290
Kohlendioxid 38, 219 ff., 222, 327
Kohlenmonoxid 219, 327
Kohlenstoff 62, 293
Koje 48 f., 64
Kommunikationssystem, internes 13
Komunikationssysteme, drahtlose 31, 309
Kontrollzentrum s. Bodenkontrollzentrum
Konvektion 38, 81, 87, 200, 285, 287, 294
Kosmische Strahlung 197
Kristall-Züchtungsexperimente 295 s. a. Einkristalle, Eiweißeinkristalle
Kryostaten 135
Kühlkreislauf 38 f., 41, 131

Laboratoire d'Astronomie Spatiale 225
Laderaum s. Nutzlastraum
Laderaumtore 33 f., 44, 309
Lageänderungen 325
Lageregelungstriebwerke 27 s. a. Primary Thrusters, Vernir Thrusters
Lagesteuerdüsen 12, 122
Lampton, Mike 229, 233 f., 268, 272
Laue, Max von 293
Leach, Carolyn 93, 312
Legierungen 130, 134
Leg Unit s. Kommunikationssysteme, drahtlose
Leuchtphänomene 75, 204, 211
Lichtdetektoren s. AEPI
Lichtenberg, Byron 7 f., 17, 22, 25, 36 f., 41, 67, 89 ff., 115, 137, 201, 204, 229, 269, 288 ff., 319 f.
Lilienthal, Otto 11, 344
Lithiumhydroxid-Kartusche 38
Littke, Walter 135, 292 ff., 296
Lufthansa, Deutsche 173, 176 f., 337
Lunar Lander 144 f.
Lyman-Alpha-Strahlung 136, 223, 327
Lymphe 47, 90, 236 s. a. Endolymphe
Lymphozyten 297 f., 327
Lysozym 135, 294, 329

Magellanwolken 227, 326
Magnesiumionen 71, 75, 82, 326
Magnetfeld s. Erdmagnetfeld
Magnetosphäre 162
Malfunction-Procedures 272
Mallerba, Franco 191
Marangonikonvektion 202, 290, 328 f.
Marshall Space Flight Center 260, 263, s. a. Huntsville
Martinez, Isidoro 199 f.
Masseunterscheidung 328

Register

Materialforschung 17, 332
Materials Science Double Rack s. Werkstofflabor
Mathingly, Thomas 144
Max-Planck-Gesellschaft 180, 190
Max-Planck-Institut für Extraterrestrische Physik 188
Max-Planck-Institut für Aeronomie 237
Max-Planck-Institut für Metallforschung 61, 170 f., 195
Maxwell, James Clerk 59
McAuliffe, Christa 344
McNair, Ronald E. 344
MECO (Main Engine Cut Off) 27
Medizin 17, 327, 332
Mende, Steve 71, 75
Merbold, Hermann 51, 60
Mercury-Kapsel 267
Mesosphäre 223
Messerschmid, Ernst 188, 190, 331, 337
Metallschmelze 131, 278
Meteoriten 71
Methan 219, 222, 327
Metrische Kamera 40, 82, 278 ff., 283, 299, 302, 307, 329
Mission Elapsed Time s. Zeitskala
Mission Control s. Bodenkontrollzentrum
Mission Sequence Test 231, 272
Mission Specialist 8, 257 ff., 260 f., 263 f.
MIT (Massachusetts Institute of Technology) 67, 320
Mitogen 297
Module *passim*
Mojawe-Wüste 18 s. a. Edwards Air Force Base
Müller, Karl 338
Muskeltonus 130

Nachtleuchten 326
Napolitano, L. E. 202 f.

Neurospora 291 f., 327
NASA *passim*
Neutronensterne 325
Nicollier, Claude 191, 194 f., 229, 259, 262 ff.
Nitsche, R. 289
Nordlicht 71 f., 126, 236, 160 f., 163, 204, 210, 238
Nutation 123–126, 327
Nutzlast-Experte s. Payload Specialist
Nutzlastraum 33, 160, 299 f.
Nystagmus (Augenflattern) 85 ff., 88, 128, 185, 299, 327

Obayashi, T. 163, 232 f.
Oberpfaffenhofen 333 ff., 337
Ockels, Wubbo 20, 74, 135, 191, 194 f., 199, 229, 233, 262 ff., 269 f., 278, 280, 331, 334
Ocular Counter Rolling (Augenbewegungen) 70
Öltest 120 ff., s. a. Flüssigkeitsphysik, Silikonöl
OH^--Schicht 75, 136, 209
OMS (Orbital Manoeuvring System) 28 f., 310
Onizuka, Ellison S. 344
Orion 209
Otolithen 78 ff., 184, 330, 332
Ozon 219 f.

Padday, John 198 f., 201
Palette 41, 70, 73, 161
Parker, Bob (Robert) 7 f., 17, 48, 67, 72 f., 77, 80 ff., 84, 87 f., 91, 127 f., 129, 143 f., 147, 149, 151, 204, 207, 224, 277, 279 ff., 287, 290, 299, 303, 307 f., 317 f., 320, 330
Passive Package 136
Payload Specialist (Nutzlast-Experte) 8, 39, 146, 229, 258 ff., 268 ff., 270 f., 274, 312, 335
Pazajew, Viktor 14

Peenemünde 268
Perigaeum 29
Perseus Cluster 325
Phosphor-Silicium-Experiment 285−290, 328 f.
Phototropismus 125
PICPAB (Phenomena Induced by Charged Partial Beams) 74, 136, 159, 164, 225
Plasma 159 ff., 162, 164, 228
Plasmaphysik 17, 82, 126, 162, 326, 341
Polarlicht 161 ff.
Primary Thrusters 305 ff.
Principal Investigators (Experimentatoren) 189, 191, 230, 232, 275
Probst, Th. 330
Promethazin 95
Protein-Einkristalle s. Eiweißeinkristalle

Quadens, Olga 47, 64
Quantenmechanik 59

Racks 39, 378
Rauchdetektor 38 f.
Raum-Adaptions-Syndrom s. Raumkrankheit
Raumflugtauglichkeit 88, 175, 183
Raumkrankheit 77, 80, 89, 94 f., 113
Reagan, Ronald 290
Redstone-Rakete 267
Regalkasten 25, 31
Relaissatellit 83, 289
REM (Rapid Eye Movement) 65, 119, 328
Resnik, Judith A. 344
Reticulozyten 93
Rettungseinrichtungen 14 ff.
Richtungswahrnehmung (Perception of Direction) 84
da Riva, H. 199 f.
Riesenhuber, Heinz 271

Röcker, Professor 90, 92
Röntgenbeugung 293
Röntgenquellen, galaktische 136, 228, 325
Rogers-See (in der Mojave-Wüste) 18, 314
Rollmanöver 24, 311
Rotierender Dom s. Dom-Experiment
Rühle, Manfred 170

Sängerpeik, Dietmar 188, 190
Saragossa 18, 26
Saturn-Raketen 15, 267
Sauerstoff 22 f., 150, 206
Sauerstoffversorgung 12, 38, 185 f.
Scobee, Francis R. 344
Scano, A. 128 f.
Scopolamin 95
Sehnervreizung (durch kosmische Strahlung) 197
SEPAC (Space Experiments with Particle Accelerators) 74, 126 f., 135, 159, 161, 163 f., 232, 240
Service d'Aéronomie du C.N.R.S. 222
Shaw, Brewster 7 f., 21, 24, 26, 28 f., 43 f., 46, 49, 89, 115, 139, 146, 152, 166, 207, 271, 290, 308 ff., 311, 314 f., 318
Shuttle *passim*
Silicium s. Phosphor-Silicium-Experiment
Siliciumeinkristall 285−290
Silikonöl-Experimente 158, 198−204, 328
Simulator 263, 271 f.
Sirius 209
Smith, Michael 334
SmithKline Beckmann 295
Smithsonian Air and Space Museum 127
SMO (SEPAC Manual Operation) 240

Register

Solarkonstante 326
Sonnenblumenwachstum 123–126, 327
Sonnenphysik 17, 171, 325 f.
Soret Diffusion s. Thermomigration
Späth, Lothar 322
SPICE (Spacelab Payload Integration and Coordination Center) 239 f.
Spiegelofen 130, 278, 285, 287, 289
Springs, Woody 13 f., 16
Sputnik 154, 267
Sulzmann, Frank 291 f.
Supernova Cassiopeia A 325

Schering Corporation 295
Schlafkoje s. Koje
Schlosser, Jim 10, 13
Schmelzversuche 132, 199 f.
Schmelzzone s. Zonenschmelzverfahren
Schmiermittelforschung 120, 126, 135 s. a. Öltest
Schnewittchensarg (Lower Body Negative Pressure Box) 183, 191
Schub (Start) 19, 23–26
Schwarze Löcher 190, 325
Schwenn, Reiner 188, 190
Schwerelosigkeit *passim*
Schwindelgefühl 77, 87 f.
s. a. Raumkrankheit

Stafford, Thomas 144
Stickstoff 13, 38, 62 f., 164, 225, 293, 326
Stickstoffoxid 219
Stickstofftetroxid 12 f., 29, 305
Stratosphäre 212
Stromversorgung 22

Teilchenbeschleuniger 41
Teilchendetektoren 41
Telemetrie 73, 83, 222
Teleprinter 307 f.

Terminal Area Energy Management 313
Thermokonvektion s. Konvektion
Thermomigration 328
Thrusters s. Lageregelungstriebwerke
Thymedin 297
Toilette 32, 152 ff.
Tracking Data Relay Satellite s. Relais-Satellit
Treibstoffe s. Antriebsgase, Festtreibstoff
Tribologie s. Schmiermittelforschung
Tritium (Wasserstoffisotop) 297
Tunnel s. Verbindungstunnel
Turbomolekularpumpe 134
Turbulenzzone 164, 326

Ultraviolettinstrumente 41, 73
Umlaufbahn 24, 28
Umlaufgeschwindigkeit 27 f.
Upjohn Corporation 295
Urin Collection Kit (Urin-Auffangbeutel) 8

V2 266
Van-der-Waals-Kräfte 198, 328
Venendruck 89 ff., 236, 318 f., 328
Verbindungsbolzen 27
Verbindungstunnel 35 f., 43, 67, 226, 300 f., 304
Vernir-Thrusters 305
Verpflegung 140 f.
Very Wide Field Camera 224 f., 238, 302
Vestibularorgan (Gleichgewichtsorgan) 68, 75, 77, 79, 80, 83 ff., 88, 94, 96, 125, 127 f., 130, 166, 184, 190, 192, 299, 317, 330, 332
Vieville, Th. 330
Viewports (Fenster) 40, 277, 280
Viton, M. 225
Volumenregulation 235 s. a. Blut

Voss, Edward 93

Wachstumsverhalten s. Sonnenblumenwachstum
Wall Unit s. Kommunikationssysteme, drahtlose
Wasserdampf 219, 222, 327
Wasserdispenser 141
Wasserstoff 13, 22 f., 150, 206, 223 f., 293, 327, 344 s. a. Deuterium, Tritium
Waste Collection System (Müllbehälter) 153
Water Loading (Flüssigkeitszufuhr des Körpers) 312
Weltraumkrankheit s. Raumkrankheit
Weltraumschlitten 83, 332
Werkstofflabor 130 f., 133, 135, 157, 164, 285, 298, 332
Werkstoffwissenschaften 130, 171, 296, 328
White, Edward 10
Whiteroom (Teil der Brücke zum Shuttle-Einstieg) 11 f., 14

Wilhelm, Klaus 136, 161, 237
Wissenschaftsastronauten 257, 274, 334 f.
Wolkow, Wladislaw 14
Wyborny, Wolfgang 334, 338

Young, John 7 f., 20 f., 26, 29, 36, 67, 122, 139, 142 ff., 145 ff., 149 f., 153 f., 207, 271, 277, 280, 283, 290, 302 f., 306 ff., 310 f., 314 f., 318, 336
Young, Larry 320, 332

Zeiss 278
Zeitskala 119 f.
Zentrifuge 181 ff., 191, 236
Zentrales Nervensystem 96
Zink-Blei-Legierung 130 f., 328
Zinn 328
Zodiakallicht 239
Zonenschmelzverfahren 199 f., 285
Zusatzraketen s. Feststoffraketen
Zwillingssterne 325

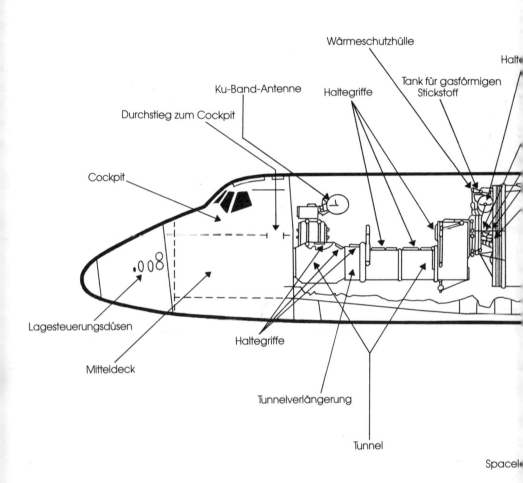

Seitenansicht des Shuttle Columbia